科学新经典文丛

Extended Heredity

A New Understanding of Inheritance and Evolution

超越基因

被忽视的遗传因素

［澳］罗素·邦德里安斯基（Russell Bonduriansky）

［加］特洛伊·戴（Troy Day） 著

王艳红 译

人民邮电出版社

北京

图书在版编目（ＣＩＰ）数据

超越基因：被忽视的遗传因素 ／（澳）罗素·邦德
里安斯基（Russell Bonduriansky），（加）特洛伊·戴
（Troy Day）著；王艳红译. -- 北京：人民邮电出版社，
2021.8
（科学新经典文丛）
ISBN 978-7-115-56522-8

Ⅰ. ①超… Ⅱ. ①罗… ②特… ③王… Ⅲ. ①基因工
程－普及读物 Ⅳ. ①Q78-49

中国版本图书馆CIP数据核字(2021)第088846号

♦ 著　　　［澳］罗素·邦德里安斯基（Russell Bonduriansky）
　　　　　［加］特洛伊·戴（Troy Day）
　译　　　王艳红
　责任编辑　刘　朋
　责任印制　王　郁　陈　犇

♦ 人民邮电出版社出版发行　　北京市丰台区成寿寺路 11 号
邮编　100164　电子邮件　315@ptpress.com.cn
网址　https://www.ptpress.com.cn
三河市中晟雅豪印务有限公司印刷

♦ 开本：880×1230　1/32
印张：10.125　　　　　　2021 年 8 月第 1 版
字数：233 千字　　　　　2021 年 8 月河北第 1 次印刷
著作权合同登记号　图字：01-2019-5711 号

定价：59.90 元
读者服务热线：**(010)81055410**　印装质量热线：**(010)81055316**
反盗版热线：**(010)81055315**
广告经营许可证：京东市监广登字 20170147 号

内容提要

在 20 世纪的大部分时间里，人们都认为基因是生物信息代际遗传的唯一介质和自然选择的原材料。在本书中，知名演化生物学家罗素·邦德里安斯基和特洛伊·戴对这个前提假设提出了挑战。他们援引最新的科研成果，论证了我们乃至我们的祖辈、曾祖辈的人生经历能够影响子孙后代的特征。以这些科学发现为基础，他们提出了扩展遗传的概念，颠覆了人们一直以来持有的关于性状怎样才能在代际传递的观念。

邦德里安斯基和戴审视了现代生物学中的基因中心观念的发展历程，重新评估了演化理论的基本原则，阐释了非基因遗传（包括表观遗传、环境、行为和文化因素）能够在演化中扮演重要角色。非基因遗传的发现对演化生物学的一些关键问题有着重要意义，对人类健康也是如此。

本书可供对遗传和演化感兴趣的读者阅读。

献给我们的孩子阿伦、阿玛林、威廉和萨曼莎，
他们不只是自身基因的集合体。

致　谢

这本书能够写成得益于许多人的建议、支持和鼓励。书中的论点是我们在与诸位同行的讨论和通信中整理提炼来出的，特别是利兰·卡梅尔、安妮·查曼提尔、史蒂芬·切诺韦思、文森特·科洛、安吉拉·克林、詹尼佛·克罗普利、艾蒂安·但钦、达米安·道林、托马斯·弗拉特、道格拉斯·弗图玛、莉拉赫·哈达尼、劳拉·哈尔森、埃迪特·赫德、伊娃·雅布隆卡、弗兰克·约翰内斯、达斯汀·马歇尔、中川震一、丹尼尔·诺布尔、斯图尔特·普莱斯托、威廉·舍温、丽萨·施万茨、哈米什·斯宾塞、凯瑟琳·苏特尔、托比亚斯·尤勒、杰森·伍尔夫和卡尔·齐默。利兰·卡梅尔欣然与我们共享他尚未发表的研究成果，并对本书原稿进行了评论。安吉拉·克林阅读了多个版本的草稿，提出了许多有价值的建议。中川震一阅读了每个章节并与他的学生讨论，找出了含糊难懂的段落。我们还从以前和现在的学生那里学到了很多东西，特别是玛戈·阿德勒（她阅读了整部原稿并提供了鼓舞人心的反馈意见）、内森·布尔克、伊丽莎白·卡西迪、艾米·胡珀、埃林·麦卡特尼、艾当·卢那加尔－麦克诺尔、福蒂妮·斯帕戈普鲁和扎卡里亚·韦尔德。三位匿名审稿人提出了许多深刻的建设性建议，他们的努力大大提高了本书的写作水平。书中如有错误、疏漏或文字拙劣之处，都是我们的责任。

在计划和写作的几年时间里，我们得到了普林斯顿大学出版社生物学和神经科学执行编辑艾莉森·卡雷特的鼓励和有用建议。该出版社的助理编辑劳伦·布卡、制作编辑吉尔·哈里斯及其他技术人员在出版本书的多个环节中提供了帮助,图片经理德米特里·卡列特尼科夫帮助重新设计了插图。道恩·霍尔对原稿进行了专业的文字编辑,毫不留情地删去了不合适的词语、多余的连字符和加拿大式拼写。弗吉尼亚·林编纂了索引。

感谢诺威奇科研园区约翰·因内斯中心的凯特·韦斯特(图书馆馆长)和萨拉·威尔莫特(外展负责人、科学史专家),以及詹尼佛·克罗普利、克里斯蒂安·拉弗什、安迪·加德纳。他们提供了图片,并且/或者允许我们在书中使用图片。

最后要特别感谢我们的家人,感谢他们的忍耐和支持。

序

从演化生物学对生物多样性起源的探索到医学为弄清某些疾病何以在家族中流传而做的努力，遗传（即生物学信息在代际的传递方式）的本质问题触及生物医学的方方面面。人们还普遍把它看作一个具有标志性的现代科学的成功故事。从19世纪的谨慎猜测到20世纪初期孟德尔遗传学的创立，再到20世纪60年代对遗传密码的解读，诸多教科书都把揭示遗传机制描述为一趟现已基本走完的旅程。

然而，大自然经常无情地打击我们对简洁答案的渴求。过去几十年里有一些令人烦恼的发现与描述世界运作方式的公认理论不吻合，这些发现正促使部分科学家认为重新思考遗传本质的时机已到。如果这场挑战取得成功，今后一些年里生物学和医学都将经历剧变，甚至必须重写教科书。

本书的主题简短概括起来是这样的：遗传不只关乎 DNA 序列（基因）；认识到遗传有着非基因的一面，我们可以获得关于演化方式的全新理解，还能对生活中的许多实际关切产生新的看法。现在的情况已经很清楚，除了基因，代际遗传还有多种非基因方式。这些非基因方式像基因一样能跨代传递生物信息，使子代与亲代相似，并有可能影响演化历程。所有细胞生命共同的基本特征决定了遗传方式必定具有这样的多元性，任何广义的遗传概念都必须包括非基因遗传的内容。一种兼容基因遗传与非基因遗传的遗传概念已经崭露头角，我们称之为"扩展遗传"，它有别于传统的基因中心观念 [1]。

自 20 世纪早期以来，狭义的遗传观念被广为接受，导致人们将许多真切存在的、非常重要的生物学现象视为不可能，例如个体经历能对后代的特征产生可预测的影响。这些现象长期以来都被认为是"在化学上不可能实现"的，违背了分子生物学的"中心法则"，然而科学文献已经报告了大量这样的现象。几十年来，非基因遗传一直是生物学和医学的盲点，但房间里的大象现在终于引起了注意。对于不熟悉这个领域的读者，我们的目标是提供一种思路，用于思考最近的这些研究进展，将它们放在历史背景中进行审视，理解其潜在的意义。对于那些以怀疑态度看待这些非正统理论的读者，我们希望至少能让他们更加关注这些问题。

我们并不是第一批认识到非基因遗传具有重要意义的人。本书引述了众多作者的大量研究成果，借鉴了文化遗传理论、生态位构建理论、演化生态学、分子和细胞生物学等相距甚远的学科。这些领域的研究从不同角度探索了经典叙事所忽视的内容 [2]，其中最重要的是伊娃·雅布隆卡和马里安·兰姆撰写的书籍《表观遗传与演化》（1995）和《演化的四个维度》（2005），这两部发人深省的著作集中探讨了非基因遗传对演化的意义。雅布隆卡和兰姆的书籍与论文开辟了一条道路，促使近年来关于扩展遗传的演化研究兴起，后来者（包括我们自己）所探讨的许多观念是由他们明晰化的。不过，尽管我们承认受到了雅布隆卡和兰姆的启发，但本书体现的是我们自己的视角、方法和目的。以先行者思想为基础，我们的主要目标在于探讨扩展遗传的概念能被怎样纳入演化理论，以及为什么这能为许多演化问题带来新思路。

我们将本书分为 10 章。

第 1 章（"怎样构建生物体"）和第 2 章（"从基本原则出发思考遗传"）解释了为什么经典框架过于狭隘，为什么我们相信所有细胞生物的共同特性决定了扩展遗传的概念必不可少。本书余下章节对这两章介绍的理念进行了更加深入的探讨。

第 3 章（"基因的胜利"）回顾了当代以基因为中心的遗传概念的发展历程。很少科学家愿意去翻本学科的故纸堆，但我们认为不了解这段历史就不可能理解本领域当前的进展。比如，为什么 20 世纪的主要生物学家干脆利落地反对非基因继承？为什么他们的观点现在过时了？

第 4 章和第 5 章概括介绍了非基因遗传的证据，阐述了其多样性和重要性。第 4 章（"怪物、蠕虫和老鼠"）重点关注一种称为表观遗传的非基因遗传，介绍了该领域令人神往的新发现。表观遗传目前已是医学和主流媒体关注的一个热点。第 5 章（"非基因遗传谱系"）说明了严格意义上的表观遗传现象只是为数众多的非基因遗传机制之一，后者与表观遗传一样有趣和重要。

接下来的几章深入探讨了扩展遗传的潜在意义。第 6 章（"通过扩展遗传的演化"）讲述了怎样将此前章节中提出的观念纳入演化理论，借此搭建出一个框架，用来思考这些观念对演化的意义。第 7 章（"为什么扩展遗传很重要"）利用这个框架阐述了非基因遗传能怎样改变演化路线和结果。第 8 章（"苹果和橘子"）正面答复了演化生物学家们对扩展遗传的主要批评意见。第 9 章（"老问题的新视角"）重新思考了几个最棘手的演化生物学难题，展示了扩展遗传的思路能怎样让人从新角度看待这些问题。

在本书末尾的第 10 章（"人类生活中的扩展遗传"）里，我们思考了这样的一个问题：现代人类生活在一个迅速变化的世界里，扩展遗传对人们的实际关切有何意义？我们向读者说明了以基因为中心的狭义的遗传观念在 20 世纪处于全盛时期时曾带来非常切实的影响，有时是悲剧性的。本章还讨论了扩展遗传可能怎样改变人们对健康和社会的理解，以及关于人类怎样影响周遭环境的理解。

我们努力将这本书写得尽可能易懂，希望除了生物学家之外，对生物学有兴趣的学生和非专业人员也会读它。术语有时不可避免，但我们努力给出了所有专业词语的定义（有些定义和解释出现在书后的注释部分）。数学方法是相关理论的重要组成部分，我们努力直观、形象地介绍这些方法，并尽可能地少列方程。大多数方程都被放在文字框和注释中，外行读者完全可以跳过这些部分，不影响对主要内容的理解。

书中对分子机制的讨论相对较少。本书的主要目标是探讨扩展遗传对演化的潜在意义，因此我们的精力主要放在完整生物体和生态的层面上，对近因机制的细节只做了一定程度的介绍，能使读者理解相关效应的一般性质即可。分子生物学的发展速度惊人，不管讲到什么细节，到本书付印时都可能过时了。读者如果想要深入了解分子机制的细节，只需查阅最新的综述文章。

还有一点要声明的是，书中提到的观念并不违背演化理论，也不否认遗传学在演化中的核心地位。我们将基因遗传和非基因遗传视为并行运作的遗传过程，扩展遗传的概念是对遗传学的补充而不是替代。同样，我们相信扩展遗传的相关理论对演化生物学有着重要意义，但这个概念并没有质疑达尔文的基本思想，即自然选择与遗传共同发挥作用，成为推动适应性演化的首要动力。

我们是谁呢？罗素·邦德里安斯基是一位演化生物学家，在澳大利亚悉尼的新南威尔士大学工作，任职于该校的演化与生态学研究中心以及生物、地球与环境科学学院。特洛伊·戴在加拿大金斯敦的女王大学工作，在该校生物系和数学系交叉任职。我们两人在世纪之交相识于多伦多大学，在一些研究项目中进行合作，其间对扩展遗传及其对演化的意义产生了兴趣。本书是我们几年来合作研究这个课题的最终成果。

目 录

第1章　怎样构建生物体

我所不能创造的，我也不理解。

——理查德·费曼 [3]

不久前，科学家创造出"人工生命"的消息占据了全球报纸的头条。这个大新闻说的是一项实验（由特立独行的分子生物学家克莱格·文特尔所在的实验室完成）：研究人员用 DNA 的基本元件人工拼合出一种简单细菌的 DNA 分子（并进行了一些有趣的修饰，例如把文特尔的电子邮件地址编入 DNA 遗传密码），随后将它植入另一种细菌中，取代其原有的基因组。结果令人惊叹：移植后的细菌细胞依然存活，并分裂繁殖形成群落 [4]。

除了出神入化的技巧，文特尔的实验似乎还彰显了关于遗传本质的一种独特见解——遗传指生物学信息的代际传递，这种传递使子代与亲代相似，从而能通过自然选择实现演化 [5]。从根本上来说，文特尔的研究团队把细胞生物体的两个关键组件——基因组（即 DNA 序列）与细胞质（构成活细胞的分子生物学构造体系，极端复杂）分开了。由此培育出的杂合细菌具有一种细菌的基因组和另一种细菌的细胞质，想必可以揭示 DNA 与细胞质在生物性状的代际遗传中分别起到什么作用。文特尔所获得的细菌是与提供 DNA 的细菌相似，还是与提供细胞质的细菌相似，或者二者并无差别？

文特尔实验的相关报告强调了基因组的作用，基因组把宿主细菌的细胞转化成了另一种细菌的细胞：植入的基因组改变了细胞特征，经过几轮分裂之后，杂合细胞的后代变得与提供基因组的细菌相似。这个结果显示了 DNA 众所周知的遗传作用：DNA 分子的碱基对序列对信息进行编码，信息表达为生物体的性状。至此，似乎只要再迈出一小步就能得出结论：细胞质（以及扩展开去的任何多细胞生物体）完全由基因组决定，理解了 DNA 序列就能全盘理解遗传。这样看来，文特尔的实验好像强有力地证实了近一个世纪以来的遗传概念，后者正是遗传学和演化生物学的基石。

然而，若对文特尔的实验详加审视，情况就不那么确定了。许多媒体报道给人的印象是，文特尔的"人工"生物体是在培养皿中用基因组培育出来的。其实，这个杂合细菌原本是一个纯天然的细菌细胞，它的诸多分子组件中只有一种被人造物所取代。这个现实检验非常重要：人们已经能合成出 DNA 链，但创造纯人工的细胞仍属于科幻范畴[6]。事实上，文特尔的实验并不是创造人工生命，而是清楚地揭示了细胞生命形式的一个共同特征：所有活细胞都来自原先存在的细胞，从而形成一条没有间断的细胞系，可以上溯到细胞生物的起源。对细胞的生命形式来说，细胞质的连续性与基因组的连续性同样无所不在，同样至关重要。当然，细胞质的连续性本身并不代表细胞质在遗传中扮演着独立角色，毕竟细胞质的特征有可能全部编码在基因里。不过，遗传有着非基因的方式，这种可能性显然存在 [7]。

人们自 19 世纪中叶以来就认识到了细胞系的连续性。自 20 世纪初经典遗传学诞生以来，许多生物学家尽心竭力地否认或贬低非基因遗传 [8]。人们认为，基因不受环境影响，生物个体只能把自己从亲代那里遗传来的性状传递给子代。在基因还只是理论设想、分子生物学家尚未揭示 DNA 结构和遗传密码的时期，这样的观点占据了主导地位。后来理查德·道金斯将该观点发扬光大，描绘了一幅令人难忘的图景：生物机体只是笨重的机械，是基因为复制自身而建造出来的。但是，这种纯基因的遗传观念并没有坚实的证据或逻辑基础。在文特尔开展杂合细菌实验之前，早在 19 世纪晚期就有胚胎学实验把一个物种的细胞核注入另一个物种的细胞质中，首次揭示细胞质并不是均匀的胶质，而是一台复杂的机器，其组件和三维结构控制着胚胎的早期发育。关于非基因遗传方式，更激动人心的发现来自 20 世纪中期的研究。当时的生物学家发现，人为改变草履虫等单细胞生物的结构能产生不同的变异，变异特征能遗传多代保持不变。如今，随着越来越多的线索浮出水面，生物学家终于开始思考这样一种可能性：遗传不只是基因的事。

尼安德特人归来

文特尔实验就单细胞水平上的遗传本质提出了一些有趣的问题，但植物和动物等多细胞生物的情况又是怎样的？单个细胞每次分裂时，细胞质一分为二，再由基因组编码合成新的蛋白质加以补充。正是这个循环往复的过程使文特尔实验中的细菌基因组能逐渐重置宿主细胞的性状。对于更复杂的生物来说，这个过程是否也能重置性状？

考虑一下复杂性的另一端——最近出现的关于复活尼安德特人的想法。有人相信，将合成的尼安德特人基因组（人们已经从远古骨骼中提取出 DNA 片断，破解了尼安德特人的基因组序列）植入移除了基因组的现代人类卵细胞或干细胞中，就能完成复活尼安德特人的壮举。撇开伦理问题不谈，把这个神秘的姐妹物种与我们现代人的生理和心理特征进行比较，会是一件特别有意思的事，乍看起来照着文特尔实验的方法去做就行。至于培养出的个体到底会有多像真正的尼安德特人，这就不太好说了。

尼安德特人与我们智人的身体特征有很多差异，例如他们的肌肉更发达，颅骨长而深，眉骨较粗，早期发育速度更快[9]（见图 1.1）。有些古人类学家还相信，尼安德特人与同期智人群体在文化和社会组织方面存在差异，例如衣着、狩猎技巧和对长途贸易网络的依赖[10]。把尼安德特人的基因组植入现代人的卵细胞，在这样培育出的个体身上，能看出上述哪些特征？

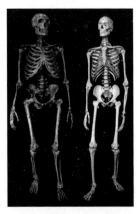

图 1.1　尼安德特人骨骼（左）与现代人骨骼（右）。将尼安德特人的 DNA 序列移植到人类卵细胞中，能让尼安德特人重生吗？（©I.塔特索尔，K. 莫布雷摄）

毫无疑问，这样一个生物体无助于揭示尼安德特人的文化行为，因为文化不曾编码在基因里（尽管一群这样的个体与世隔绝、自行繁衍多代之后，有可能让我们在一定程度上了解尼安德特人发展出复杂文化的能力）。若一个孤独的尼安德特人在灵长类研究机构的圈养环境里玩着视频游戏看着电影长大，则肯定产生不了他那个物种的多少行为特征。我们知道，生理活动会影响骨骼和肌肉发育，饮食偏好和习俗（其中有一部分通过文化传递）会影响牙齿和颅骨特征。所以，尼安德特人独特的身体特征可能不完全是基因所致，他们的活动和饮食也参与了特征的形态建设。过着现代人生活的尼安德特人固然会表现出一些他们独有的生理特征，外表却可能更像现代工业化社会里的智人——拇指上一望而知的游戏手柄痕迹、对薯片的喜爱，还有令人担忧的身高体重指数。

但问题还不止于此。所有复杂生物体的发育都主要由表观遗传修饰调控，这类修饰（例如甲基化基团和非编码 RNA）与 DNA 相互作用，影响着基因表达的时间、位点和转录水平。有些表观遗传修饰可通过暴露于特定的环境因素（如饮食）而获得，并可遗传给后代。近来以色列研究人员利兰·卡梅尔的实验室已经开始对尼安德特人表观基因组的某些方面展开研究 [11]，但我们仍不清楚尼安德特人与智人之间的区别中有哪些是基因差异所导致的，哪些是他们那早已消失的环境与生活方式所造就的。事实上，在西非冈比亚的一个农业社会里，在食物短缺季节受孕而生的孩子所具备的一些表观遗传性状在尼安德特人身上也能找到，这意味着这些表观遗传性状可能是饮食而非基因所致 [12]。除非我们在重建尼安德特人 DNA 序列之外还能重建这些表观遗传修饰以及其他对发育有影响的非基因遗传物质（如细胞质和子宫内因子），否则尼安德特人缺失的独特性状可能会更多。

简而言之，我们怀疑，将尼安德特人的基因组植入现代人的卵细胞中所培育出的生物在行为和生理特征上会与真正的尼安德特人有很大区别。其中的原因很简单：DNA 序列并不能包含重建生物体所需的全部信息。

为何再无生物学意义

生物所有可遗传的性状都编码在基因里——这种观点在许多年里一直是遗传学和演化生物学的根本原则，但也一直伴随着许多与之不甚契合的实证研究发现。近年来的新发现使其间的问题呈指数增长。

在经典遗传学里，"基因型"（生物个体所携带并能遗传给后代的基因组合）与"表现型"（基因表达出的特征组合，带着环境与经验留下的印记，但这些特征不能遗传给后代）有根本区别。根据假定，只有基因决定的性状可遗传（亦即可以传递给后代），因为遗传只能通过基因的传递实现。然而，与基因型决定表现型假定相冲突的是，一些基因完全相同的动物和植物种系表现出了可遗传的差异，并能响应自然选择。反之，对于近缘物种之间某些复杂性状和疾病的相似性，基因尚未能给出解释。这个问题称为"遗传性缺失"[13]。个体的某些性状似乎不能与自身的基因型对应，同时有发现表明某些亲代基因能够在不传递给子代的情况下影响子代的性状。此外，对植物、昆虫、啮齿动物和其他生物的研究显示，个体一生中所处的环境与生活经历（饮食、温度、寄生虫、社会互动）能影响后代的性状，对人类自身的研究则表明我们也是如此。有些发现完全符合"获得性遗传性状"的定义，用谷歌时代之前的一个著名比喻来说，这类现象不可置信的程度就好比从北京发出的中文电报到达伦敦时已经变成了英文[14]。但如今这类现象在科学期刊里时常可以见到。正如互联网和即时翻译使通信交流发生的革命一样,对于哪些性状能实现代际传递而哪些性状不能,分子生物学的发现也颠覆了人们的认知。

生物学家正面临着一场意义非凡的挑战:与根深蒂固的传统理念相抵触的新发现正迅速增加,他们要弄清其中的意义。研读一篇近期相关研究的综述性论文,再随便找一本本科生物学教材读一下绪论,就能理解理论与证据之间越来越严重的冲突。传统理论断言遗传仅能通过基因实现,否认环境与经验的部分影响可遗传给后代。这种遗传概念显然存在疏漏。

在以下的章节中,我们将概述一种扩展遗传的概念,它将基因遗传与非基因遗传结合在一起,探讨其对演化生物学和人类生活的意义。

第2章　从基本原则出发思考遗传

遗传的整个主题万分精彩。

——查尔斯·达尔文，《动物和植物在家养下的变异》，1875

如果要形容生物的独特属性，那必定是使种群永续不绝的繁殖力[15]。在所有细胞生物（即除了病毒等最简单的生物之外的所有生物）中，繁殖都遵循同一模式，可认为由两个基本要素组成。第一，通过持续不断的细胞分裂实现细胞世系的永续，因此所有细胞（包括文特尔的杂合细胞）都来自先前存在的细胞[16]。第二，繁殖过程包含 DNA 的复制和遗传，DNA 以著名的双螺旋结构呈现，负责编码蛋白质的合成和调控细胞生命活动。对我们来说，繁殖过程的两个基本要素决定了遗传有着固有的二元性（见图 2.1）。

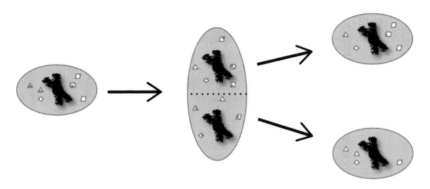

图2.1　最简单的遗传形式的二元性图解。图中的黑色染色体代表DNA序列，细胞质中的小三角、菱形和其他形状代表非基因物质。在有性繁殖的生物中，多种非基因遗传物质由配子携带遗传，或与配子一同遗传。许多多细胞生物会通过受精后的亲代-子代相互作用或亲代投资来传递种类繁多的非基因遗传物质。这些过程全都能介导代际变异传递，因而可视为遗传机制。我们将所有的基因和非基因遗传机制统称为扩展遗传。

在本章中，我们将从基本原则出发重新思考遗传。这个思维训练有点狂想的味道，目的在于带读者厘清扩展遗传的逻辑，并且（但愿能）就本书后文详细探讨和运用的内容提出有说服力的论点。这些论点其实并不新鲜。尽管像第 3 章会谈到的那样，孟德尔遗传在 20 世纪初的胜利把关于遗传本质的争论排挤到了生物学的边缘地带，但把非基因遗传与基因一同纳入遗传范畴的呼吁一直延续到 60 年代 [17]。到了 20 世纪 90 年代，随着表观遗传机制（如 DNA 甲基化，即特定的 DNA 碱基是否被甲基化）介导性状遗传的证据逐渐显现，相关争论重新燃起 [18]。不过科学界是一个谨慎而保守的团体，直到最近人们才开始认真讨论扩展遗传的概念，而且这个新概念的内涵还相当不确定 [19]。

接下来我们将探讨基因和非基因遗传方式，然后思考这些方式能够怎样结合成为扩展遗传的概念。

基因图书馆

DNA 是细胞组分中至关重要的部分，调控着单个细胞或多细胞生物内部的生理过程和化学反应，控制着生物从个体发育到繁殖、衰老和死亡的全部过程。编码在 DNA 碱基对序列（即基因组以及其中的基因）里的遗传信息相当于一个基因图书馆，所有蛋白质以及非编码的调控氨基酸序列都以"遗传密码"的形式储存在其中。（包括人类在内的许多生物的基因组里都有大量貌似不承担任何编码功能的"垃圾 DNA"，包括称为转座子的、能将自身的新副本植入基因组的 DNA 序列。）一套复杂的分子机器先将 DNA 序列转录成互补的 DNA 链，然后把 DNA 碱基序列翻译成氨基酸序列，最终合成蛋白质。这个过程称为基因表达，它对生物体内在状态（如健康、饥饿、年龄）和外界环境都异常敏感。例如，摄入富含蛋白质的食物会促进肝脏里的 *IGFI* 基因表达，使肝脏分泌一种称为类胰岛素生长因子 -1 的蛋白质。这是一种重要的激素，在儿童时期促进机体生长发育，在成年人体内则促进衰老。这种响应的特征与强度也受到其他基因序列的影响，譬如编码生长激素受体的基因[20]。

DNA 在遗传中也起到关键作用。不同生物个体的基因组 DNA 序列各不相同，并能把这些不同的序列（称为等位基因）遗传给子代。一个细胞分裂成两个子代细胞时，两个细胞都从原来的细胞那里继承到 DNA 副本。精子和卵细胞结合时，形成的受精卵分别从双亲那里遗传一半基因组。我们肖似父母，是因为我们携带着从他们那里继承来的等位基因。

为了认识到基因的独特作用，有必要介绍一下 DNA 的 3 个关键属性，这非常重要。第一，DNA 分子非常稳定，以至于有一个活力十足的研究领域发展起来，专注于研究从灭绝物种（如尼安德特人和猛犸象）的骨骼或软组织里提取 DNA 片断 [21]。这种化学稳定性使 DNA 能在细胞内部充当可靠的信息库。第二，DNA 的双链结构互为模板，使 DNA 能以极高的准确度复制，基因可以原封不动地从亲代遗传给子代 [22]。人类基因组的大部分 DNA 序列发生随机变化（突变）的概率还不到千万分之一每代 [23]。DNA 复制的准确性极高，许多人体基因在酵母体内有对应的基因，这显示人类的某些基因从人和单细胞酵母的共同祖先那里稳定地遗传了 10 多亿年，几乎没有发生过变化 [24]。第三，DNA 能储存巨量信息。DNA 是一条分子链，仅由 4 种脱氧核糖核苷酸组成（即人们熟知的 A、T、G 和 C，分别指腺嘌呤、胸腺嘧啶、鸟嘌呤和胞嘧啶），但链条可以极长（一套人类染色体展开之后的长度超过 1 米），因而能以脱氧核糖核苷酸序列的形式编码大量信息。人类基因组里约 30 亿个碱基对可能的排序组合方式（也就是基因组的组合复杂性）多得不可思议。DNA 的化学稳定性和信息储存能力极其突出，因此生物技术专家在探讨将 DNA 作为数据存储媒介的可行性 [25]。

哲学家金·斯特雷尼及其同事提出，DNA 的独特性质使它在遗传方面有着特殊的地位，这是演化使然。他们指出，如果没有一种类似于DNA 的体系来编码生物体的性状并使这些性状能在代际遗传，生命就无法存续 [26]。在活的生物体内，生存与繁殖所需的系统异常精密而脆弱，维护这些系统需要实现一种平衡，一方面是变异产生的损耗，另一方面是细胞机器修复受损 DNA 和清除受损细胞。种群内部也需要类似的平衡，一方面是有害突变产生的自然淘汰，另一方面是自然选择将携带有害突变的个体从基因池里清除。如果稳定性和复制的准确性不够高，变异率就会超过自然选择的步伐，导致生物的精密结构体系不可能实现。同样，如果组合的复杂性不够高，DNA 就无力编码粘菌和蓝鲸这些差异极大的复杂生命形式的性状，也无力编码每个生物种群内部因遗传性状而产生的诸多变异。

非基因遗传

DNA 在遗传和发育中起到核心作用，但全局图景是怎样的？科普作品和主流媒体往往给 DNA 赋予某种近乎神奇的特质，声称 DNA 能"复制自身"，或科学家发现了"决定什么的基因"，比如智力、宗教信仰、政治立场或犯罪倾向 [27]。这类说法蕴含着一种根深蒂固的信念，即 DNA 是生命的精髓，是生物性状的唯一决定因素，是遗传的唯一基础。这种流行看法过于简化，但无疑发源于自 20 世纪早期以来在生物学中占主导地位的基因遗传的概念。

事实是 DNA 仅凭自身并不能进行复制，也不能让你聪明，更不能把你的超凡智力遗传给子女 [28]。DNA 只是一台复杂的、高度结构化的生物化学机器中的一个组件，这台机器的属性不仅取决于各部件的属性，而且取决于部件的位置，以及部件之间的相互作用。受精是两个生殖细胞的结合，这两个生殖细胞除了拥有体细胞一半的 DNA，还各自包含数以千计不同种类的生物分子。因此，基因遗传基于一个隐含假设：从亲代传递给子代的大量其他因子可以放心地忽略，因为它们不过是基因表达的下游产物，这些非基因因子的任何差异都完全编码在基因里。我们在后面可以看到，该假设并无牢固的根基，而且新的发现正在颠覆这种认知。

DNA 通常被视作一种纯数字的、线性的信息储存媒介，其信息内容完全体现在碱基序列中，正如本书的信息完全体现在字母序列中一样。然而近几十年的研究发现，DNA 总是与某种表观遗传分子（如甲基基因、组蛋白和 RNA）共同出现，这些分子影响着细胞"读取"DNA 序列的方式。换句话说，表观遗传因子对于调控基因表达起着关键作用。正是这套表观遗传体系使得一个基因组能在胚胎发育阶段产生多种细胞和组织（如肌肉、神经元和血液），并使生物体能根据环境和行为调节基因表达。最关键的是，就像第 4 章将会谈到的那样，越来越多的证据表明表观遗传因子能自发改变，或根据外界环境做出一致的反应，在有些事例中，这种由表观遗传修饰的变异可以在代际传递。换句话说，表观遗传修饰的变异在一定程度上独立于基因，这些变异可以通过代际传递影响子代发育。该现象称为表观遗传[29]。

这个发现让人们非常激动，但表观遗传的隔代效应只是非基因遗传的冰山一角。卵细胞和精子与其他细胞一样拥有细胞质和细胞膜，其中包含许多不同的生物分子（如蛋白质和脂类），还有着复杂的亚细胞结构（如核糖体、中心粒、线粒体和叶绿体）。有些结构信息能通过非基因遗传途径从母细胞传给子代细胞，其中包括遍布在细胞质内的微管"骨架"的精密的非对称构造、包裹细胞的膜的拓扑结构以及特定蛋白质的三维结构。受精卵的结构在早期胚胎发育中起到重要作用[30]。此外，传统上认为雄性在受孕中的作用就是提供基因，但新证据显示精浆（输送精子的液体介质）携带的分子也能影响子代发育[31]。

不过，为人父母者都知道，并非完成受孕就万事大吉。许多动物的子代需要在母亲体内发育，或出生后需要亲代的一方或双方照料。许多东西（乳汁及其他乳腺分泌物、激素、营养物质、病原体）是在受孕完成之后才由亲代传递给子代的。亲代能通过选择和改变子代出生时的外部环境来影响子代发育。在拥有复杂神经系统的动物中，亲代还能影响子代学习到的内容。因此，亲代传递给子代的除了基因，还有一套复杂的表观遗传、细胞质、身体、行为和环境因子，其中许多因子都能影响子代发育。我们将在第 4 章和第 5 章中详细探讨这些因子的特征及其影响。

由于一些非基因因子像基因一样因个体而异，能在代际传递，影响子代的性状，我们和不少其他研究人员相信，将这类非基因因子纳入可遗传的变异范畴是合适的。将该术语应用于非基因因子的做法违背了沿袭数十年的惯例，但我们相信这条惯例需要修改一下。有人或许认为这只是个语义问题，但名正言顺十分重要。非基因变异长久以来被定义为不可遗传。环境诱导的性状和其他非基因变异不能传递给子代，这个前提假设在生物医学领域有着重大影响。

前面概述的非基因因子和过程无疑包含多种细胞、生理和行为过程，其中一些过程（例如涉及细胞质和表观遗传变异传递的过程）源于所有真核生物甚至所有细胞生物共有的基本生理特性，其他一些过程（如学习）则仅存在于某些生物群体中 [32]。不管怎样，我们相信所有这些遗传"机制"也有一些共同属性，例如变异率相对较高，有潜力把环境和经验诱导的性状传递给子代 [33]。因此我们相信，把这些机制纳入"非基因遗传"的范畴是有意义的，至少在某些情形下是如此 [34]。本书还将阐明，这样做有助于探寻非基因遗传在演化中能够扮演什么角色。

非基因遗传怎样运作，其性质与我们更熟悉的基因遗传机制有何异同？正如基因变异源于 DNA 序列的随机变化（突变），非基因变异也能自发产生，源于表观基因组或其他可传递给子代的非基因因子的随机变化。亲代通过非基因方式传递给子代的通常不是表现型本身，而是产生类似性状的潜力。这一点与基因遗传类似。例如，如果有些亲代传给子代的等位基因能导致子代迅速生长，就可以说体型是基因遗传的；同样，如果亲代将充足的营养物质传给子代，促使子代迅速生长，子代的体型较大，就可以说体型是非基因遗传的。在这两种情况下，亲代传递的都是能影响子代发育的因子（不管是等位基因还是营养物质），在子代身上产生特定的表现型（较大的体型）[35]。

不过，与基因变异不同的是，许多类型的非基因变异是可以预见的，它们能通过暴露于特定的环境和经验而产生，或仅由衰老引发，并可传递给子代。这样一来，非基因遗传就允许"获得性状的遗传"存在。尽管生物学教材严正声明获得性状不可遗传，但我们会在第 4 章和第 5 章中看到许多这类遗传的实例。获得性状的遗传可类比为表现型可塑性（生物发育对环境的敏感性），只是这里的可塑性反应跨越一代或多代 [36]。就像认识到表现型可塑性那样，分清适应性的响应和非适应性的响应至关重要。如后文所述，有充足的证据表明获得性状的遗传就适应性结果而言是随机的，自然选择可以对它们起作用，就像对随机的基因突变起作用一样。但在某些情况下，非基因传递可以起到适应性的作用，与世代内部的适应性形式类似。这类增强适应性的非基因遗传称为适应性亲代效应 [37]。

环境影响还可以更加细微，在亲代身上看不出来，但体现在子代身上 [38]。换句话说，环境因素可以让个体产生某种倾向，把自身并未表达的性状传递下去。例如，吸烟对母亲和孩子都有害，但具体影响的差异很大。吸烟的女性可能出现呼吸道、血液系统和其他方面的多种生理问题，在子宫里暴露于尼古丁的胚胎则可能发生某些基因的表观遗传"重编程"，对发育造成影响，例如出生体重偏低、行为失调的风险增加 [39]。这些效应类似于生殖细胞系（专门产生卵细胞或精子的组织）的基因突变，在亲代身上看不到效果，但会影响子代的性状 [40]。

除了将某些环境、经验和衰老效应传递下去的潜力，非基因因子往往还有一点与基因不同，就是代际传递时比等位基因更不稳定（或者说可变异程度更高）。例如，许多哺乳动物通过特定类型的食物获得的口味能从母亲传递给子代，或是通过学习，或是通过胚胎阶段暴露于从母体通过胎盘进入胚胎血液的食源化学物质 [41]。但传递可能仅限一代：如果子代本身未能足够频繁地接触这种食物，就不会把偏好传递给自己的子代，许多获得性状就这样轻而易举地丢失了。

不过有些获得性状能持续传递多代，因为它们会自我再生。怎样实现自我再生？对 DNA 序列来说，自我再生依赖一套高度精确的复制机制，需要专门的酶、同样专门化的修复机制［利用两条 DNA 链互补（冗余性）的优势］，以及 DNA 分子本身的化学稳定性。许多非基因遗传过程比这还要复杂。非基因遗传的稳定性往往比 DNA 低得多，它们传递多代的能力无法简单解释。此外，基因遗传就是 DNA 从亲代传递给子代，但非基因遗传和自我再生有时不会这么直接，而是由涉及身体和生殖细胞系两方面的因果路径组成。

最直观的例证是自我再生行为。比如说，子代从母亲那里学到或在子宫中获得对特定食物的偏好，这种偏好在子代寻找该食物时会自我再生，子代又会通过类似的机制将这种偏好传给自己的子代。在行为或文化领域，这种获得与传播过程可以稳定延续多代，因为家族传统有时是在人身上体现的 [42]。不过，饮食偏好不管是通过学习获得还是通过子宫内环境传递，都牵涉间接的自我再生机制，即生理或认知性状（饮食偏好）依靠子代成功执行特定行为（寻找并摄入该食物）来传递。遗传了对特定食物的渴求而未能实际摄入该食物的个体将无法将偏好传递给自己的子代。

还有很多能够自我再生的非基因遗传类型，它们赖以实现的通道也同样复杂和间接。例如，基因表达模式可以通过"自我持续回路"[43]以非基因形式传递：环境因素启动特定基因，该基因表达的蛋白质在执行其他功能之余还能使该基因维持激活（表达）状态。如果该蛋白质通过细胞质传递给子代细胞，就能使子代细胞里对应的基因维持激活状态，直到有干扰因素打断这个回路。关于自我再生，有一个流传特别广、特别有趣的例子，称之为副突变，即基因突变导致的表现型一代代传递下去，但变异的等位基因并未发生传递[44]。对于稳定传递的结构特征（比如草履虫和其他单细胞真核生物的细胞性状，见第5章），自我再生过程可以像按模板复制那样，由母细胞里已有的结构引导子代细胞里新结构的合成。人们对该过程的细节还很不了解。从演化角度看，自我再生机制之所以重要，是因为它们的特性决定了非基因遗传的重要特性，例如代际非基因传递的稳定性以及环境诱导的潜力。

扩展的遗传

如上所述，我们可以看到，遗传包含多个代际信息传递通道，换句话说就是遗传机制不止一种。DNA或许是生物体内首要的信息携带者，也是代际信息传递的首要媒介，但肯定不是唯一的媒介。除了决定多肽链编码的核苷酸序列、编码调控指令的等位基因，生物能传递下去的还有决定细胞结构、极性、表观基因组状况、行为和其他重要性状的非基因因子。不过，尽管遗传机制多种多样，我们相信遗传还是可以简单地划分成两部分：一是基因遗传，定义为受孕时细胞核基因组的 DNA 序列（即等位基因）由亲代传递给子代；二是非基因遗传，定义为受孕时或随后的发育过程中其他因子（表观遗传、细胞质、身体、共生物、环境、行为）由亲代传递给子代。扩展遗传是所有基因和非基因遗传机制的总和[45]。该二元机制可归纳为"二元继承"理论[46]，它承认人类群体中基因遗传与文化遗传的并列地位，以囊括其他非基因遗传机制，并把扩展遗传的范畴扩展到非人类生物[47]。

这个扩展后的遗传概念代表了与旧思想的决裂。20 世纪的生物学家认为基因传递是唯一且通用的遗传机制，而扩展遗传意味着存在多个并行运作的遗传机制，它们在稳定性和环境诱导潜力等重要属性方面存在差异，且在植物、动物和单细胞真核生物等不同生物类群中的表现不一样（见图 2.2）。此外，扩展遗传不像某些作者那样要求把"遗传"定义为跨越至少两代的传递。虽然有时长期传递的潜力是关键所在，但我们可以看到，在许多情况下从亲代到子代的传递本身就非常重要，因而不妨把亲代对后代性状的所有影响都放在遗传的范畴中看待。

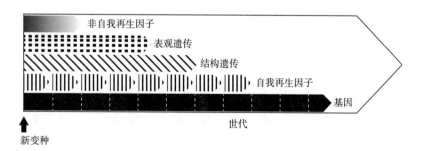

图2.2　基因和非基因遗传机制并行运作，其稳定性在代际传递环境诱导的变异的潜力等方面存在差异。扩展遗传包含了所有这些五花八门的遗传机制。

基因遗传机制和非基因遗传机制可以看作生物信息在代际传递的不同路径 [48]。从这个角度来看，扩展遗传的概念之所以重要，并不是因为它引入了一条或多条新的遗传路径（毕竟只要我们愿意，每条染色体、每个基因座乃至基因组中每个核苷酸碱基对的位置都可以定义为一条独特的路径），而是因为不同的路径可以运载不同类型的信息。比如说，在基因遗传中发生随机传递的因子通常不能由外界环境进行规律一致的更改，非基因遗传中传递的因子则通常以同样的规律对外界条件做出响应。此外，细胞核里的基因信息呈现为线性的核苷酸序列，可比拟为数字信息介质；非基因遗传包含的因子则多种多样，从类似于细胞核 DNA 的核苷酸序列（例如 RNA 单链分子）到数量、结构、环境和行为形式等的变量，它们储存的是模拟信息。

理查德·道金斯曾说基因属于一类特殊实体，他称其为复制子，将其定义为能复制出副本、自身性质可影响复制率的事物。除基因之外，道金斯唯一承认的复制子是模因——能在人脑之间传递的思想或信息单元。非基因遗传的存在意味着复制子不只有基因和模因两种，还包括表观遗传复制子、结构复制子、行为复制子等，扩展遗传可以看作所有不同类型的复制子联合作用的结果。理论生物学家约翰·梅纳德·史密斯和埃洛斯·萨斯迈利更进一步，将复制子分为潜在变异范围高度受限的"有限"复制子（例如作为发育或行为"开关"的因子）以及本质上可以有无数状态变种 [49] 的"无限"复制子。这种划分方式非常有用，后文会谈到。

非基因遗传给遗传增加了一个"表现型记忆"的维度，也就是让生物获得的环境影响可以代际传递的一组通道。伊娃·贾布隆卡和马里安·兰姆提出，基因组可以类比为乐谱——一套留有较大解释空间的指令。这样比拟起来，正如两位音乐家能以不同方式诠释同一份乐谱、反映各自独特的训练和经验（即用同样的音调演奏出不同的音乐），如果非基因的"解释装置"不同，相同的遗传指令就能有不同的表达（产生不同的表现型）。音乐家无须在乐谱上写下注解也可以把自己对乐谱的解释传授给学生。同样，生物体也无须借助 DNA 序列变异就可以把非基因变异传递给子代。

扩展遗传还使我们有必要重新审视一个长久以来的惯例，那就是把群体内个体表现型性状的变异分为基因和环境两类。基因变异源于个体携带不同的基因，环境变异则源于个体经历不同的环境、可塑性状的表达受到不同的影响[50]。在这个传统框架下，人们认定子代与亲代的相似性源于等位基因的传递，而表现型变异会在代际重置，对遗传没有贡献。然而随着非基因遗传的发现，基因 / 环境二元划分不再明晰。事实上，艾蒂安·但钦、理查德·瓦格纳及其他一些人曾提出，对表现型变异来说更有用的分类方式是可遗传与不可遗传[51]。在这个框架下，可遗传的变异包括累积的基因变异以及可传递给子代的非基因变异成分。我们相信基因变异在演化中起着特别重要的作用，理当在表现型变异的各个来源中拥有特殊地位，但如后文所述，认识到非基因因子对可遗传的变异亦有贡献，能让我们从新角度看待许多演化问题。

如托比亚斯·尤勒等人所说，非基因遗传也改变了发育与遗传的关系[52]。20 世纪的遗传学家和演化生物学家往往毫无压力地把发育看作黑箱，因为人们相信发育完全由遗传控制，环境和随机效应只是伴随遗传信号的无规则噪声。于是大家觉得，发育过程作为基因型与表现型之间的桥梁，其细节可以被放心地忽略。扩展遗传否认上述理念。非基因遗传机制在发育过程中改变基因表达，由此影响后代的表现型。要理解这类机制，就需要理解发育过程怎样由基因和环境两方面的因素调节。比方说，如果我们想知道母亲肥胖对子女有何影响，就必须了解胚胎发育怎样响应那些与饮食有关、通过卵细胞遗传的表观遗传因子，怎样响应孕期的母体血糖水平，还要了解出生后的发育怎样响应乳汁成分和母亲的行为。由此，扩展遗传使发育重回舞台中央。

扩展遗传对演化的意义

如果某些非基因变异是可遗传的，就可以推论出某些变异能在不发生基因变化的情况下响应自然选择，产生代际的表现型变化。此类变化不适用于围绕基因来定义演化的标准理念，后者局限于代际的等位基因频率变化。演化的基因定义由演化遗传学家费奥多西·杜布赞斯基提出，体现着这样一条前提假设：基因是可遗传变异的唯一来源，因而是自然选择赖以运作、产生代际表现型变化的唯一原材料。但有个事实值得回想一下：查尔斯·达尔文并不知道基因变异与非基因变异的区别，真是幸事。达尔文最深刻的洞见是，自然选择作用于种群内的可遗传变异，能使生物的平均特征发生代际变化，因为这些可遗传性状总是关系到数量更多的存活下来的后代，在每一代中表现在更大比例的个体身上[53]。将非基因机制纳入遗传范畴，并不需要对达尔文的这个基本方程做出任何改变。本书第 6 章把非基因遗传引入演化方程时，将对此进行更正式的探讨。

自然选择作用于基因和非基因因子都可能使种群发生代际变化。鉴于此，我们并无理由把"演化"一词的内涵局限于等位基因的频率变化。演化的定义可以拓宽到囊括所有可遗传性状的变化，不管它们是基因的还是非基因的。这个建议看起来可能比较激进，但其实不需要在多大程度上违背现有术语体系。正如"文化演化"的说法已被广为接受，"表观遗传演化"之类的术语也可以加入科学词汇表，指明相关遗传因子的类型。这样扩展后的演化定义更接近达尔文的"经过改变的遗传"概念，后者并未对遗传的特性预设任何局限。

不过，正如下一章节所述，扩展遗传无疑对"新达尔文"现代综合理论的关键假设提出了挑战。现代综合论发源于 20 世纪上半叶，如今已成为演化生物学的基石。哪些性状能从亲代传给子代而哪些性状不能，遗传的表现型在代际的稳定性如何，扩展遗传改变了主宰这些问题的规则。因此，扩展遗传能够做到以下几点。

——扩展选择可以发生作用的表现型变异范畴。

——允许在持续发生定向选择的情况下维持可遗传的变异。

——避免孟德尔式的分类与重组。

——使亲代能对后代的表现型进行适应性调整。

——使获得的病原体和老化影响可进行代际传递。

——通过基因遗传与非基因遗传的相互作用影响演化。

——使表现型变化与基因变化脱钩，可能容许种群在缺乏基因变异的情况下对自然选择做出快速响应。

——在速度极快的共同演化角逐中发挥作用。

——促进生殖隔离和物种形成。

要认识到为什么生物学家承受不起忽视非基因遗传的代价，不妨考虑一下遗传在不同时间尺度上所扮演的角色：长期的"宏演化"现象，诸如世系独有特征（比如区别节肢动物与脊椎动物的特征，或区别人与黑猩猩的特征）的累积与维持，以及变异从亲代到后代的短期传递。对于宏演化问题，例如配偶选择带来的利益、共同演化"军备竞赛"的下一步骤，在考虑它们时显然不能忽略非基因遗传的潜在重要性。原因在于，如后文所述，在亲代对后代性状的影响中，非基因遗传占据了很大的一部分。思考宏演化时，以基因为中心的传统观念有可能提供一种合理近似：外星生物学家通过对不同生物的 DNA 序列进行比较，就能在很大程度上了解节肢动物与脊椎动物的差异，乃至人与黑猩猩的主要差异。但即使在宏演化的语境下，非基因遗传仍可能对变化路径产生重要影响。例如，在人类的演化过程中，基因与文化的相互作用无疑扮演了重要角色。智人是一种文化动物，其特性不能仅从生理方面去了解。若要全面理解人与黑猩猩的差异，那么至少不能把文化这个非基因遗传因子排除在外。如后文所述，在其他生物的演化过程中，基因与非基因因子之间的相互作用也可能扮演重要角色。

回到未来

在本章中，我们试着从基本原则出发重新思考遗传。在某些方面，这个思维训练让我们重拾了一些被主流生物学抛弃已久的观念。但是遗传的本质不是早就被翻来覆去地讨论过并已盖棺论定了吗？稍安勿躁。下一章会谈到，过去 150 来年遗传理论的发展过程峰回路转，虽然这些转折在当时或许是必要的，也有着建设意义，但最终走进了概念的死胡同。为了摆脱僵局继续前进，有必要退后几步，看看我们是怎么落到这种奇怪境地的。

第3章　基因的胜利

机体蛋白质不能使DNA发生任何变化，因此获得性状的遗传在化学上是不可能的。

——恩斯特·迈尔，《生物学思想的发展》，1982

在本章中，我们将追溯科研发展历程，探讨这个过程怎样导致人们近乎毫无疑问地接受了唯基因的遗传模型，否认非基因遗传现象存在的事实。孟德尔遗传的发现、遗传学的发展、DNA结构的发现，以及现代综合论对遗传学与达尔文自然选择的综合，全都是顶级智慧成果，对此我们并无异议。所有这些发展都是科研取得进步的绝佳例证，每一项都硕果累累。不过我们还相信，孟德尔遗传并不全面，唯基因的遗传概念在证据和逻辑两方面都缺乏坚实的基础。科学界为什么会接受这样一个遗传模型？

在我们看来，通往唯基因的遗传概念的逻辑链路总结起来是这样的：首先，有一条广为接受的假设，即所有遗传现象都由同一套通用机制介导，解读遗传法则的任务就是寻找这个圣杯；其次，尽管遗传起初是指某些性状在家族内部流传的倾向，但在 20 世纪早期，遗传得到重新定义，范畴变得狭窄了，指的是祖先与后代身上出现相同的"基因"[54]；再次，随着关于基因传递及其物质基础的知识（孟德尔定律、DNA 结构和遗传密码）越来越完备，遗传学家把非基因遗传当成"化学上不可能的"[55]，因为他们想象不出环境影响怎样才能从体细胞转移到生殖细胞，或者怎样才能导致生殖细胞的 DNA 序列发生稳定的变化。认为非基因遗传与基因的特性不相容，从而否定该遗传方式，这属于严重的逻辑扭曲，肯定是科学史上最有影响的循环论证之一。不过公平地讲，对非基因遗传的怀疑在一定程度上也是因为 20 世纪早期缺乏有说服力的证据，与孟德尔遗传学在实践中取得的巨大成功相比，尤其相形见绌。

我们的目标并不是全面论述遗传学的发展历史，而是重点关注那些使得唯基因的遗传概念在 20 世纪早期大获成功的因素和事件[56]。在处理这段历史时，本书与绝大多数既往文献都有重大差异。以往的文献通常（虽然也有引人注目的例外[57]）把遗传的历史描绘成一场英雄主义的奋斗，参与者努力解读着孟德尔定律和基因结构。我们却要质疑，为什么生物学家最后得出了这么一个狭窄得过分的遗传概念？

遗传的发现

设想古人如何看待世界，可能会让人不大舒服。亚瑟·库斯勒把古巴比伦人的世界观比拟成孩童时期的奇妙幻想[58]，不过只要回溯一两个世纪，我们就能看到一个充满反直觉观念的世界。如今大家觉得遗传是理所当然的，很难想象生物学如果不以遗传概念为基础会怎样。但在 18 世纪末和 19 世纪初，遗传的观念才刚刚开始成型，围绕其属性很快爆发了激烈争论。1788 年和 1790 年，巴黎皇家医学会设立 600 里弗尔现金的悬赏，寻求破解遗传的谜题 [59]。

20 世纪之前，人们普遍认为遗传性状能通过个体经验或接触特定环境因素而获得。这种想法包含了一些我们现在视为非基因遗传的真实现象，但也充斥着各种迷信和谬误，人称"拉马克遗传"或"软遗传" [60]（我们将用"软遗传"一词指代这类错误观点，以区别于现代的非基因遗传概念。）人们对"软遗传"的信奉由来已久 [61]，西方文化中最著名的事例或许是《圣经》里雅各为拉班照看羊群的故事。根据约定，雅各可以把生来有斑点、条纹或毛皮为棕色的羊归为己有，于是他想出了一个不光彩的法子。雅各从树枝上剥下一条条树皮（使树枝呈现纹路），然后将树枝插在羊群交配的水沟里。母羊受孕时看到树枝上的条纹，生下的小羊也就有花纹。这个古老的故事体现了获得性状的遗传这条普遍信念的一个经久不衰的属性，即通用性假设。《创世记》中这段文字的作者似乎相信，任何经验——哪怕只是视觉体验——都能产生遗传影响。有些类似的观念在欧洲一直流传到 19 世纪，譬如女性在受孕时所想的事物会影响孩子的模样。

19 世纪早期，巴黎的生物学家让-巴蒂斯特·拉马克在其演化理论中引入了一种"软遗传"形式，作为演化的关键机制。他的理论认为，生物朝着人类的方向逐渐变得更复杂、更完美。拉马克在他的《动物哲学》（1809）及其他著作中提出，环境影响着生物的行为或使用器官的方式，由此产生的变化会传给后代。他把相关理念总结为以下两条"自然法则"。

第一定律

动物……经常和持续使用某个器官会导致该器官逐渐变得更强健、发达，长期不用则会使器官缓慢弱化、萎缩。

第二定律

个体受环境影响……通过大量使用或长期不用某个器官而产生的收获或损失……都通过繁殖保留在新的个体中 [62]。

用现代语言来说，拉马克第一定律体现了表现型的可塑性，他对其重要性的认识非常有先见之明。拉马克第二定律（获得性状的遗传）的争议较多。虽然当时类似的观点十分普遍，而且拉马克只讨论了器官使用与不用导致的遗传效应，他的书最终还是被世人当成了"软遗传"的纲领。拉马克认为生物能有针对性地获得有益（即适应性的）性状（通常称为"定向变异"）并传给后代，这一信念也产生了长久的影响。如今一种有争议的观点认为，非基因遗传能在无须自然选择辅助的情况下驱动适应性演化（本书第8章将再次讨论），可以看出该观点与拉马克的信念相通。

近年来有些作者把非基因遗传说成拉马克主义的复活，但我们认为恰恰相反。拉马克是一位重要的思想家，但他那已有两百年历史的著作与当代的遗传和演化理论只是略微形似。事实上，在现代语境中，"拉马克学说"一词至少有4种不同的含义：（1）拉马克提出的演化理论；（2）受环境影响产生"定向变异"，允许不借助自然选择进行适应；（3）"软遗传"的"基因编码"概念（见下文）；（4）环境影响传递一代或多代的任何事例。其中含义（1）只有历史意义，含义（2）和（3）代表的理论非常有争议，含义（4）所指的则是非基因遗传的一个广为人知的重要属性。因此，"拉马克学说"一词很容易造成混乱，本书将避免使用它，除非谈及相关历史。

拉马克没有明确阐述"软遗传"的生理机制。50年后，英吉利海峡对岸的一位生物学家挑战了这个问题，这位生物学家出生时正值《动物哲学》付印。查尔斯·达尔文摒弃了拉马克的神学思想以及进步式演化的观念，以自然选择为基础提出了自己的理论。但他认识到，需要有一种遗传机制来解释亲代与后代的相似性。达尔文相信（与他同时代的人几乎都是这样）获得的性状可以传递给后代，因而提出了一种生理过程来解释该现象，这就是泛生论假说。

根据该假设，机体的每个单元或细胞都会产生微芽，即未发育的原子。微芽可通过自我分裂进行复制，两性都可将微芽传递给后代。微芽可能在生物幼年乃至连续若干世代保持未发育状态。微芽如何发育成与产生它们的单元或细胞相似的事物，取决于它们与此前按规律生长发育的单元或细胞之间的亲和力，以及与这些单元或细胞的联合。[63]

达尔文设想，机体的每个细胞都会产生遗传粒子，后者能自我复制、转移到生殖腺，进入配子。这样一来，生物机体受环境或经验影响发生的变化就可以传递给后代。

值得注意的是，拉马克和达尔文与《创世记》的作者一样，都假定生物个体受环境影响发生的任何变化都能传递给后代（虽然有一些附带条款，例如拉马克相信此类效应最可能通过母亲遗传，达尔文则相信肢体损毁只有重复多代才能导致遗传上的变化）。如后文所述，此后有一些为了否定"软遗传"而做的著名实验，其逻辑基础都是"'软遗传'（如果能够发生的话）是普适的"这么一个很成问题的假设。

龙生龙，凤生凤

历史学家彼得·鲍勒说，对"软遗传"的信奉是从人们看待繁殖的流行观点中自然而然地衍生出来的[64]。19世纪的人们认为所有的繁殖都是某种出芽过程，即亲代从机体组织中萌出自身具体而微小的复制品，亲代用自身的组件制造后代。根据这种繁殖观念，可以合理推导出获得性状的遗传，因为亲代机体在有生之年产生的变化会自动传递给由亲代机体组织生成的后代（见图3.1）。达尔文将这个观念融入了他的泛生论假说。

假定某种均质的凝胶状原生动物发生改变，呈现为红色，那么从它身上分离出的微粒会天然保留同样的颜色，发育完全之后也是如此。这是形式最简单的遗传。同样的观点完全可以扩展到高等动物机体中数量极大、种类繁多的单元。分离出的粒子就是我们的微芽。[65]

到现在，某些生物的繁殖过程在人们的眼里差不多还是这样。细菌和草履虫之类的单细胞生物每次繁殖时会将细胞质一分为二，形成两个子细胞。有些结构相对简单的动物（例如体形微小、长着触手的水螅，本科生物学课堂上常见）能萌出微芽，长成形态与母体相同的小型个体，以此进行繁殖。许多植物能通过机体的延伸物（分株）进行繁殖，长成与亲本相同的全新植物。然而随着观念变化，人们最终认为最复杂的生物的繁殖过程与此有根本区别。根据这种看法，子代并非发源于亲代的某个身体部件，而是按照独特的遗传蓝图自动发育成独立的个体，因此亲代对子代性状的影响局限于受孕时贡献给蓝图的遗传单元。这种繁殖观念是传统遗传学或"硬遗传"概念发展的基石。

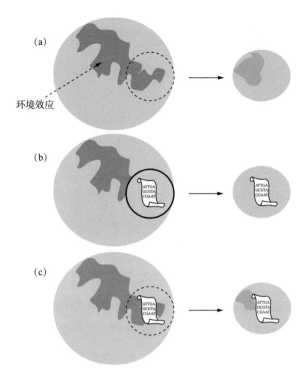

图3.1　繁殖与遗传观念的变化。（a）在20世纪之前，人们认为后代是从母体上萌出的，因而环境对母体的作用（图中深灰色部分）会影响后代。（b）随着传统遗传学诞生，人们认为后代发育由自主的遗传蓝图（图中以卷轴代表）控制，体细胞与生殖细胞之间的魏斯曼屏障（图中用黑色圆圈表示）起着阻隔作用，环境对亲代体细胞的影响无法传递给后代。（c）扩展遗传将上述两种观念融合，认为魏斯曼屏障（在拥有此类屏障的生物中）有如多孔滤膜（图中用虚线圆圈表示），使一部分非基因影响能像后代独有的基因组一样发挥作用。

遗传的"硬化"

　　达尔文相信，即使最初创造出遗传粒子的器官早已消失，这些粒子仍能继续流传许多代。他用该原则解释了犹太人代代都进行包皮环切术而新生儿仍有包皮的现象[66]。此后不久，一些生物学家在此基础上更进一步，提出遗传粒子完全不受体细胞制约，有可能永不消亡，也就是说遗传是"硬"的。他们设想这类自我复制的粒子能流传多代，不因环境而改变。这个理论假定从遗传粒子到体细胞是一条单向的因果流，从而排除了"软遗传"[67]。

该理念发源于达尔文的表弟弗朗西斯·高尔顿。高尔顿在 19 世纪 60 年代提出，亲代只能把他们从父母那里遗传来的因子传给子代。高尔顿通过一系列面对大众的杂志文章首次公开了他的假说，理论依据是英国家族中"天才"的遗传情况。他重点关注人们在学术和创新领域的成就，而非财富和社会地位。但他忽视了一种可能性，即父母将能力赋予子女的途径除了受孕时提供的遗传物质，还有教育、表率作用以及促进学习的环境。事实上，高尔顿相信人的能力主要取决于"先天"（即遗传因素），其重要性远高于"后天"（即发育环境）[68]。他在 1865 年的一篇文章中用一个引人注目的隐喻来说明遗传因子的自治性和延续性，为基因永生不灭的现代遗传观念埋下了伏笔。

父母的胚胎诞生之时，我们的胚胎立即从中萌出，而父母的胚胎又源自他们父母的胚胎。以此类推，便可对生命起源有着大致正确的认识。[69]

高尔顿的文章也为一个经久不衰的错误概念播下了种子，即"先天"与"后天"泾渭分明的二元对立。有一种流行看法是有遗传基础的性状必定不受环境影响（也就是不具备可塑性），这就体现了上述概念。由此衍生出的理论包括智力水平在受孕之时就已确定，并不因抚养和教育而改变。然而遗传学有一条公认的基本原则，即性状的遗传性（某一性状能"在家族中流传"到何种程度）与可塑性（某一性状在可能受环境影响的特定个体身上能表达到何种程度）的关系微乎其微。如果环境改变，就算是高度可遗传的性状，其表达程度也可能大相径庭[70]。过去一个世纪以来，人类平均身高显著增加，就是该原则的绝佳例证[71]。身高是遗传性最强的人类性状之一，子女的生长环境如果与父母相同，其身高往往与父母非常接近。另外，身高也深受饮食等环境因素变化的影响。这导致平均身高会因环境变化而发生代际变化，所以移民到富裕国家的儿童成年后的身高往往远超父母。

高尔顿关于"硬遗传"的文章影响了德国生物学家奥古斯特·魏斯曼，后者于 1893 年对细胞分裂、配子形成和受精过程等领域迅速发展的研究进行整合，为有着排他性的"硬遗传"模型打下了生理学基础[72]。魏斯曼认识到，染色体是遗传因子的载体，染色体相互配对，随后分离，通过减数分裂过程产生配子细胞中完整的染色体组。在受精过程中，卵细胞和精子的染色体组在合子里结合，使子代拥有母系和父系互补的遗传因子组合。魏斯曼还推断出，生殖细胞系（或说"种质"）是一种代际瓶颈，使遗传因子只能通过单一的特化细胞进行传递。对于脊椎动物和节肢动物等结构相对复杂的动物来说，生殖细胞系在发育早期就被"隔离"出来，亲代身体的任何部分都不会通过遗传因子传递给后代。魏斯曼据此提出，环境因素、器官的使用程度、身体损伤使身体组织发生的变化都不会影响生殖细胞系里包含的遗传因子，所以获得的性状不能遗传给后代。身体组织与生殖细胞系之间的明显分野（后来得名"魏斯曼屏障"），至今仍被公认为妨碍非基因遗传的关键因素。然而许多生物体内并没有这道屏障，例如单细胞生物就没有独特的生殖细胞系，植物每根枝条的组织都能产生新的生殖细胞系，许多动物（如软体动物、环节动物以及诸如海胆之类的棘皮动物）能通过成体的身体组织或多能干细胞产生生殖细胞系[73]。事实上，如后文所述，就连那些在胚胎发育早期就把生殖细胞系隔离出来的动物的体细胞系与生殖细胞系之间的屏障也似乎有很多漏洞。魏斯曼的理论为遗传学的发展开辟了道路，也成了人们反对"软遗传"的一个关键原因 [74]。

在 20 世纪以前，人们所理解的遗传就是龙生龙、凤生凤的繁殖，遗传过程使子代与亲代相似，让疾病、面部特征和性格气质之类的性状"在家族中流传"。这是用现象来定义遗传，而不是用机械术语来定义，也就是把遗传看作家族成员彼此相似的本质与模式，而不是某种化学过程。但在 20 世纪早期，相关语义发生了重大转变。丹麦植物学家威廉·约翰森于 1911 年在《美国博物学家》杂志上发表了一篇划时代的论文，给遗传赋予了全新的定义——"相同基因在祖先与后代体内的呈现"。他还将"基因型"（个体拥有的全部基因）与"表现型"（基因表达所塑造和控制的身体）区分开来 [75]。从此，探寻通用遗传机制的工作转变为研究化学因子"基因"的性质。根据约翰森的理念，表现型是遗传所塑造的身体特征，其属性不会使遗传单元发生变化。这直接来源于魏斯曼将遗传视作"种质"连续性的理论，后者则是高尔顿的胚胎之链的抽象表述。在约翰森的定义中，代际传递的只有基因，尽管基因的物理性质当时还不为人知，但人们一般认为它们不受环境影响。

是证据的缺失还是缺失的证据

从 19 世纪晚期开始，实证研究的迅速发展使遗传科学发生了革命性的变化，研究者在实验室中培育繁殖速度快的小动物、植物和其他生物，以它们为模型探索遗传机制的普遍规律。这场实证革命爆发的原因之一是人们急于对彼此矛盾的"硬遗传"模型与"软遗传"模型进行实践检验。

"硬遗传"概念最重要的早期支持者弗朗西斯·高尔顿和奥古斯特·魏斯曼在遗传的实证研究方面也有开创性的贡献。19世纪70年代，高尔顿用兔子进行了一系列实验，检验达尔文的"软遗传"理论——泛生论。高尔顿推断微芽存在于血液中，于是用几个不同品种的兔子给参考品种"银灰"输血。这种兔子有着均匀的灰色皮毛，耳朵形状独特。高尔顿发现，即使大量输血，这种兔子繁殖出的后代总是典型的银灰品种。鉴于皮毛颜色和耳朵形状的零结果，高尔顿认为输血没有任何代际效应。他在《伦敦皇家学会通报》上发表论文，宣布推翻了泛生论。[76]

魏斯曼于1887年否定了肢体残缺可遗传，从而证明"没有直接证据支持拉马克的获得性遗传"。有些不可靠的传闻支持这种形式的"软遗传"，诸如"意外失去尾巴的牛（随后）生下没有尾巴的牛犊"。魏斯曼推理说，如果肢体残缺能遗传给下一代，或者连续几代切除肢体后能遗传下去，那么连续五代切除老鼠尾巴会导致新生幼鼠的尾巴缩短。但魏斯曼在实验中没有发现尾巴长度发生任何变化，他据此得出结论说，这否定了那些肢体残缺遗传给后代的轶闻，例如没有尾巴的牛。他还指出，一些反复切除肢体的事例显示，不管是人类（例如包皮环切、缠足）还是其他动物（例如割掉某些品种的绵羊的尾巴的习俗），就算连续许多代进行肢体切除也未能使后代的特征发生明显变化。在魏斯曼看来，这些证据使拉马克学说的一个关键论点失去了实证依据[77]。

以后见之明看来，这些实验的缺陷很明显。高尔顿和魏斯曼的推理建立在一个关于普适性的假设上，后者备受尊崇，然而站不住脚。该假设认为，如果存在"软遗传"，那么对亲代性状的任何操作（包括输血和肢体切除）都应当能产生可检测的"软遗传"效果。高尔顿和魏斯曼没有研究过亲代的饮食、社会环境、饲养温度或其他环境操作的效果，后来人们发现这类操作能影响许多物种的后代的性状。另外，那个时代的实验器材和统计工具都很有限，进行此类研究的难度很大。下文还会讲到，20世纪早期的"软遗传"研究也同样受制于技术和归纳统计方面的问题。

从1901年到1907年，威廉·约翰森进行了一项研究，这是遗传学历史上的一个转折点。该研究至今仍经常被当作论据引用，以证明遗传是"硬性"的而不是"软性"的。约翰森让菜豆的单棵植株进行自花授粉，培育出19世纪的"纯系"。自花授粉是近亲繁殖的极端形式，发展出遗传上同质的品系。随后，约翰森在19个品系内部分别根据豆粒的重量进行人工选择，他发现母本与子代的豆粒重量没有明显的相关性，也就是说豆粒的重量是不可遗传的，不会对选择做出响应。约翰森据此总结说，"选择……的作用仅仅是选出现存基因型的代表"[78]，完全由环境导致的变化是不可遗传的。这些结果为约翰森的基因型/表现型二元划分提供了关键的实证支持[79]。

还有一些实验为"软遗传"提供了证据[80]。例如，1906年至1915年间，弗朗西斯·萨姆内分别在温暖和寒冷环境中培育小鼠，评估饲养环境怎样影响一系列性状在小鼠及其后代身上的表达。他发现，暴露于寒冷环境的小鼠长出的尾巴、耳朵和四肢都比较短，其后代即使在温暖环境中生长仍会表现出类似的性状。该发现放在今天可以用适应性亲本效应来解释。还有生物学家认为，母亲酗酒对后代的影响也是"软遗传"的证据（这个故事本身非常引人入胜，本书第10章还会讲到）。

胚胎学家也非常关注遗传问题。对于遗传到底发生在细胞内部的什么地方，胚胎学家一度在相关研究中发挥领导作用。该问题的关键在于，遗传物质是只存在于细胞核内部还是在细胞质里也存在。德国胚胎学家西奥多·勃法瑞用一种巧妙的方法来处理这个棘手的问题，该方法利用了海胆的特性——单倍体合子能够发育成胚胎。勃法瑞把海胆卵细胞的细胞核去掉，然后用胚胎发育模式迥异的另一个物种的精子使其受精。他的早期实验结果不确定且存在争议 [81]，但表明了胚胎在发育的早期阶段与提供卵细胞的物种相似，可见该阶段由细胞质调控。后来的胚胎学研究发现，卵细胞的细胞质高度有序，拥有多种分子梯度以及复杂的亚细胞结构。卵细胞开始分裂时，早期胚胎细胞系的发育命运并非取决于细胞核基因，而取决于细胞所获取的细胞质组件。卵细胞的细胞质构造的关键要素之一是极性，其"动物极"与"植物极"之间的轴会发展成胚胎的前后轴。现代研究发现，卵细胞的细胞质的成分和结构还在其他许多方面控制着早期胚胎发育，目前我们已经很清楚，至少在胚胎自身的基因组开始表达之前，细胞质一直在发育中起着关键作用 [82]。这项研究还促使人们发现，线粒体和叶绿体（由共生细菌发展而来的细胞质微器官）有着自己的基因组，其中的细胞质基因能对一些重要的代谢性状产生影响 [83]。但遗传学家反驳说，细胞质的其他部分由母本表达的细胞核基因决定，这些细胞质因子不可视为自治的遗传信息载体。本书第 5 章将谈到，关于细胞质因子（线粒体和叶绿体除外）在遗传中独立发挥作用的能力到底有多大，至今尚无定论。

不过，这些早期证据都不够有说服力，不足以形成挑战。学术界日趋坚定地认为遗传是"硬性"的，并把继续寻找软遗传证据的研究者看作误入歧途的蒙昧主义者或者更恶劣的人物。其间发生了一起臭名昭著的学术造假事件，使人们对"软遗传"的怀疑雪上加霜。1909 年，奥地利动物学家保罗·卡姆梅勒发表研究报告称，大型陆生蟾蜍产婆蟾在水生环境中饲育几代之后，获得了与水生有关的形态和行为特征。卡姆梅勒将此解释为"软遗传"的证据。卡姆梅勒的发现一开始引来了很多关注，但几位实验助手（其中包括他的情人阿尔玛·玛勒，她是威尼斯的社会名流、著名作曲家兼演奏家古斯塔夫·马勒的遗孀）声称他的实验十分草率，甚至存在造假现象。最终，卡姆梅勒被指控造假，旋即自杀。不管卡姆梅勒到底有没有造假 [84]，他的悲剧对"软遗传"概念都毫无助益。

此后 20 年里，"软遗传"研究逐渐向单细胞生物倾斜。德国动物学家马克斯·哈特曼和他的学生维克多·约洛斯发现，在草履虫身上，环境诱导的表现型性状变化（例如耐热能力）可以持续传递多个细胞世代。约洛斯将这类变化称为 Dauermodifikationen（意为"长期修饰"），相信它们是环境压力诱导的可遗传的适应性变化。纳粹上台导致研究中断，约洛斯（他是犹太裔）前往美国避难，然而他的"拉马克式"观点让美国的遗传学家们唯恐避之不及，导致他找不到稳定的学术职位 [85]。

发现圣杯

"软遗传"研究的结果比较复杂，确定性也不高。不过随着格雷戈尔·孟德尔那著名的豌豆实验被重新发现，人们从中受到启发，开展了一个极为成功的研究项目。孟德尔是摩拉维亚的一位天主教修士，他在修道院的花园里种植豌豆，对颜色、纹理等性状不同的品种进行杂交，清点子代中具有各种不同性状的植株数量。他根据观察结果提出，对于一种性状，每棵植株都携带两个决定该性状的因子（例如一棵植株可能携带绿/绿两个颜色因子，另一棵携带的是黄/绿因子），但每个子代只能遗传其中的一个因子。有些因子是显性的，例如携带黄 / 绿因子的个体会呈现为黄色，因为相对于绿色因子而言，黄色因子是显性的。因子在代际传递时保持性质不变，如果两个黄色亲本的子代从每个亲本那里各遗传一个绿色因子，它就会呈现为绿色。

孟德尔于 1865 年发表了他的成果，但遭忽视达 35 年之久。不过1900 年重新发现孟德尔的论文之后，几年时间里研究者们就证实孟德尔"定律"适用于植物、昆虫、鸟类、哺乳动物甚至单细胞生物。遗传终于有了一个广泛适用的模式，与"硬遗传"理论吻合得相当好。其中最重要的研究由托马斯·亨特·摩尔根完成，他那著名的"果蝇实验室"设于纽约市哥伦比亚大学。他以体形微小的黑腹果蝇为实验对象，发现大量可观察到的性状突变（如白眼、翅膀卷曲、刚毛缺失等）遵循孟德尔遗传。摩尔根一丝不苟地分析果蝇的世系，艰难地证实了孟德尔遗传定律，并将其扩展到与性有关的遗传（即由 X 染色体基因决定的性状的遗传），甚至绘制出了标识染色体上基因位置的图谱。摩尔根培养出了一批顶尖的遗传学家，并获得了诺贝尔奖。

与此同时，摩尔根和遗传学新科学的其他捍卫者一起，奋力把"软遗传"的痕迹从生物学领域清理出去。他们认为"软遗传"是 19 世纪遗留下来的伪科学，现在只会妨碍科学进步。用摩尔根的话来说，"长久以来，获得性状的遗传理论蒙蔽着与遗传相关的所有问题"[86]。遗传学家们胜利了，20 世纪中叶之前，英国和美国的顶尖生物学家就已经差不多全都相信孟德尔遗传就是人们孜孜以求的通用的遗传规律，并且孟德尔遗传不受环境影响。

重要的是，19 世纪末到 20 世纪初对遗传的物理基础的研究中始终贯穿着一条关键的指导性假设：存在某种单一的通用遗传机制，适用于所有形式和条件的遗传。该假设的表述方式有着强烈的暗示意味。例如，摩尔根于 1919 年出版了一本关于孟德尔遗传学的著作，名为《遗传的物质基础》[87]①。既然相信存在单一的通用遗传机制，就很容易推论出寻找其他遗传机制是毫无意义的。到 20 世纪 20 年代，最杰出的生物学家都确信圣杯已经找到了。

解构一场经验主义的失败

如今看来，遗传学家全盘否认非基因遗传的做法显然存在逻辑错误——基于有缺陷的证据过早得出结论。要理解这一点，不妨思考一下那些证据有何特点。1923 年，在美国生理学学会举办的一次关于性状获得性遗传的座谈会上，华盛顿大学的弗兰克·汉森对这个问题的描述如下：

由功能或环境变化引发的身体结构改变是否能以某种特定或经典的方式影响生殖细胞，使子代通过遗传呈现出亲代所获得的变化，哪怕程度轻微[88]？

换句话说，在遗传领域的早期研究者看来，获得性遗传是否存在的关键问题在于亲代暴露于特定环境或经验是否能稳定地影响子代的性状。当时人们普遍认为这种影响完全不存在，至少英国和美国最杰出的生物学家都这样认为。但正如本书第 4 章和第 5 章会讲到的，今天人们已经在大量研究中观察到了符合汉森定义的影响，涉及多种动物、植物和其他生物；约翰森著名的"纯系"研究也被新实验所淘汰，这些实验显示遗传同质（等基因）的品系可以包含可遗传的变异。这类现象实际

---

① 译注："基础"一词用的是单数形式，暗示只有一种。

上广泛存在，只是早期研究未能取得有说服力的证据，如今已有大量科学文献提供证据支持。

诚然，有些生物学家给出了更严格的定义。例如，微生物遗传学家约书亚·莱德伯格于 1948 年写道："可遗传的变异应当定义为类型的变化，去除引发变化的因素后，该变化仍保有无限传递的能力[89]。"根据莱德伯格的定义，某些形式的非基因遗传不能算遗传，例如一两代之后就消失的亲代环境影响。而有些高度稳定的非基因因子（例如生物学家在草履虫和其他原生生物中发现的皮层结构变异，第 5 章会讲到）可以毫无困难地通过莱德伯格的检验。还有许多非基因因子能够自我再生，这类变异能够无限传递，从而符合莱德伯格的定义。所以，"无限传递的能力"不足以明确划分"硬遗传"与"软遗传"，也不是争议的重点。

如果一个世纪以前就有了亲本效应的明确证据，遗传学和演化生物学的发展历程或许会大不相同。这场实践失败到底是怎么发生的？

简略回顾历史后可以发现，早期研究未能发现"软遗传"的明确证据，导致人们得出"软遗传"被否证的结论，其原因如下。首先，如前文所述，大部分实验研究者似乎都假定所有遗传现象归根结底都可由单一的通用遗传机制解释，于是他们把遗传研究当成了两种互不相容的学说之间的角力。其次，与试图证实"软遗传"的研究工作相比，孟德尔遗传研究有着重大优势。孟德尔遗传能表现为一些显而易见的突变表现型，例如卷曲的翅膀或白色的眼睛。这个范例非常有力，使早期遗传学家很快在多个物种中证实了孟德尔遗传定律。与之相比，检测"软遗传"需要用复杂实验来调控亲代环境或表现型，还要对后代的变异效应进行量化，当时这类研究的许多基本工具尚未问世[90]。主流生物学家接受孟德尔机制而摒弃"软遗传"并不令人意外。

要充分认识早期研究者面临的困难，不妨看看今天的非基因遗传研究是怎么做的，得到的证据有什么特点。当代研究者发现，非基因遗传往往体现在连续变化的（"量化的"）性状中，特别是行为、生理和生活史等方面。这些效应虽说可以很显著，但通常需要灵敏的表现型检测手段和精密的统计方法，而相关工具直到 20 世纪下半叶才问世。另外，非基因遗传的分子研究当然也只有在 20 世纪晚期分子生物学兴起之后才成为可能，分子研究揭示一些细胞机制有着介导这类效应的能力，使非基因遗传不再遭受理论上的反对。重要的是，现代研究者认识到，不管是基因遗传还是非基因遗传，并非所有性状都可遗传。换句话说，对于非基因遗传的研究，20 世纪早期的生物学就是没有准备好。

通过重新定义进行证伪

学术界对"软遗传"的明确反对在逻辑上经历了一个古怪的转折——把"软遗传"重新定义为"遗传编码"。如前文所述，早期遗传学家普遍假定遗传依赖某种单一的通用机制。20 世纪的前几十年里，植物和动物进行孟德尔遗传的证据越来越多，遗传学家自然而然地得出结论认为他们终于找到了开启遗传秘密的钥匙。然而重要的是，新的孟德尔遗传概念也使"软遗传"的争议发生了重构。早期遗传学家通过新观念观察世界，得出的结论是：如果"软遗传"确实能够发生，也应当像"硬遗传"一样由基因的传递来介导，因而必定牵涉环境引发的生殖细胞基因变化，这些变化应当是精确且一致的 [91]。例如，如果亲代经受压力会使子代表现型产生一致的变化（不妨这样说，经受巨大压力的亲代容易产生体型更小、体质更差的子代），那么亲代的压力经验必定使自身生殖细胞的基因结构发生了某种变化。随着基因的物质本质逐渐被揭示出来，这种"软遗传"概念的表述也越来越精确。到 20 世纪下半叶，基因被定义为以编码形式容纳遗传信息的 DNA 片断，于是研究者通常假定在"软遗传"过程中生殖细胞的 DNA 碱基序列必然会发生特定变化，从而使子代表现型产生特定变化（见图 3.2）。当时的生物学家不知道有什么分子机制能对环境影响进行"遗传编码"，因而认为"软遗传""在化学上是不可能的"。[92]

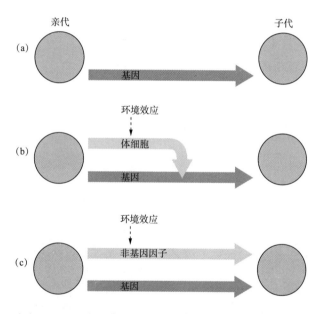

图3.2　（a）20世纪的遗传学认为，遗传仅限于从亲代到子代的基因传递。（b）他们还相信，要进行"软遗传"，环境影响必须使生殖细胞的基因发生特定的可重复变化。当时遗传学家不知道有什么分子机制能对环境影响进行"遗传编码"，因而认为"软遗传"不可能发生。（c）作为对比，现代的非基因遗传观念假定遗传过程除了等位基因的传递，还涉及非基因因子的传递，后者不需要遗传编码。（改编自邦德里安斯基《再次重新思考遗传》，2012）

从顶尖遗传学家的话看"遗传编码"观念的沿革[93]

奥古斯特·魏斯曼（1893）："如今我可以这样阐述自己的信念……温度、营养或其他任何环境影响使身体产生的外伤、功能性肥大与萎缩、结构性变异等都不能传递给生殖细胞，因而无法传递给后代。"

威廉·约翰森（1911）："个体特征是组成合子的配子产生的反应，但配子的特征并非取决于亲代或祖先的个体特征。"

威廉·贝特森（1915）："形成子代的生殖细胞从一开始就拥有决定子代能力与特质的成分，这一点目前几乎没有疑义；亲代身体器官的用进废退或其他变化都不能使子代的能力与特质发生增减，仅有极少数且不确定的例外情况。"

托马斯·亨特·摩尔根（1926）："拉马克的获得性状遗传理论……假定生殖细胞受身体影响，即个体变化会导致特定基因发生相应的变化。"

J.B.S. 霍尔丹、朱利安·赫胥黎（1934）："所有的获得性状……都会影响身体，但身体变化怎能改变种质？"

朱利安·赫胥黎（1949）："关于繁殖和遗传的染色体机制的观察事实表明，对于能够自我再生的基因，要让躯体效应（例如阳光导致皮肤颜色改变）融入它们那精密的自调控系统是极端困难的。"

费奥多西·杜布赞斯基（1951）："拉马克式获得性遗传观念的错误在于它未能认识到表现型……是基因再生的副产品，而不是相反。"

弗朗西斯·克里克（1966）："请注意，据我们目前所知，细胞只能进行从核苷酸到蛋白质的单向翻译，而不能从蛋白质翻译成核苷酸。该假设称为中心法则……关于遗传密码的详细研究……表明了不存在获得性状遗传。"

费奥多西·杜布赞斯基（1970）："设想一下，锻炼导致肌肉发达这样一个获得性状要遗传下去，就需要肌肉分泌某种物质，使某些基因的 DNA 链上的核苷酸序列或数量发生变化。这类变化至今还未曾发现，看起来也不太可能发生。"

恩斯特·迈尔（1982）："身体蛋白质不能使 DNA 发生任何变化，因此获得性状遗传在化学上是不可能的。"

回头看去，"遗传编码"的概念明显建立在某种循环论证的基础上。人们将遗传重新定义为孟德尔式的基因遗传，并假定此类基因遗传的每项新发现都会进一步降低"软遗传"存在的可能性。朱利安·赫胥黎借用奥古斯特·魏斯曼在几十年前用过的一个类比，嘲笑"软遗传"好比用中文发出的电报到达目的地之后能自动翻译成英文[94]。然而赫胥黎对"软遗传"的这种贬斥好比是说中文里没有虚拟语气和不定冠词，所以无法用中文进行"I would like a pizza"之类的表述。然而，这并不意味着只能用英语才能进行交流。同样，只要承认基因并不是唯一能在代际传递的因子，也无须独自担当遗传的重任，上述逻辑就不成立了。正如本书第 2 章所说的，细胞繁殖的一个普遍特征是遗传下去的不仅有基因，还有其他一些因子，这为非基因信息的代际遗传提供了多种渠道。

西方生物学家很快就接受了高尔顿的遗传概念，完全没有异议，这显示其中可能有意识形态方面的原因。虽然意识形态和政治看起来与科学争论的结果无关，但在那个时代的人看来，对于两种互不相容的遗传观念，支持者的意识形态立场完全建立在科学理论和证据的基础上。我们觉得这段历史非常有意思，也非常重要。下一节将展开讲述这个次要情节。

作为意识形态的遗传

"硬遗传"观念最早的拥护者弗朗西斯·高尔顿的著作中有明显的意识形态痕迹，他的一些追随者比他走得更远。如前所述，高尔顿相信遗传作用与环境作用——先天与后天——互不相容，由此可以得出一个明显的推论：没有什么手段能帮助社会底层的人改善处境，因为低劣的天资注定了他们的人生就是这个样子。根据这种观念，高尔顿呼吁政府干预生育，禁止不良个体生育后代，鼓励素质最高的人生育，以改良人类的血统。高尔顿相信鼓励独身能防止不良个体生育且"不会带来严重后果"。他说，如果这些人"持续生下在道德、智力和体格上都很低劣的孩子，很容易相信这些人被视为国家的敌人，并且使许多仁慈之举前功尽弃的一天也许就会到来"[95]。他由此打下了优生运动的基础。

20 世纪上半叶，优生学是一种颇受敬重的知识分子立场，权威学术杂志对这方面的研究甚为热衷（如今你还能在大学图书馆文献堆里那些发黄的纸张中翻到），诸如卡内基基金会和洛克菲勒基金会之类的慈善机构投入大笔资金，一些顶尖科学家表示热烈拥护，例如 W. 贝特森、R. A. 费希尔和 H. J. 穆勒。优生运动还催生了一类极为成功的政治计划，美国、加拿大、瑞典、日本等国不同程度地实施了这样的计划，比如对"遗传劣质"的人群进行大规模节育，其中包括酗酒者、精神病患者、孤儿、罪犯以及有学习障碍的人等。优生计划在德国走到极端，最终发展成为纳粹对"劣等种族"的灭绝运动。第二次世界大战结束后，优生学因纳粹暴政的污名而遭到摒弃，优生学杂志要么改名，要么停办（例如《优生学年鉴》改名为《人类遗传学年鉴》，《优生学评论》直接停办）。现在，"优生学"这个词都快被人们遗忘了[96]。

高尔顿的知识遗产包含"硬遗传"的科学理论与优生学的意识形态两方面，两者密切相关。"硬遗传"学说早期的成功很可能要部分归功于优生学广受欢迎，毕竟"硬遗传"理论使社会精英自认为天生比贫困的同胞更为优越，而不只是运气好。"硬遗传"还给当时流行的种族主义和反福利主义思想提供了貌似可靠的科学基础[97]。优生学和公然的种族主义最终被西方知识界抛弃，不过那段难堪的历史并没有损害"硬遗传"在科学上的地位。

现代综合论及其创造的迷思

重新发现孟德尔使遗传研究取得了里程碑式的突破，在新生的遗传学领域到达顶点。20世纪早期的一些生物学家起初认为孟德尔遗传与达尔文进化论不相容，认为遗传因子证明了演化并非性状在自然选择的驱动下逐渐变化的过程，而是一系列更为剧烈的变化，由突变的内禀属性引导，表现为离散的宏演化[98]。不过，J.B.S. 霍尔丹、R. A. 费歇、休厄尔·赖特、费奥多西·杜布赞斯基、朱利安·赫胥黎等顶尖生物学家最终都认识到，对孟德尔遗传随机突变的自然选择完全可以在种群中产生连续的表现型变化，于是遗传学得以与基于自然选择的达尔文进化论相结合，成为演化生物学的"现代综合论"[99]。遗传学家很快认识到演化可以用数学方法来分析，相关分析技巧后来称为群体遗传学。该方法按孟德尔遗传的原理区分等位基因，以等位基因频率的变化为模型描述演化过程，分析各种各样的演化问题，堪称演化生物学的经典范例。

群体遗传学分析的典型形式包含几个与遗传有关的关键假设：基因是唯一的遗传物质，所有可遗传的变异都遵循孟德尔遗传原理，突变是罕见的，环境变化不会产生可遗传的变异。为了增强这些假设的合理性，遗传学界安心接受了一种杜撰的历史图景：有大量实践研究证明非基因遗传不可能发生，人们认识到基因是唯一的遗传载体之后，个中原因就很清楚了。著名遗传学家莱斯利·杜恩和费奥多西·杜布赞斯基在

1946 年这样写道：

> 至少在过去 30 年里，许多生物学家（其中以魏斯曼和高尔顿最为突出）用植物和动物研究了获得性遗传是否存在。该理念的支持者日渐减少，因为相关实验无一例外全部证伪了获得性遗传的存在。孟德尔遗传实验的重新发现以及本世纪遗传学的发展，使我们对遗传机制有了更为清晰的认识，从中可以清楚地看到获得性状为什么不可遗传，因为遗传只能通过基因进行。[100]

如前文所述，这种叙事至少在一定程度上属于虚构。孟德尔遗传的发现并没有排除非基因遗传的可能性——它只是导致非基因遗传研究边缘化，并使非基因遗传被排除在进化论之外。但无数教材和大学课程都反复讲述着这个虚构的历史图景，至今还影响着生物学研究者的思维。[101]

第 2 章说过，我们相信现代综合论的核心（即遗传的基因概念）是不完备的。基因固然是遗传过程的核心，但在所有细胞生物中，遗传还涉及非基因因素的传递。生物个体的独特基因蓝图发源于母本，该细胞的内容和结构（以及父本通过精液所提供的部分）在胚胎发育的初始阶段对发育过程起到指导作用。许多物种的胚胎要在母体内发育较长时间，而且亲代 - 子代的联系在子代出生后还会延续很久。在某种意义上，子代发育过程中的基因表达与亲代的表现型框架交织在一起。接下来的两章将探讨亲代非基因因子影响后代发育的一些例证。

第4章 怪物、蠕虫和老鼠

发现始于意识到反常，亦即认识到自然界以某种方式违背了支配常规科学的范式做出的预测。

——托马斯·库恩，《科学革命的结构》，1970

现在我们来审视一些支持本书理念的证据。本章的重点是表观遗传，该术语正日益流行，我们将从厘清其含义（或者毋宁说各种含义）开始。下一章将探讨其他非基因遗传机制的证据，这些机制的趣味性不亚于表观遗传，而且可能与表观遗传同样重要，却很少出现在头条新闻中。我们的宗旨并非对此类证据进行全面总结（那会轻易用掉一整本书的篇幅），而是让读者领略非基因遗传现象的范围之广。我们希望说明，本章及下一章描述的"反常"完全不应该被继续视为反常。相反，理当认为这些个案证明了遗传有着非基因的一面，人们对此忽视已久。

前缀里有什么

如今很多人都见过"表观遗传"（epigenetics）这个词，有些人大致知道这门新科学动摇了经典孟德尔遗传的根基，就像白蚁蛀空屋梁。这个术语本身就带着某种神秘性，在许多鼓吹替代医疗、神奇食谱和"智能设计"的网站上都能见到它的身影。表观遗传到底是什么？人们为什么对它如此热衷？表观遗传是否能融入扩展遗传的大图景？

围绕表观遗传产生的种种混乱，有一部分缘于这些年来该术语的含义发生了变化，不同的含义在今天的科学文献中共存，有时甚至会在同一页中出现 [102]。20 世纪 40 年代，英国生物学家康拉德·沃丁顿用这个词指代基因与环境之间相互作用生成表现型，后来它用于指代所有影响基因表达的非基因因子（广义的表观遗传）。然而，近年来这个词越来越多地用于指代特定类型的分子（尤其是甲基基因、组蛋白和 RNA）的影响，这类分子与 DNA 相互作用，影响基因表达的时间、位置和水平（狭义的表观遗传）。

表观遗传的不同含义往往关系到不同的研究目标，这进一步加剧了混乱。演化生态学家和发育生物学家希望理解环境因素如何塑造表现型，他们通常使用表观遗传概念的广义版本。在这种情况下，表观遗传学本质上是研究整个生物体的发育和可塑性。与之相反，分子生物学家希望理解调节基因表达的生化机制，他们谈到表观遗传时用的是狭义版本。换句话说，广义的表观遗传关注表现型的结果，狭义的表观遗传关注分子机制。由于不同定义并存会导致不必要的混乱，在本书中"表观遗传"一词局限于其狭义定义。[103]

狭义的表观遗传包含至少 3 种不同的变异（埃里克·理查兹分别称其为"必然型""促进型"和"纯粹型" [104]），让局面更加复杂。3 种类型的表观遗传变异在遗传中的作用各不相同。

必然型表观遗传完全由基因组 DNA 序列决定。这类因子对调节胚胎发育事件的严格推进、决定不同类型的身体组织的特征等有着重要作用。在正在发育的胚胎中，所有体细胞携带相同的 DNA 序列。但合子开始分裂后不久，早期胚胎中不同的细胞就需要不同的表观遗传谱，随后将表观遗传方面的差异传递给子代细胞。这些差异决定着给定基因表达的位置、时间和水平，允许不同细胞系分化为皮肤、神经、肌肉、肠道、生殖腺和其他类型的组织。然而，所有这些组织类型的表观遗传谱（例如，哪些基因启动子高度甲基化，染色体的哪些区域与组蛋白紧密结合，使基因组中相应部位的基因沉默）本身就编码在基因组内。不同的个体携带不同的基因，基因差异促成不同的表观遗传模式，进而导致发育改变，使不同的个体表达出不同的性状。因此，尽管必然型表观遗传是生物发育和功能实现的重要组件，但这类表观遗传完全取决于基因，仅仅是连接表观型与基因型的分子事件因果链上的部分环节。必然型表观遗传变异可以看作多细胞生物机体内部发生于细胞之间的遗传，原因在于特定的表观遗传模式一旦确立，就会在细胞系内部稳定地传递下去。必然型表观遗传变异对多细胞生物机体的代际遗传没有贡献，因为它不能脱离等位基因变异进行传递。

　　与之相反，促进型和纯粹型表观遗传变异在一定程度上可以完全与 DNA 序列无关。这两种表观遗传变异类型之间的差异非常细微。促进型表观遗传因子与 DNA 序列之间存在概然性的关联，例如转座子之类的特定 DNA 序列容易在甲基化和非甲基化状态之间切换，或出于自发，或出于对饮食或压力等特定环境触发器的响应。纯粹型表观遗传变异完全与 DNA 序列变异无关，而是由随机的表观遗传变化组成，例如似乎参与某些恶性肿瘤形成过程的变化。在实践中，往往很难确定某个特定的表观遗传变异属于促进型或纯粹型。不过，促进型和纯粹型表观遗传变异都有可能独立于基因进行代际传递,产生"跨代表观遗传"[105]。换句话说,正如基因突变(DNA 碱基序列的变化)能跨代传递、在子代中表达而产生新的表现型,表观突变(表观遗传方面的变化,或自发产生,或由环境因素诱导)也能传递给子代,使子代呈现不同的表现型。表观遗传变化有可能在不依赖 DNA 序列变异的情况下产生并进行代际传递,意味着表观遗传变异能对可遗传的变异做出贡献。

最后还有一个复杂之处:只有由卵细胞或精子(即生殖细胞系)里的表观遗传因子传递所介导的遗传才被承认为跨代表观遗传。正如第 5 章将会谈到的,许多非基因遗传的事例中存在表观遗传变化,但这些变化只是其他因子传递的副产物。例如子宫内环境或母本产后行为能影响子代发育,有时涉及子代大脑或身体的表观遗传变化。这类影响不属于跨代表观遗传,因为它们不由生殖细胞系里的表观遗传因子传递所介导。

接下来我们将简单介绍几个推定的跨代表观遗传的例证[106]。它们按照与跨代表观遗传效应直接相关的机制分类,不过每个例证都可能涉及多种表观遗传类型。对于部分事例,人们还不清楚通过生殖细胞系从亲代传递给子代的表观遗传因子的性质如何。

DNA甲基化的遗传

1744 年,正忙于对地球生物进行分类和系统化的瑞典博物学家卡尔·林奈偶遇了一个"怪物"。它不是林奈在《自然系统》[107]里"矛盾动物"类别中列出的恶龙或萨特 ①之流,而是小小的普通被子植物柳穿鱼(后来为纪念林奈而被命名为 *Linaria vulgaris*)的一个奇特变种。柳

---

① 　译注:希腊神话中半人半兽的森林精灵。

穿鱼的花通常是不对称的，但这棵"异常整齐"（peloric，源自古希腊语 πελωρ，意为"怪物"）的植物开出的花有 5 片一模一样、呈辐射状排列的花瓣（见图 4.1）。

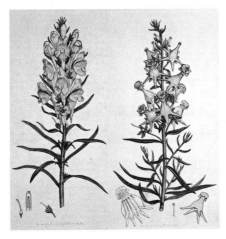

图4.1　柳穿鱼（*Linaria vulgaris*）的正常表型（左）与"怪异"的异常表型（右）。后来人们发现，异常表型是由表观遗传变异导致的，不是基因变异。（詹姆斯·索尔比绘，约翰·印尼斯收藏，约翰·因尼斯基金会提供）

　　林奈的"怪物"被遗忘在植物学手册里差不多 250 年，直到 1999年成为第一个得到详细 DNA 测序分析的天然突变实例。这项分析的目的是弄清柳穿鱼基因组中 *Lcyc* 基因座的正常形态与突变形态的差异，该基因座调控花朵的对称性。研究者震惊地发现，两者在实质上完全相同。这个怪物表现型并非源于突变 DNA 序列，而是与 *Lcyc* 基因甲基化水平大幅下降有关。DNA 甲基化（甲基结合在 DNA 碱基上，通常是胞嘧啶）现象在开花植物、哺乳动物和其他一些生物的基因组内广泛存在，通过干扰将 DNA 序列转录成 RNA 模板的分子机制来调控基因表达，因此低甲基化水平通常伴随着较高的基因表达水平。这些去甲基化的

Lcyc 等位基因能从亲代植株传递给子代，甲基化状态的这种传递显然是"怪物"柳穿鱼能繁衍出下一代"怪物"的原因（虽然亲代与子代的相似程度不如正常形态高）[108]。换句话说，林奈的"怪物"不是基因突变体，而是表观突变体[109]。该发现意味着一种非常有趣的可能性，即天然种群中某些可遗传的表现型多样性源于 DNA 甲基化模式而非 DNA 序列。这促使研究者开始对野生动植物进行"表观基因组"（整个基因组的表观遗传模式，通常是 DNA 甲基化模式）测序。

在发现"怪物"柳穿鱼的表观遗传基础之前，研究者已经观察到 DNA 甲基化会影响小鼠体内 *Agouti* 基因的一个变异的表达。自 20 世纪 70 年代晚期以来，人们就知道基因型近乎相同的转基因小鼠如果携带 *Agouti* 基因的 *Avy* 突变体等位基因，其毛皮颜色和健康状况就会异常多样，有的毛皮为黑色且身体健康，有的毛皮为黄色且体弱多病。此外，在等基因株系内部，母本的表现型会影响子代的表现型，这似乎违反了基因型与表现型的二元对立。最终人们发现，*Avy* 等位基因携带一个逆转座子（一种"自私"的基因组件，能把自身的副本插入基因组的任意区域），位于基因启动子区域（充当基因开关的碱基对序列，参与决定基因表达的时间和位置）的上游。这个逆转座子的甲基化状态影响着 *Agouti* 基因的表达：高甲基化会关闭逆转座子，导致小鼠拥有带杂斑的黑色皮毛，健康状况良好；低甲基化则导致小鼠的皮毛呈黄色，体态肥胖[110]。研究还发现，母本饮食中甲基供体物质（如叶酸）的可用性会影响 *Avy* 等位基因的甲基化状态（见图 4.2）。1999 年，澳大利亚的爱玛·怀特洛的研究小组进行了一系列卵细胞培育和移植实验，调查母本与子代表现型相关的机制。该小组得出的结论认为，母本会将一个表观等位基因传给子代，该基因会导致 *Avy* 等位基因甲基化水平的分化。这是哺乳动物跨代表观遗传的首个推定例证 [111]。

图4.2　等基因小鼠的不同表现型，从左方的黄色病弱型到右方的黑色健康型（假*Agouti*基因）。这些表现型的差异缘于影响*Agouti*基因表达的表观遗传因子变异。（詹妮弗·克罗普利摄）

　　几年后，凯瑟琳·苏特尔领导的另一个澳大利亚研究团队发现，这种由表观遗传控制的表现型能响应自然选择 [112]。詹尼佛·克罗普利用富含甲基供体的食物喂养小鼠，让携带 *Avy* 等位基因的雄鼠与正常基因型的雌鼠交配，持续 5 代。从父本继承 *Avy* 等位基因的子代呈现从假刺鼠型到黄色的不同颜色，与预期一致。研究人员只允许每一代的假刺鼠型雄鼠交配，从而对假刺鼠的表现型进行强力选择。经过 5 代，子代中假刺鼠型的比例从 29% 稳定上升至 49%，这显示纯表观遗传性状能响应自然选择，使种群的平均表现型发生漂移。*Agouti* 基因是环境诱导的、具备有益表现型效应的表观遗传变异的一个例证，克罗普利的实验则显示这类表观遗传性状怎样参与适应性演化。

　　克罗普利的研究还凸显了解析表观遗传机制是何等困难。尽管研究者竭尽全力，但未能阐明分子水平上到底发生了什么变化才使得假*Agouti* 基因表达水平上升。显而易见的候选者（即 *Avy* 等位基因的甲基化程度）并未在 5 代内随选择上升，相关 RNA 的丰度也没有变化。尽

管并未观察到 *Avy* 小鼠毛色和健康状况从父本进行非基因遗传，但在 *Avy* 等位基因遗传自父本的情形下，小鼠胚胎中该基因的甲基化仅对母本的饮食敏感 [113]。更让人困惑的是，*Avy* 等位基因的甲基化状态似乎在代际完全被清除了 [114]，介导 *Agouti* 基因表观等位基因传递的分子机制仍是个谜团。

此外，*Agouti* 表现型的传递似乎不能超越子二代，因此有些研究者认为，该事例并未切实证明通过生殖细胞进行的表观遗传（即真正的跨代表观遗传）。总之，也许母体内的某些物质不仅能影响子宫内的胚胎，而且能影响雌性胚胎内部正在发育的卵细胞。这样的话，只有通过母系传递到子二代，或通过父系传递到子二代，才能成为表观等位基因通过哺乳动物的生殖细胞进行传递的决定性证据。

10 年后，华盛顿大学的马休·安威、迈克尔·斯金纳及同事取得的一项发现提供了这样的证据。为了研究杀虫剂对胚胎发育的影响，他们使怀孕的雌鼠暴露于能模拟性激素作用的化学物质（如杀真菌剂乙烯菌核利），这类物质能扰乱子宫内微妙、脆弱的激素平衡。由此诞生的雄鼠幼崽的健康状况不良、生育力低下。这一点毫不意外。令人惊讶的是，这些雄鼠的雄性子代并未再次暴露于相关化学物质，却有着类似的健康问题，其子代和子二代雄鼠也是如此 [115]。进一步的研究显示精子里的 DNA 甲基化状态发生了变化，意味着低生育力表现型是作为表观等位基因进行传递的。后来的研究还发现精子携带的小型 RNA 发生了变化 [116]。

此后人们发现，牙刷、奶瓶、食品容器等塑料制品泄漏的其他毒素能导致配子 DNA 的甲基化状态发生变化（可能还会影响其他表观遗传因子），导致后代的健康状况不良、行为改变，影响持续几代 [117]。其中研究最深入的也许是双酚 A（BPA），一种由聚碳酸酯泄漏的化合物。

BPA 分子的形状和性质与雌性激素相似，能扰乱大脑和身体里微妙的化学信号，因此对胚胎和幼儿发育的影响可能特别严重。用猴子进行的实验显示，按人体内测得的通常水平给予 BPA，可抑制成年猴子的记忆形成；子宫内胚胎暴露于 BPA 会影响生殖器官发育和出生后的行为 [118]。用小鼠和大鼠进行的实验则发现，在子宫内暴露于 BPA 会导致子代患上肥胖症和糖尿病 [119]。对于小鼠和鱼类，人们已发现 BPA 暴露会导致持续几代生育力低下 [120]。鉴于如今环境里这类化学物质的污染日趋严重，这些实验理当引起人们的警觉。本书第 10 章将回过头来探讨这个问题。

近来有一项研究显示，环境诱导的表观等位基因变异可能非常独特。亚特兰大市埃默里大学的布莱恩·迪亚斯和凯瑞·瑞斯勒用雄鼠进行实验，通过条件反射让它们将一种化学物质（乙酰苯）的气味与一次温和电击关联起来，然后让这些雄鼠与原始态雌鼠交配。结果发现这些雄鼠的子代和子二代对乙酰苯敏化，与对另一种物质敏化的对照组相比，它们对乙酰苯的反应要强烈得多。关于脑部主管嗅觉的神经系统——嗅球区域，敏化雄鼠及其后代都呈现出嗅小球扩大现象。即使子代通过体外受精培育并进行交叉抚养，消除亲代直接影响子代行为的可能性，该行为及神经表现型的父系传递仍至少可持续两代。乙酰苯敏化雄鼠及其雄性子代 *Olfr151* 基因座的 DNA 甲基化水平降低，该基因座负责编码侦测乙酰苯的嗅球受体，这意味着敏化表现型通过低甲基化的 *Olfr151* 等位基因进行传递。对雌鼠进行条件反射训练会对子代产生类似的影响。因此，迪亚斯和瑞斯勒的研究显示，经受特定感觉经验的小鼠能通过生殖细胞将经过改变的基因表达模式传递给后代，导致后代响应该感觉刺激的行为发生改变 [121]。该发现指出了一种可能性，即个体对气味和味道的反应可能由祖先的习得经验通过遗传进行塑造。换句话说，你之所以特别讨厌鸡尾酒虾，也许是因为某位在你出生之前已经去世的祖辈当年看到海鲜自助大餐就犯恶心，他把这个毛病以非基因的方式遗传给了你。

重要的是，这些证据表明某些由卵细胞和精子传递到合子的表观等位基因能在胚胎中存留下来并影响发育。每种身体组织都以特定的表观遗传标签为表征，这些标签诱导产生特定的基因表达模式，使该组织具备独有的特征。然而合子基因组的初始状态必须相对清白，才有能力发展出所有类型的组织（即具备全能性）。为了实现这种可能性，胚胎内发育的原始生殖细胞要经历剧烈的表观遗传重编程，以回到"表观基因组初始状态"[122]。胚胎发育为成体进行交配时，其生殖细胞参与形成合子，使合子有能力产生成体所含的全部组织，每种组织都有独特的表观遗传谱。不过，身体细胞（包括生殖细胞）的表观基因组在个体的一生中也会逐渐改变，环境诱导的表观等位基因要发生遗传，必须有一部分后天获得的表观遗传变异能传递给下一代。对于哺乳动物，合子内部来自母本的染色体能保留大部分表观遗传谱，来自父本的染色体则会经历剧烈的 DNA 去甲基化和染色质重塑[123]。这显示哺乳动物通过卵细胞发生跨代表观遗传的空间比通过精子要大。不过这里介绍的一些发现显示，精子中的一些已获得的表观遗传标记能在表观遗传重编程中幸存下来，同样可以传递给胚胎。有趣的是，在另一些生物体内观察到了相反的模式。例如，在小小的斑马鱼中，来自父本的基因在胚胎内得以保留原有的甲基化状态，来自母本的基因的甲基化状态则会转变成父本来源的模式[124]，显示环境诱导的精子 DNA 甲基化改变可能是该物种非基因遗传的关键机制。

这里介绍的研究显示，源自母本和父本的 DNA 区域的不同甲基化模式传递给子代，也许是一种重要的非基因遗传机制，DNA甲基化对环境的敏感性可能允许环境效应传递给后代，但仍有许多未解之谜。关于DNA甲基化对调控基因表达的作用，人们研究得最广泛的是植物，该领域所取得的发现并不一致。虽然总体上看来基因变异更为重要，但DNA甲基化变异在某些基因的调控中起着独立作用，那些消除绝大多数环境变异的实验室研究有可能严重低估了这种作用[125]。除了上述不确定性，还有DNA甲基化在代与代之间作用的不确定性。现在还不清楚转移到配子中的DNA甲基化模式怎样保留在发育的胚胎中以及保留的程度有多高，因为受精之后甲基化状态会经历广泛的重编程。关于DNA甲基化变异怎样传递多代，就更不清楚了[126]。另外，尽管某些生物（如脊椎动物和被子植物）的基因组里DNA甲基化很普遍，但这种表观遗传体系在其他一些生物（如许多昆虫）体内的作用似乎不那么重要。人们在继续探索DNA甲基化对遗传的贡献，不过有些研究者已将注意力转向另一种表观遗传机制——RNA从亲代到子代的传递。

RNA的传递

在发育的最早阶段，胚胎基因组尚未被"激活"，基因还没有开始表达。这意味着细胞分裂的第一个周期（以及细胞内部发生的诸多变化，这些变化造成的影响可能持续终生）发生时，胚胎完全处于亲代因子的控制之下。换句话说，早期胚胎发育按照亲代编程的方案自动运行，该方案的配置由卵细胞和精子的非基因组件决定，包括配子携带进入合子的大量RNA。这些配子RNA由亲代基因组而非子代基因组转录而来，亲代RNA的性质和数量有潜力影响子代的发育进程。卵细胞携带大量母本 RNA，近来的证据显示精子也会带来丰富的 RNA 分子。

某些由亲代传递给子代的 RNA 最终被子代自身基因组转录的 RNA 所稀释，使得 RNA 介导的遗传影响在一两代内逐渐消失。但有时精子或卵细胞传递的 RNA 会在子代体内再生，使先祖环境效应传递多代。有意思的是，对线虫的研究显示，这类自我再生的 RNA 遗传可能受到高度调控，一些细胞系统负责启动 RNA 自我再生，另一些系统负责关闭，使环境效应在几代之后终止传递。如果 RNA 遗传是一种适应性机制，允许亲代塑造子代特征，使其适应可能面临的环境，那么这种针对传递时间的调控就在意料之中 [127]。

配子传递的 RNA 种类繁多，关于它们对发育的作用，我们的了解还非常不足。其中包括 piRNA、微小 RNA（miRNA）、转运 RNA 衍生RNA（tsRNA），还有名字可爱的 "短链非编码 RNA"（sncRNA），它有别于长链非编码 RNA（lncRNA）。卵细胞和精子里都含有信使 RNA，卵细胞还包含核糖体 RNA（rRNA），它们参与构成核糖体，即负责将信使 RNA 转录物翻译成蛋白质的细胞器。RNA 也能呈现不同的甲基化状态，产生不同的三维结构，有可能影响其生物功能 [128]。这些 RNA 能以多种方式影响胚胎发育。顾名思义，非编码 RNA 不会翻译成蛋白质，据此认为其作用在于调控基因表达的时间、位置和水平。例如，有些短链非编码 RNA 似乎能与信使 RNA 结合，干扰后者翻译成多肽的过程。该机制称为 "RNA 干扰（RNAi）"。长链非编码 RNA 可以与染色体结合，改变其三维构象（即 "染色质结构"），从而改变基因组相关区域的基因表达 [129]。

许多这类 RNA 是在生殖腺内产生配子的过程中由亲代基因转录而成的，但近来的研究使这种认识发生了有趣的改变。看起来身体各处的细胞都会分泌由膜包裹的细胞质微泡进入血液和其他体液，这些微小的"细胞外囊泡"能游走全身，与配子等其他细胞结合。囊泡中充满 RNA 和其他分子，人类精液中已检测到携带多种类型的 RNA 的囊泡。这些游走于细胞之间的小包裹似乎能附着在精子上并与其融合，从而搭车进入卵细胞 [130]。体液中还包含游离 RNA 分子，它们通常与蛋白质捆绑在一起。有趣的是，线虫研究甚至发现，线虫神经元（一条典型的线虫有 302 个神经元，不多不少）分泌的 RNA 能移动到身体的其他组织中，如果这类来自脑部的 RNA 进入生殖细胞，就能传递给子代，改变其基因表达 [131]。关于细胞外囊泡和游离 RNA 对遗传和发育的作用，人们的了解尚少，但不少研究者注意到，这些微粒与达尔文在他那长久以来饱受嘲笑的泛生论中提出的微芽出奇地相似。确实，如果各类身体组织分泌的囊泡能移动到生殖腺并进入配子，它们携带的信息微包裹就能介导环境影响的跨代传递，正像达尔文所说的那样 [132]。

动物体内 RNA 介导遗传的第一个决定性证据于 10 多年前由法国的米努·拉苏尔扎德甘及其合作者取得 [133]。她们注意到，携带 Kit 基因人工突变的杂合小鼠生育的子代往往会表达突变表现型——尾巴尖为白色，即使没有遗传到突变等位基因也是如此。此外，这些基因正常的子代还倾向于把白尾巴尖表现型传递给后代。先祖的基因突变不知何故能改变后代正常基因的表达，这种令人困惑的遗传模式此前在植物中发现过，被称为"副突变"。拉苏尔扎德甘及其其合作者发现突变体小鼠的精子中含有异常 RNA，猜测这类 RNA 是导致子代副突变的因子。为检验该假设，他们提取突变 RNA 并将其注入基因正常的小鼠受精卵（合子）中。这些合子发育而成的成年小鼠不仅自身表达出突变表现型，还将该表现型传递给后代。这显示进入配子的突变 RNA 能使基因正常的子代发生副突变，使子代表达出突变表现型，还能产生异常 RNA 并传递给它们的子代。

白色尾巴尖似乎并无害处，不过拉苏尔扎德甘的研究小组后来又发现，控制心脏发育的 Cdk9 基因也有潜力引发副突变。凯·瓦格纳及其合作者将调控 Cdk9 基因表达的微小 RNA 注入小鼠的受精卵中，发现这些受精卵发育而成的小鼠心脏严重膨大。与白色尾巴尖一样，这种心脏异常也能通过精子携带的 RNA 传递给副突变小鼠的正常基因型子代 [134]。

相对于卵细胞而言，精子中 RNA 的数量微不足道，但越来越多的证据显示精子携带的 RNA 有着重要作用。有几项研究发现的证据表明，该机制能实现环境效应向子代的传递。在一项研究中，研究者使幼年雄鼠承受与母亲反复分离的压力，发现这些受过精神创伤的雄鼠的子代和子二代表现出异常的压力响应。从这些雄鼠的精子中提取 RNA 并将其提纯，再将其注入正常的合子中，培育出的子代也表现出类似的压力响应，甚至能将该压力表现型传递给它们的子代。研究者识别出，精子携带的 9 种微小 RNA 是从受创伤的雄鼠传递到子代的因果关系要素。他们还发现，这些微小 RNA 发挥作用的方式似乎是在早期胚胎中与源自母本的信使 RNA 结合，阻碍其翻译 [135]。换句话说，压力型雄鼠的精子传递的非基因因子似乎能干扰源自母本的非基因因子，从而对胚胎发育的程序进行重编程，使其发育成具有类似抑郁症状的成年小鼠，对压力环境的响应异常。

在另一项研究中，人们从高脂饮食（因而体态肥胖，葡萄糖不耐受）的雄鼠精子内提取 RNA，然后将其注入正常合子中，培育出的子代有着与父本类似的代谢问题。在本案例中，从父本到子代的症状传递似乎由精子携带的 tsRNA 介导。论文作者提出，这些微小 RNA 可能与葡萄糖代谢相关基因的启动子位点结合，改变基因表达[136]。这些发现提高了一种可能性，即副突变可能参与人类遗传疾病的传递。毕竟人类精子携带着大量 RNA，这些 RNA 对胚胎发育的大部分作用还不为人知[137]。

RNA 遗传还能在植物中介导环境效应的跨代传递。近来有一项对蒲公英的研究显示，这种效应可以传递不止一代。暴露于两种环境压力因子（缺水、暴露于化学物质水杨酸）的蒲公英能把改变的微小 RNA 传递给子代，子代（并未暴露于压力因子）又能将这些改变的微小 RNA 传递给它们的子代。因此，先祖暴露于压力环境影响了子代和子二代的多个基因的表达[138]。

染色质结构介导的表观遗传

人们了解得最少的一种表观遗传现象牵涉染色质结构（真核细胞里染色体的三维结构）的传递。DNA 分子缠绕组蛋白形成核小体，染色质结构主要取决于缠绕方式。与 DNA 甲基化和 RNA 的传递一样，配子染色质结构的遗传也能影响胚胎基因的表达。在染色体缠绕不太紧密的区域，DNA 暴露于转录因子（使基因转录成 RNA 模板的分子）的程度更高，基因表达的频率也就更高。反过来，DNA 在缠绕紧密的区域与转录因子隔绝，导致基因表达在很大程度上被抑制。有趣的是，正如 DNA 甲基化能影响基因表达，核小体结构及受此影响的基因表达频率在一定程度上取决于组成核小体的组蛋白甲基化和乙酰化程度。染色质结构非常易变，对环境很敏感，这意味着环境诱导的染色质结构变异从亲代传递给子代时，能够介导表观遗传[139]。事实上，卵细胞中的母本 DNA 结合形成核小体时，能保留母本对环境经验的记忆。父本染色质结构传递的潜力就不太清楚了，因为精子携带的 DNA 大多与组蛋白分离，它们在合子中与卵细胞提供的组蛋白相结合，导致大部分（虽然并非所有）染色质结构重置 [140]。

对于染色质结构传递导致的表观遗传，相关证据近年来开始累积。2003 年，文森特·索拉斯及同事发现，果蝇基因组特定区域组蛋白的乙酰化程度降低，会导致果蝇复眼异常增生。研究者在近等基因系中观察到了变异的复眼形态，发现它的遗传似乎不依赖任何等位基因。针对异常复眼形态进行选择，观察到选择持续期间异常形态稳定地快速增加；针对正常形态进行选择时，异常形态迅速减少 [141]。此后又发现，高糖饮食的雄性果蝇生育的子代更易发生摄食过量和肥胖症。论文作者观察到，接受高糖饮食的雄性果蝇的精子染色质结构发生了变化，其子代也呈现同样的变化，这些变化与特定基因组区域基因表达发生改变有关 [142]。

更具说服力的证据来自对微小蠕虫——秀丽隐杆线虫的研究。用 RNA 干扰（RNAi）手段使线虫的基因沉默，发现该效应能通过染色质结构变化的传递持续多代——实际上或许能无限传递下去。例如，对线虫的 ceh-13 基因进行 RNA 干扰，产生被研究者恰如其分地称为矮胖子的表现型；对这些线虫的每一代进行选择培育，得到的后代中有一部分也是矮胖子。矮胖特征的传递不依赖编码 RNA 干扰机制关键蛋白质的基因，但调控染色质结构的基因对实现其传递至关重要 [143]。研究发现，RNA 干扰其他一些基因的效果也能以类似方式传递。因此，该研究显示，RNA 干扰的单次基因沉默可以诱导出一种表现型，后者在正向选择的情形下可以稳定地传递多代，这意味着这样的非基因序列可能在适应性方面发挥作用。更近的研究显示，秀丽隐杆线虫的寿命强烈依赖组蛋白的甲基化，这些甲基化模式可传递给子代和子二代 [144]。

重要的是，新证据还显示高度稳定的染色质变化可由环境诱导产生。亚当·克罗辛及同事报告说，温度变化可改变秀丽隐杆线虫的基因表达模式，这些获得性状通过卵细胞和精子都可传递，能持续至少 14 代。介导该效应的似乎是与特定基因相关的组蛋白甲基化状态在温度诱导下发生的改变 [145]。

表观遗传性状可由环境诱导的证据促使人们将这类效应与自然生物种群的生态联系起来。例如，如果高温诱导的基因表达变化能带来适应优势，则该表观遗传变异的频率会因自然选择而上升，相关性状有潜力帮助适应热压力上升。

本章简述的案例研究提供了一些非常有说服力的证据，显示多细胞生物可能通过生殖细胞系发生表观遗传（即跨代表观遗传）。但这并不是非基因遗传的唯一形式。现已知道还有许多其他的非基因遗传机制允许信息从亲代传给子代，它们对演化和医学研究来说都可能有重要意义。下一章将探讨这些不那么广为人知的非基因遗传。

第5章 非基因遗传谱系

我们对世界的了解越多，学习越深入，就越能清醒、具体和明确地认识到自己所不知道的东西，认识到我们的无知。

——卡尔·波普，《猜想与反驳》，1969

沉浸在表观遗传相关发现带来的激动之情里，我们很容易忘记狭义的表观遗传只是众多非基因遗传机制中的少数几种。表观遗传充满趣味，广泛存在，十分重要，但非基因遗传的范畴要比它大得多。尽管狭义的表观遗传学是个较新的研究领域，但关于非基因遗传的科学文献其实可以追溯到一个世纪以前，当时许多有意思的研究如今完全被遗忘了。虽然这些文献描述的现象中有一些可能确实属于跨代表观遗传，但明显还有大量非基因遗传事例牵涉其他类型的传递机制，其中许多事例被归入母本效应和父本效应（合称亲本效应）的宽泛类目。虽然人们早已认识到亲本效应，知道它对许多物种起着重要作用，但很少有人把该效应纳入演化模型，而且至今仍非常不了解它总体上对演化有何作用[146]。我们相信，种类繁多的亲本效应都可以理解为非基因遗传的实例，与表观遗传一道归入扩展遗传的范畴。

本章将介绍一系列不属于严格意义上的跨代表观遗传范畴的非基因遗传例证[147]，并思考这些效应对生态和演化的作用。在这些例证中，遗传似乎并非由表观遗传机制（DNA 甲基化、非编码 RNA 或染色质结构）经由生殖细胞的传递所介导。在许多例证中，子代身体可能在发育期或终生都存在表观遗传变化（例如 DNA 甲基化的改变），但这些表观遗传变化是其他类型的因子发生传递所导致的，相关传递发生在受精时或随后的亲代－子代相互作用中。随后我们将简述寻找非基因效应、识别相关因子和因子传递介导过程所面临的挑战。介绍完多种非基因遗传的例证后，本章末尾部分将回过头来探讨非基因遗传为什么能够存在。

亲代的遗赠

有一类非基因效应——母本效应十分显著，早在几十年前就为人所知。根据定义，母本表现型影响子代表现型，且不能用母本等位基因的传递来解释。这样的影响就是母本效应[148]。母本影响子代的途径数不胜数，母本效应可以通过这些途径发生，包括跨代表观遗传（上一章介绍了几个相关例证）、卵细胞结构变异、子宫内环境、母体对产卵或生育地点的选择、母体对子代所处环境的修饰、产后的生理和行为互动（见图 5.1）等。有一些母本效应是母本特征影响后代发育的被动结果（包括母体中毒、患病和衰老产生的有害影响），另一些母本效应体现着生殖投资策略，是为扩大繁殖成就而演化出来的[149]。这些效应能提高或降低母体及子代的适应性。

图5.1　许多物种的母本会在产后抚育子代。*Lyramorpha rosea*①的若虫（左图）由母亲守卫，喂食也可能由母亲负责。幼年大猩猩（右图）在母亲的子宫内发育 8 个月，出生后由母亲照顾数年，哺以母乳，并向母亲学习生存之道。这些母本-子代互动提供了多种渠道，在受精之后以非基因遗传的方式使母本影响子代。某些物种的父本也会抚育后代，同样有机会通过非基因方式影响子代的发育。（R.邦杜兰斯基摄）

直到不久以前[150]，人们还觉得母本效应只是一种麻烦——遗传研究中环境"误差"的来源。但遗传学家至少确信，在大多数物种（包括果蝇和小鼠等主要的实验室"模式生物"）里，父本能够传递给子代的东西只有等位基因[151]。然而近来的研究在小鼠、果蝇和多种其他生物中发现了父本效应的大量例证[152]。事实上，在有性生殖的物种里，父本效应可能与母本效应一样广泛。

亲本所处环境和经历、年龄、基因型都会影响子代。环境因子（如毒素或营养物质）会诱导亲本的身体发生能够影响子代发育的变化。如下文所述，年龄增长导致的身体机能衰退也可能影响生殖性状及可遗传的非基因因子，从而影响后代发育。

① 译注：荔蝽科的一种昆虫。

亲本体内表达的某个基因对子代的表现型产生影响，称为间接遗传效应[153]。此类效应属于非基因遗传范畴（这一点可能与直觉相悖），因为它们由非基因因子的传递所介导。例如，亲本体内某个特定基因的表达可能影响它对子代的行为，或改变生殖细胞中其他基因的表观遗传谱，进而影响子代发育，即使子代并未遗传该基因也是如此。间接遗传效应的一个惊人例证来自对小鼠的研究。维基·纳尔森及同事使不同品系的同系交配小鼠杂交，培育出基因型相近、唯有 Y 染色体不同的雄鼠。研究者随后提出了一个非常古怪的问题：雄鼠的 Y 染色体能否影响其雌性子代的表现型？高中生物课上没打瞌睡的人都知道，父本 Y 染色体上的基因不会影响雌性子代。但纳尔森与同事发现，父本 Y 染色体的特性能影响雌性子代的多种生理和行为性状。事实上，父本 Y 染色体对雌性子代的影响程度之高，能与雌性子代所继承的父本常染色体或 X 染色体相提并论。尽管其中的机制尚不为人知，但 Y 染色体基因必定以某种方式改变了精子细胞质、精子表观基因组或精浆成分，从而影响那些未遗传这些基因的子代的发育[154]。

生来成功或注定失败

有些母本效应和父本效应似乎是演化出来的手段，目的是让子代对于它们可能面临的环境抢占先机[155]。此类"预期"亲本效应的一个经典例证是，亲代暴露于捕食者会催生子代的防御机制。水蚤是一种生活在淡水中的微型甲壳动物，以一对较长的附肢为桨在水中抖动前进，速度缓慢。它们很容易成为捕食性昆虫、甲壳动物和鱼类的猎物。有些水蚤物种在感受到捕食者的化学信号时，头部和尾部会伸出刺突，使捕食者更难捕捉或吞咽它们（见图 5.2）。暴露于捕食者的水蚤生育的子代在没有捕食者信号的情况下也会产生刺突，其生长速度和生活史也可能发生变化，进一步减少它们相对于捕食者的弱点。这种跨代诱导反捕防御机制在许多植物中也存在。植物遭受毛虫等食草动物攻击后，长出的幼苗会分泌味道恶劣的化学物质（或者准备好在接收到捕食者信号时更快地做出响应，启动防御机制），这类诱导产生的防御机制能存续几代 [156]。

目前还不清楚水蚤母本怎样诱导子代的刺突发育，不过某些适应性母本效应和父本效应的例证明显牵涉特定化合物向子代的转运。例如，响盒蛾摄食能合成吡咯里西啶生物碱的豆类植物，以获取这种毒素。如果雄蛾体内该物质的含量高，气味就容易吸引雌蛾。这些雄蛾会将一部分毒素储备起来，以便将其作为"聘礼"通过精浆转移给雌蛾。雌蛾将毒素融入卵细胞，产生的子代让捕食者难以下咽 [157]。

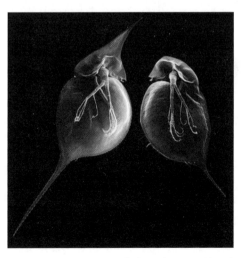

图5.2　在某些水蚤物种里，暴露于捕食者化学信号的雌性会产生防御性的刺突，这些雌性还会生育出不存在捕食者信号时也产生刺突的后代。（© R. 托尔里安和C.拉幅什 ）

亲代还能使子代为可能面临的社会环境和生活方式做好准备，沙漠蝗虫就是如此。这种昆虫能在两种形态迥异的表现型之间切换，一种是灰绿色的"独居型"，另一种是灰黄色的"群居型"。群居型蝗虫的特点是繁殖力强，寿命短，脑容量更大，倾向于集结成巨大的迁徙群体，所过之处寸草不生。独居型蝗虫接触到密集的虫群时，行为会立刻切换成群居型。交配之前雌性所面临的群落密度决定子代的形态。然而有趣的是，整套表现型变化需要几代累积而成，显示这种母本效应是累积的。介导该效应的似乎是通过卵细胞的细胞质传递给子代的物质，以及 / 或者覆盖在卵细胞表面的副性腺产物，尽管生殖细胞的表观遗传修饰可能也发挥了作用 [158]。

不过亲代的经验未必总是能把后代调整得更优越。亲代可能对环境信号产生误解，环境也可能变化得太快，导致亲代有时会把后代的性状朝错误的方向调整。例如，水蚤母本诱导子代发育出刺突，但捕食者并未出现，于是这些子代为发育和拥有刺突付出了代价，却没能从该性状中获益。在这种情形下，预期亲本效应实际上会损害子代 [159]。总的来说，子代需要处理一个复杂的问题：将亲代传递下来的环境信号与自身直接从环境中接收的信号整合起来；它们的最佳发育策略取决于哪一套信号碰巧更为有用和可靠 [160]。

预期亲本效应可能无法发挥预期的作用，不过总体上人们还是认为这类效应是受自然选择青睐的。但许多亲本效应毫无适应意义。压力不仅会伤害经受压力的个体，而且会伤害它们的后代。例如伊利诺伊大学的凯蒂·麦吉、阿利森·贝尔及其同事发现，暴露于模拟捕食者袭击的雌性棘鱼生育的子代的学习速度较慢，遭遇真实捕食者时无法恰当应对，比原始态母本生育的子代更容易被捕食 [161]。这类效应与人类母亲在孕期吸烟带来的严重后果很相似。针对人群的关联研究（以及针对小鼠的实验研究）显示，母亲吸烟并不能使发育中的胚胎对呼吸道疾病产生抵抗力，这种经验对子宫内环境造成的改变会让幼儿/幼崽出现肺功能低下、哮喘、出生体重偏轻、生理紊乱及其他问题[162]。类似地，对于从酵母到人类的多种生物，高龄亲本倾向于产生病弱或短命的子代[163]。尽管这种"亲本年龄效应"可能包含基因突变经由生殖细胞传递产生的影响，但起主要作用的似乎是非基因遗传（第 9 章将详细探讨亲本年龄效应）。因此，尽管某些类型的亲本效应属于演化形成的、能增强适应性的机制，但显然还有一些亲本效应会传递疾病或压力。这些非适应的亲本效应与有害基因突变类似，它们有别于基因突变的地方在于总是由特定条件诱发。

亲本效应在某些情况下有害，这一事实意味着子代应当演化出缓解此类伤害的手段，或许可以通过阻断特定类型的亲代非基因信息来实现。即使亲代与子代的适应利益相当一致，上述情形仍可能发生，因为错误环境信号或亲本疾病的传递对亲代和子代都不利。不过，达斯廷·马歇尔和托比亚斯·尤勒等人注意到，亲代和子代的适应利益几乎从来不会完全一致，导致亲本效应有时成为亲代 – 子代冲突的角斗场[164]。自然选择促使个体按最大化自身适应性的原则来分配资源[165]。只要个体在一生中生育的子代超过一个，它就面临着怎样给各个子代分蛋糕的抉择。例如，母本有可能生育更多的子代来使自身的繁殖成绩最大化，尽管这样会导致每个子代获得的投入变少[166]。而子代个体会因为从母体得到更多资源而获益，"自私"的母本策略会损害子代的利益，从而有可能发生对抗策略的选择，使子代能从母体汲取更多的资源。

让情况更为复杂的是，母本与父本的利益也可能不一致。例如，戴维·海格指出，父本帮助子代从母本汲取额外资源往往有利于父本自身，尽管这份额外投入会降低母本的适应性。其中原因在于，如果雄性有机会与多个雌性生育后代，而这些雌性都有可能还与其他雄性交配，那么雄性的最佳策略就是自私地从每位交配对象那里尽量为自己的子代攫取资源[167]。亲本－子代和母本－父本就亲本投资产生的这类冲突可能对非基因遗传的演化非常重要，但该领域还鲜少有人涉足。

祖先的饮食决定你的命运

在构成动物生存环境的众多因素中，饮食显得特别突出，对达尔文意义的适应性、健康和其他诸多性状都非常重要。饮食还能跨代产生重要影响，这一点也许没有什么好惊讶的。本书作者之一用指角蝇研究过饮食的影响，这种漂亮的蝇类生活在澳大利亚东海岸，在腐烂的树皮上繁殖（见图 5.3）。雄性指角蝇的形态特别多样，在同一树干上的典型蝇群中，既有长达 2 厘米的巨兽，也有体长仅为 5 毫米的侏儒。不过，如果在实验室里用标准幼虫饮食喂养，则所有雄性成年后都差不多大。这显示野生雄性的多样化主要是环境影响所致，并非源自基因差异。换句话说，幼虫如果运气好，遇到了树皮上营养丰富的区域，长大后的体型就庞大；不走运的幼虫只能在营养匮乏的区域取食，就长成了小个子。

环境诱导的指角蝇雄性表现型变异非常多样，但这些变异能跨代传递吗？为了弄清这一点，我们把一部分幼虫放在营养丰富的培养基里饲养，同母所出的另一些幼虫放在稀释的培养基里，培育出血缘上为兄弟关系而体型有大有小的雄蝇，然后让它们与用相同饲料喂养的雌性交配。对子代进行的测量显示，与体型较小的兄弟相比，大块头雄蝇生育的子

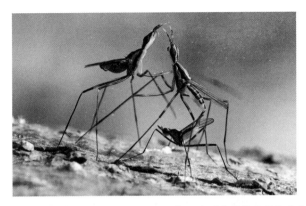

图5.3　雄性指角蝇（*Telostylinus angusticollis*）不会送出聘礼或进行其他传统形式的亲代投资，但如果幼虫阶段营养充足，就能繁殖出体型较大的子代。图中的两只雄蝇为争夺雌蝇而争斗，雌蝇正与右边的雄蝇交配。（R.邦杜兰斯基摄）

代的体型也更大。随后的研究还显示，介导这种非基因亲本效应的可能是某些通过精浆传递的物质[168]。不过雄性指角蝇一次射精的量非常小，比某些精浆中富含营养物质的昆虫要低几个数量级，因此这种亲本效应也许与雄性向雌性或子代的营养物质输送无关[169]。

　　我们近来发现，这种效应甚至能延伸到其他雄性的子代身上[170]。安吉拉·克林按前述方式培养出大小两种雄蝇，让雌蝇与两种雄蝇都交配。第一次交配发生在雌蝇卵细胞尚未成熟的阶段，第二次发生在两个星期后，此时卵细胞已经成熟，由一层不可渗透的外壳包裹。指角蝇卵细胞只有成熟后才能受精（精子通过卵细胞外壳上的一个特殊的开口进入），而且雌蝇几乎不会将精子存储两个星期之久。因此，几乎所有的子代都是第二次交配的雄蝇的后代，这个发现并未让我们感到意外。然而有趣的是，子代的体型会受到第一次交配的雄蝇的幼虫期饮食的影响。换句话说，如果母本第一次交配的对象是幼虫期营养充足的雄蝇，子代的体型就会比较大，尽管这只雄蝇根本不是它们的父亲。另一项实验排除了雌蝇根据视觉或信息素对第一次交配对象进行评估、进而调整对卵细胞的投入的可能性。这促使我们得出结论认为，第一只雄蝇的精浆中的某些分子被雌蝇未成熟的卵细胞吸收（或者以其他某种方式诱导雌蝇改变了对尚在发育的卵细胞的投入），从而影响另一只雄蝇的子代的胚胎发育。在孟德尔遗传学问世之前，这种非亲本跨代效应（奥古斯特·魏斯曼称其为"先父遗传"）在科学文献中有广泛讨论，但早期的证据缺乏说服力。我们的研究首次提供了现代证据，表明这种效应的确有可能发生 [171]。虽然先父遗传不属于一般意义上"垂直"（亲代－子代）传递的遗传，但它突出显示了非基因遗传打破孟德尔假说的潜力。

有充分的证据表明，哺乳动物的亲代饮食也能影响子代。用大鼠进行的饮食效应实验研究（特别是限制蛋白质等关键营养物质摄入的实验）于 20 世纪上半叶就开始了，目的是探索营养不良对健康的影响。20 世纪 60 年代，研究者取得了一项有趣的发现：孕期接受低蛋白饮食的雌性大鼠生育的子代和子二代都瘦小多病，脑部相对较小，神经元数量少，在智力和记忆测试中的得分偏低 [172]。近年来的研究目标转为理解营养物质摄入过多或不均衡的影响，以大鼠和小鼠为实验模型，希望从中获得启发，理解人类肥胖症流行的原因。目前已经确认，母本和父本的饮食都会对子代的发育和健康产生多方面的影响。其中有些通过子宫内胚胎干细胞的表观遗传重编程实现，例如大鼠母本采用高脂饮食会减弱造血干细胞（分化为血液细胞）的增殖，母本饮食富含甲基供体则会促进胚胎中神经干细胞的增殖 [173]。大鼠父本接受高脂饮食会使雌性子代的胰岛素分泌和葡萄糖耐受能力降低 [174]。本书第 10 章会讲到，有证据表明这类效应在人类中也存在。

亲代抚育的持久效应

亲代行为对子代大脑的发育和行为有着重要影响。幼年与母亲分离带来的压力会损害小鼠的情感和认知能力，并引发脑部的表观遗传变异。最近有一项研究表明，雌性小鼠如果在幼年经历过分离压力，其子代的大脑和行为也会出现类似的压力迹象。研究者得出结论认为，母本压力效应通过母本育儿行为的变化进行传递，因为出生后就接受交叉抚养的幼鼠在压力方面的表现与养母相似[175]。有证据表明鸟类的母本抚育也会影响子代的性格。例如，研究者发现，与经验丰富的养母相比，由新手养母抚养的小鸡对新鲜体验表现得更恐惧[176]。类似的交叉抚养研究可以将母本行为的影响与基因、表观遗传、子宫内环境等因素的影响区分开来。对人群进行的大规模关联研究显示，就像小鼠和鸟类一样，人类母亲对孩子的行为也会影响幼儿大脑的发育，这些影响可能在性格和行为方面造成长期后果[177]。

父本行为对子代发育的影响长期被忽视，不过其存在现已得到证实。在缺乏父本抚育的物种里，这种父本效应可能间接地发挥作用，通过雄性对资源投入或母本抚育行为的影响来实现。例如，在小鼠中，社会孤立会引发焦虑。哥伦比亚大学弗朗西斯·尚帕涅的实验室近来的一项研究显示，雌性小鼠与社会孤立的雄鼠交配后，母本抚育（如舔舐、哺乳等）行为减少，从而对幼崽的发育产生负面影响[178]。如果父本与子代存在互动，父本抚育行为的差异会直接影响子代的发育。在啮齿动物中，父本抚育不常见，不过加州白足鼠的父本会参与抚育后代。研究者操纵父本的行为，方法是移走母本，把幼鼠放在巢外，刺激父本救助幼鼠。他们还对部分雄鼠进行阉割，减少它们身为父本给幼鼠理毛的行为。结果发现，父本救助增多会使幼鼠成年后保卫领地的行为更坚决，父本理毛行为则会影响幼鼠脑部的化学变化[179]。有趣的是，这类父本抚育效应的作用范围远远不止可爱的哺乳动物。三刺鱼的母本负责产卵，此后的育儿职责全部由父本承担，它们守护卵和幼鱼，使其免遭捕食者的袭击；扇动鱼鳍（带来新鲜水流），把离巢太远的幼鱼带回家。如果在实验中让幼鱼得不到父本的抚育，它们发育成熟后就会比较焦躁，因而更易受捕食者伤害[180]。

社会学习、行为传统和文化

说到文化传播的广度和准确度，以及每一世代保存文化传统并在此基础上进行创新的能力，我们这个物种是独一无二的。正是传授和学习能力让人类群体能产生看起来无穷无尽、不断累积的文化演化，发展出复杂的语言、民间传说、技术和科学[181]。人类个体的创新能力有限，但群策群力、世代相传，我们就能改造自身和周围的世界，使其焕然一新。事实上，基姆·斯特勒尼认为，演化出向长者学习、向幼者传授的能力是人科动物历史的核心要素，正是这种能力使人类得以演化出发达的大脑和卓越的智能[182]。行为变异可以在无亲缘关系的个体之间传递（即"水平"传递），但对于行为变异和文化传统的保存与传播，亲代－子代传递无疑起着关键作用。

传递行为变异、发展类文化传统的能力在其他有着复杂社会和认知能力的动物中也存在，如类人猿、猴子、海豚、鸟类等，虽然程度要低一些。人类与其他动物的关键区别在于累积性的文化演化——一项文化创新有潜力与此后出现的创新结合起来，形成更复杂的认知，或制造出更复杂的技术工具。这种能力在其他动物中非常罕见。如果没有这种能力，砸开坚果的石头永远不会演变成手斧，棍子永远不会演变成长矛。

不过简单文化也有可能具有重要的生态作用。在野生黑猩猩中，制造和使用基本的木制和石制工具对日常生活来说很重要：工具能“钓”起白蚁，砸开坚果，杀死猎物，恐吓捕食者和竞争对手，还有许多其他用途。此外，不同的黑猩猩群体使用的工具包大不相同，彰显出文化变异和因地制宜的潜力[183]。有些黑猩猩的觅食技巧相当复杂（可能包括预先计划、使用多种工具等），意味着它们甚至有能力进行有限的累积性文化创新[184]。更有意思的是，黑猩猩还有能力接受主观的文化习俗。比如，赞比亚的一个黑猩猩群体自发形成了把一片草叶插在耳朵里的习惯[185]。该行为得到群体中大多数成员的效仿，在首创者死后也并未消失，而人们在附近的其他群体中几乎从未观察到这种行为。这种主观的“时尚”可能充当黑猩猩社会中群体成员的标识，跟在人群中一样。

关于行为创新的潜力，以及这类创新通过社会学习（即通过观察和模仿其他个体进行学习）传播开来时对群体生态策略可能造成的影响，日本猕猴在这方面有一个著名的例证[186]。对动物行为感兴趣的研究者一度满足于观察鸽子、大鼠和笼养的猴子，但从 20 世纪 40 年代开始，日本的一个灵长类动物专家小组设计出一种观察野生动物的革命性新方法，用于研究生活在幸岛自然栖息地里的日本猕猴群体，追踪每一个个体的状况以及它们在群体内的生物学关系和社会关系。为了观察喂养方面的互动，灵长类动物专家向猴群提供番薯，他们很快就注意到一只年轻的雌猴把番薯拿到附近的河边，浸在水里并用手擦掉上面的泥沙。不久以后，大多数年轻的猴子都开始效仿这一行为。后来猴子们改为把番薯带到海里去洗，可能是因为盐分让番薯的味道更好。随后研究者把麦粒撒在沙地里，又是这只年轻的雌猴学会了将一捧捧混着麦粒的沙子扔到海里，然后收集漂浮在水面上的麦粒。大多数年轻的猴子也很快学会了这种做法。最后研究者把花生撒在海里，猴子们迅速学会了涉水把它们喜爱的这种食物捞回来。令人惊异的是，很多猴子在没人提供食物的情况下自行下水、蹚水、游泳，从岩石上跳到水里。猴群由此开始利用这种全新的栖息环境。

生态策略通过社会学习进行传播的另一个有趣例证来自一种非灵长类哺乳动物——澳大利亚西部鲨鱼湾的宽吻海豚，这类海豚觅食时将吻突伸进海床。研究者观察到一个有趣的现象，有些海豚会在吻突上戴一个圆锥形的海绵团，显然是用来搜寻食物的。随后的基因分析显示，使用这种特殊工具的所有海豚的亲缘关系都很近，尤其是它们有着相同的线粒体表现型。由于线粒体几乎完全通过卵细胞的细胞质传递，这意味着所有"戴海绵"的个体有着相同的母系血统。该行为很有可能是通过演示和学习从母本传递给子代的 [187]。

大脑较发达的哺乳动物能进行较为复杂的社会学习，这没有什么好惊讶的。但近来的一些研究发现，许多其他动物也有潜力进行类似的学习。澳大利亚的一种小型蜥蜴东方石龙子的雄性通过观察其他蜥蜴打开装有面包虫的盘子，能学会这一技巧 [188]。这些蜥蜴有着社会学习能力，但鉴于该物种幼体孵化后得不到母本的抚育，现在还不清楚这类传播在家族内部发生的频率如何。不过，许多鸣禽的雄性幼鸟能通过学习和模仿（模仿对象通常是父本）学会该鸟类特有的鸣唱曲调，可能是全部或一部分。这使它们能发展出本地"民歌"。雌性幼鸟则会因父本的鸣唱曲调获得"性铭印"，学会偏爱曲调与父本相似的雄性 [189]。有报告称鱼类也存在通过社会学习获得性偏好的现象 [190]。一项交叉抚养研究显示，雌性棘鱼能对父本的颜色和气味产生"性铭印"。雄性性信号与雌性性偏好的这种行为传播有可能促使相邻群体产生生殖隔离[191]。

非灵长类动物的行为传统通过社会学习传播开来，相关例证中最具说服力的一项来自近期对平淡无奇的大山雀所做的研究。与实验鼠相比，大山雀和其他小型鸟类有一个突出的优点：人们可以分别标记野外群体里的每个个体，对大型群体的多个世代进行观察，获取野生动物行为和繁殖方面的珍贵资料。人们对牛津郡韦瑟姆森林的一个大山雀群体进行了充分的研究，牛津大学本·谢尔顿领导的国际研究团队利用这个便利条件，设计出一个巧妙的实验：从森林中的不同区域捕捉几只大山雀放进实验室，教会它们打开一个装着大量美味食物（活虫子）的盒子。重要的是，有两种同等有效的方法（移动右侧的蓝色滑动门，或者移动左侧的红色滑动门）都能打开盒子，每只鸟学会其中的一种。等鸟儿们学会这项有用的技能后，研究者就将它们放归自然，并在野外放上几个食物盒（与实验室里用过的盒子相似）。研究者希望弄明白其他大山雀能否学会吃到虫子的方法，更重要的是看看它们会不会模仿实验室培训过的鸟儿们所用的技巧。

结果发现，这个大山雀群体中 3/4 的成员很快就学会了打开食物盒，而且绝大多数学到的都是放归相应林区的鸟儿在实验室里学会的技巧，导致某一片林区的鸟儿偏爱从右到左开门，另一片林区则流行从左到右开门。此外，开门方式通过既往存在的社会关系网在群体内传播，意味着鸟儿有师从亲友的倾向。有趣的是，在不同区域迁徙的鸟儿很快就会入乡随俗，放弃原有的做法，而采用本地流行的方法，表现出社会从众性。食物盒放置 20 天后，研究者将其撤走，9 个月后放上新的食物盒。这时群体中 60% 的成员已经死去。结果相当惊人：不仅年老的鸟儿还记得它们偏爱的技巧，相关行为在新生代鸟儿中传播的速度也非常快。很显然，在一些寿命短促的小动物中，类似文化的传统也能通过社会学习产生并传播开来 [192]。

旅伴

近年来人们认识到，真核生物实际上都是许多不同物种组成的群落，这有可能使遗传的故事发生新的转折。人类身体在字面意义上充满细菌。细菌、古细菌、单细胞真核生物覆盖在我们的皮肤表面，填充着消化道，在口腔里繁衍生息。我们和我们的微生物伙伴身上还寄生着种类繁多的病毒。我们也不能忘记栖息在所有大型动物身体表面和内部的多细胞共生生物——挂在毛发上的微小螨虫和昆虫，以及在消化道和血管里游走蠕动的线虫、扁虫和绦虫。这些亲缘关系很远的生物全都与宿主进行着密切的生态互动，相互之间也是如此，有时甚至会通过"水平基因转移"来共享基因 [193]。这些旅伴无处不在，非常重要，以至于一些生物学家提出应该放弃单独生物个体的概念，代之以共生功能体——由多种相互作用、共享部分利益的独特实体组成的小型生态系统。不论我们是否接受共生功能体的概念，越来越多的证据表明，共生生物能从亲代传递给子代，对子代的发育产生重要影响 [194]。

微生物群能从多方面影响宿主的表现型和生态。例如，入侵物种异色瓢虫之所以能在竞争中胜过本地瓢虫，部分是因为入侵者携带一种单细胞真菌共生体，能充当针对本地物种的"生物武器"。许多昆虫的内共生细菌沃尔巴克氏体能诱导雌性发生孤雌生殖，杀灭精子，使雄性胚胎雌化，以增加自身随卵细胞传播的机会。近来的一项果蝇研究甚至发现，通过食物摄入的细菌能影响果蝇的性信号，以至于用不同培养基饲养的个体不会将对方当作交配对象。当然，还有许多生物几乎完全依赖微生物伙伴生存，仅举几例：白蚁靠消化道里的原生生物来消化木质食物；切叶蚁用身体运输真菌孢子，用于种植食物；珊瑚虫体内栖息着光合作用藻类；苔藓是一种真菌和一种藻类或蓝细菌结成的紧密联盟；许多植物依赖根瘤里的固氮菌 [195]。

对于人类自己，我们习惯认为身体里的微生物是有害的，但其实有很多微生物通常扮演中立角色，甚至能产生有益影响。事实上，人们逐渐认识到，这个微观群体复杂的化学活动对宿主的发育、表现型和健康状况起着重要作用。近来的研究显示，人类消化道里的微生物生态系统与我们的代谢和健康密切相关。医学研究人员甚至开始利用这一现象来治疗顽疾。例如，艰难梭菌是一种能产生孢子的细菌，在土壤中常见，能导致人类消化道发生机会性感染。这类感染通常用以抗生素治疗，但有多达35%的患者一旦停止治疗就会复发。感染复发可能危及生命，一直难以治愈，直到有人提出一种独特的治疗方案：将健康人的粪便样本移植到受感染的患者体内。令人瞩目的是，治疗取得了成功，用该方法取得显著疗效的病例越来越多 [196]。人们还不完全明白其中发挥作用的具体机制，目前的工作假设 ①是：人类消化道里的正常微生物群往往能战胜进入消化道的艰难梭菌，发生感染时患者得到抗生素治疗，在杀死艰难梭菌的同时也破坏了正常菌群。因此，一旦停止治疗，只要还有艰难梭菌幸存，它们就没有了竞争对手，得以重新入侵。只有通过粪便移植引入具有竞争优势的正常菌群，才能使消化道里的艰难梭菌走向灭

---

① 译注：工作假设是科研中事实基础不足时提出的假设，猜测性较强，可以作为进一步研究的基础。

绝，让患者痊愈。

　　复杂生物与细胞质里的线粒体（以及植物和其他一些真核生物的叶绿体）之间存在一种更为紧密的关系。这类细胞器是细菌的后裔，经过了大幅改头换面。线粒体的祖先在几十亿年前侵入一类亲缘关系很遥远的单细胞生物（称为古细菌），最终催生出复杂的真核细胞。叶绿体是此后入侵真核细胞的另一种蓝细菌。事实上，今天的每个线粒体和叶绿体都还拥有自己的环状 DNA，像细菌细胞那样通过二分裂进行增殖。因此，线粒体和叶绿体属于独立增殖的细胞器，有着自己的基因和非基因遗传途径，与组成人体微生物群的细菌类似。不过从"宿主"细胞和多细胞生物的角度看，线粒体和叶绿体可以说是融入得特别好的共生物，它们通过宿主世代实现的传递可以视作非基因遗传的特例。

　　这些细胞器有着重要作用。线粒体执行细胞呼吸和代谢功能，包括生产细胞内核心储能单元 ATP 的三羧酸循环。叶绿体利用叶绿素（使植物呈现绿色的色素）进行光合作用，这个化学反应利用阳光的能量将二氧化碳转变为糖。这些细胞器经由细胞质从母细胞传给子细胞，也能通过生殖细胞从亲代传递到子代，通常是单亲方式（线粒体一般通过卵细胞传递；叶绿体在不同植物类群中的传递途径不同，有的是母系，有的是父系）。考虑到这些细胞器对细胞内部的能量传递极端重要，要是它们的特征变异对细胞功能没有影响，那倒是奇怪了。我们现在已经清楚地知道，代谢率、衰老、长寿甚至行为等重要性状都能受到生物个体的细胞内部线粒体品系的影响 [197]。

　　这些旅伴各凭本事跨越代际边界感染宿主的子代。细胞内共生体和病原体（如线粒体、沃尔巴克氏体）只需要待在卵细胞内部搭便车，较大的共生体（如螨虫和蠕虫）通常要等待子代出生。消化道微生物的情况特别有意思。近来的证据显示，人类肠道细菌是在孕妇正常生产的过程中由母亲传递给孩子的（虽然也有一些有趣的证据显示，其中有些细菌在生产之前就成功地入侵子宫感染胎儿）[198]。这种传递模式使人类婴儿得以接触到有益的母体共生物，与某些哺乳动物和昆虫的粪食习性相似。哺乳动物母本还会通过乳汁将多种皮肤细菌和其他细菌传递给子代，有可能影响子代的免疫、消化甚至神经系统的发育[199]。越来越多的证据表明，消化道微生物的构成对生物个体的能量及营养摄入和代谢有着重大影响。不健康的饮食结构会改变细菌群落，人体微生物群的这类改变有可能损害健康。微生物生态系统从母本到子代的传递有可能是母本健康状况（包括肥胖症）影响子代健康状况的一种重要机制。近来甚至有证据显示，细菌还可能通过精液和交配过程中的身体接触从雄性传递给雌性，提供了一种父本微生物群传递给子代的途径[200]。如果生物个体确实是多物种群落，则亲代 - 子代的微生物组传递就应当被视为遗传的一个独特维度。

作为模板的亲本

第 3 章末尾提到，繁殖可以视作一种在亲代脚手架上自发进行的子代发育过程。我们觉得脚手架是一个有用的寻常比喻，可用来比拟亲代对子代发育的非基因影响，不过子代发育的某些方面受到亲代特征的精密控制，此时的亲代影响不只是脚手架，更可比作精细的模板。

纤毛虫和变形虫之类的单细胞真核生物（统称"原生生物"）的体型微小，却非常复杂。它们有着排列成行或聚集成团的纤毛、类似螺旋桨的鞭毛、专门的"嘴"和"肛门"，甚至有精巧的钙质外壳。几十年前，原生动物研究者注意到，由基因相同的细胞组成的克隆培养细胞系中，细胞的"皮层"（包含细胞膜和下方蛋白质的表层）有着多种不同的形状和特征分布，而且从这类细胞系中分离出的单个细胞会在许多个分裂周期里准确保留原有的皮层变异[201]。人们通过一系列巧妙的实验证明，负责传递这类特征的是一种非基因机制——结构遗传。

冠砂壳虫属于变形虫类原生生物，有一张长着牙齿的"嘴"。高倍放大后，可以看到它的嘴与大白鲨的血盆大口相似得可怕。1937年，赫伯特·詹宁斯用极细的玻璃针敲下冠砂壳虫的一部分牙齿，发现它们分裂产生的子细胞也缺少部分牙齿，牙齿大小和形状的变化与母细胞相似。利用这种方法，他培育出了牙齿数量和形态各不相同的冠砂壳虫新品系[202]。

30年后，印第安纳大学的简宁·贝森和特雷西·索恩本发现，双核草履虫接受实验手术后，细胞形态的变化会被稳定地遗传下去。草履虫采用一种原始的有性生殖方式，称为接合。贝森和索恩本对接合过程中的草履虫进行操作，把其中一个细胞切掉一部分。另外那个完整的细胞会吸收伴侣的剩余部分，导致细胞表面的纤毛行列模式发生改变。改变后的细胞会把经过修饰的皮层构造传给后代，有性生殖和无性生殖的后代都是如此[203]。尽管这些实验诱导的变异有时会逐渐丢失，但多数情况下经过修饰的结构能保留几百代，繁殖出数量惊人的后代，它们有着特殊的纤毛分布，游动方式也与众不同[204]。

此后，在其他单细胞真核生物中也发现了结构遗传现象，例如美丽的钙藻——梅尼小环藻[205]，还有导致嗜睡症的寄生虫——鞭毛虫类的布氏锥虫[206]。这些研究不仅显示结构遗传现象在真核生物中极其广泛，而且彰显了我们对相关机制的认识有多么不足。例如，对草履虫的远亲腹纤毛虫的研究显示，子细胞不仅能遗传母细胞的一些可见结构（如表面纤毛分布），它们的某些结构特征还取决于"超微结构不可识别"（也就是说不可见）的特征。腹纤毛虫经受压力时会发生"胞囊形成"现象，变成一个没有明显形状特征的球，保持休眠状态，直至条件好转。手术修饰过的细胞形成胞囊（可见特征消失）之后再"脱囊"恢复细胞形态时，仍保有修饰后结构的一些特征。这显示此类细胞拥有一种极为精巧的结构记忆机制，我们对它几乎一无所知[207]。

对冠砂壳虫、草履虫和其他单细胞真核生物进行实验性切除，导致它们的形态和行为发生了显著改变。切除操作显然没有改变任何基因，仅改变了细胞结构，这种获得性状往往能稳定地传递多代。因此，上述实验毫无疑问地显示，细胞分裂成为两个子细胞时，源自母细胞的皮层引导着新生皮层的合成，有点像按模板复制。（有趣的是，这些实验与第 3 章提到的魏斯曼切除小鼠尾巴的实验很像。要是魏斯曼研究肢体残缺的遗传时用的不是小鼠而是原生生物，遗传学史可能会大不相同。）

不过，结构遗传是不是单细胞真核生物所独有，并且局限于牙齿和纤毛之类特化皮层结构的分布？这些问题的答案还不明确，但猜测人类这样的多细胞生物也有可能发生结构遗传并不算异想天开。

尽管结构遗传的证据主要来自原生生物，但许多细胞的生长过程和结构在所有真核生物乃至所有细胞生物中都是高度保守的，这增加了多细胞生物也能发生结构遗传的可能性[208]。索恩本、贝森和其他研究者提出，细胞结构的许多方面不是（或许也不可能是）完全由 DNA 序列决定的，而是通过类似于按模板复制的方式进行传递的[209]。扬·萨普清楚地总结了这一原则，他说："细胞绝非由各种部件聚集形成，而是源自现有细胞的生长；现有细胞以自身为模板造出同样的细胞。细胞生长并复制自身时，基因决定的宏观分子释放到已经具有空间结构的背景

中 [210]。"换句话说,细胞部件不能自组装;需要有细胞膜、细胞骨架等预先存在的结构,才能形成新的细胞,使 DNA 序列里存储的基因指令得以表达。这正如托马斯·卡瓦利－史密斯所说,"鸡与鸡汤有着本质区别"。结构遗传取决于原有结构的变异能在多大程度上从一个细胞传递给下一个细胞;多细胞生物的跨代遗传则取决于配子所含的结构信息能在多大程度上影响胚胎特征的发育,以及能在多大程度上传递给胚胎生殖细胞。

第 3 章讲过,人们很早就认识到胚胎早期发育的某些方面取决于卵细胞的结构。例如,早期对海参、海鞘等动物的大型卵细胞所做的实验显示,通过离心作用扰乱卵细胞的细胞质结构会导致多种发育异常,例如胚胎内外翻转。胚胎学家最终确认,发育的某些方面反映了卵细胞皮层的结构 [211]——皮层是卵细胞表面构造复杂的外层,许多特征与草履虫等单细胞真核生物的皮层类似。同样,卵细胞的极性以及卵细胞细胞质里各种生物分子(如蛋白质和 RNA)的特征、数量和位置都参与调控早期胚胎里细胞卵裂的模式、不同类型细胞的建立、表观遗传重编程、胚胎基因组启动等,甚至各种细胞器在细胞内部的分布也可能发挥调控作用 [212]。也就是说,早期发育的一些关键方面取决于卵细胞的结构,卵细胞由母本产生,其结构特征受到影响母本基因组和环境的多种母本效应的制约。虽然卵细胞结构的许多方面可能取决于母本基因,但就连这类基因决定的特征也会通过非基因方式从母本传递给子代(即间接遗传效应),在此需要借助扩展遗传的相关工具,才能理解其演化意义。此外,剑桥大学的卡罗利娜·彼得罗夫斯卡和玛格达莱纳·泽尔尼卡－格茨对小鼠的研究显示,在受精后最初的发育期,有一些阶段的模式取决于精子进入卵细胞的具体位置 [213],这提高了精子外观特征变异也能影响发育过程的可能性。

卵细胞和其他真核细胞的内部组织方式似乎在很大程度上取决于细胞骨架，后者是一套由微管组成的、结构不对称的复杂框架，连接着内部细胞质与外部皮层[214]。动物和许多其他真核生物可以以一个名叫中心体的细胞器向外辐射出微管，每个中心体包含两个称为中心粒的齿轮状构造，中心粒以特定角度排列，由一层蛋白质环绕。有趣的是，在动物的受精卵里，中心体由源自父本和母本双方的部件组装而成——精子贡献一对中心粒，卵细胞提供多种蛋白质。细胞骨架可能影响细胞质里各种细胞器的位置，就像房屋的建筑格局影响屋内物品的位置一样。重要的是，由于细胞骨架与皮层紧密相连，像贝森和索恩本那样改造皮层时可能还会改变细胞骨架的结构，因此皮层修饰从母细胞到子细胞的遗传可能体现了细胞骨架形态的传递[215]。

包裹着细胞质和细胞骨架的分子包膜（即细胞膜）似乎也能通过非基因方式从母细胞传递给子细胞。托马斯·卡瓦利－史密斯指出，细胞膜只能由现有细胞膜扩展形成，因此所有现存的细胞膜都能追溯到同一个初始细胞。此外，由于新膜按母膜的模式组装，细胞膜能自行携带遗传信息（尽管膜遗传似乎仅限于几种不同的细胞膜类型）[216]。

除了以上线索，关于母本及父本通过非基因方式影响合子结构的潜力有多大，这类影响能在多大程度上翻译成发育上的变异，以及多细胞生物中结构变异以非基因方式传递一代以上的潜力有多大，我们几乎一无所知。既然随机因素或环境因素诱导的合子结构变异会影响成体特征，这些结构特征必定会传递给身体内部的体细胞。如果这种效应能持续一代以上，合子结构必定能通过多个细胞分裂周期影响生殖细胞的结构。该效应原则上有可能存在，但尚未得到证实。人们之所以对此知之甚少，是因为细胞的三维结构变异辨别起来非常困难。我们之所以能在草履虫和其他单细胞真核生物中发现结构遗传现象，得益于它们的细胞相对较大，培养起来容易，而且银染技术能清楚地呈现它们复杂的皮层形貌。如果能开发出更加强有力的技术来研究多细胞生物的细胞结构，就有可能发现结构遗传在复杂的真核生物中也发挥着作用，人们至今尚未认识到这种作用。

蛋白质记忆

还有一种结构遗传有可能在单细胞和多细胞真核生物中都发挥作用——某些蛋白质（称为朊病毒）将自身的三维形态传递给其他蛋白质的能力。朊病毒最初由搜寻库鲁病病因的研究者发现，这是一种神秘的神经退行性疾病，曾给巴布亚新几内亚边远地区的一些社区带来灭顶之灾。库鲁病令科学家深感迷惑的原因是，它不仅在家庭内部传播，还能传染女性姻亲（但不传染男性姻亲），基因和环境都无法解释这种诡异的传递模式。人们最终发现，这种疾病的源头在于当地的一种传统习俗：食用去世的亲人的脑子，参与仪式的除了血缘上的亲属，通常还包括女性姻亲（但不包括男性姻亲）。研究者发现人类患者的脑组织能感染黑猩猩，这证实其中涉及某种传染因子。就像原生生物皮质结构遗传的研究那样，许多年来研究者都在寻找以 DNA 或病毒为基础的传播机制，最后却发现遗传因子是一种蛋白质，它能把自身的三维折叠结构传递给氨基酸序列与其相似的其他蛋白质。此后，在人类和其他哺乳动物中发现了其他一些朊病毒导致的神经退行性疾病，例如克雅氏症（它能在家族内部传播，还能通过接触脑组织感染）和"疯牛"病（能通过食用牛肉从牛传给人）。

朊病毒作为致病因子声名狼藉，但朊病毒及其他属性相似的蛋白质在单细胞和多细胞真核生物中都存在，似乎还发挥着重要的生理作用[217]。例如小鼠脑部的朊病毒可能保护着神经元免于因衰老而退化，还可能帮助形成和保留长期记忆[218]。朊病毒可能也参与遗传。酵母的朊病毒起着细胞质遗传因子的作用，能对环境做出响应，改变基因表达模式。这一点已广为人知[219]。有趣的是，有些朊病毒能形成并传递几种不同的三维结构。蛋白质的生物属性主要取决于其三维折叠构造，因此朊病毒的不同结构可能代表着不同的生理效应。也许还有许多与朊病毒相似的细胞质因子有待发现[220]。

非基因遗传研究面临的挑战

非基因遗传研究面临多项挑战。如前所述，非基因遗传通常表现为亲代环境对后代的影响，检测这类影响的实验原则上非常简单[221]。比方说，如果你想知道脂肪摄入量增加是否会影响子代和子二代的健康状况和寿命，那么可以用高脂饮食喂养实验动物，用正常饮食喂养对照组，让它们分别与正常喂养的动物交配，观察子代的状况。但所有这类研究都有一个问题：基因作用有可能混淆实验结果。比如，有的动物可能因为携带特定等位基因而更容易受高脂饮食伤害，从而更容易在繁殖之前就死亡，或者能存活的子代数量更少。这意味着在实验中的高脂饮食和对照饮食条件下，自然选择会导致子代基因型发生偏移。子代之间在健康或寿命方面的任何差异都可能源自基因差异，而非亲代传递的非基因因子。使用等基因或高度近交的动物品系，或把家族成员和同胞动物放在不同环境里，可以将基因带来的混淆降至最低。这样一来，不同饮食结构作用的个体都有着相似的基因型，没有多少基因差异可供自然选择发挥作用。但即使这样，依然可能出现基因影响导致的混淆，因为压力会提高基因突变率[222]。也就是说，就算使用基因相同的动物，高脂饮食也可能诱导生殖细胞产生新的突变，导致高脂饮食亲本繁殖的子代比普通亲本的子代拥有更多突变。幸好基因效应和非基因效应通常可按特征区分开来，例如非基因效应倾向于在不同个体之间保持一致；大多数接受高脂饮食的动物都可能繁殖出有着特定代谢症状的子代，而高脂饮食诱导基因突变带来的影响在子代中不会很常见，表现不会那么一致。此外，移除环境刺激后，非基因效应往往很快消失，而基因突变会传递多代，直到被自然选择所剔除。

此外还有一个问题：绝大多数非基因遗传研究都只用两种环境进行对照，比如"正常"饮食与"高脂"饮食、"正常"饲养环境与"高温"饲养环境。如果亲本的环境效应是非线性的，这类研究就会得到误导的结果，因为在非线性情况下环境效应的作用方向乃至这类效应是否能检测到都可能取决于实验所用的具体环境，而后者的选择有时相当主观。（说起来，什么才是果蝇或小鼠的"正常"饮食？）对此，非基因遗传的研究者不妨借鉴关于发育可塑性的研究，目前后者的标准做法是，一项研究要调查两种以上的环境类型，有时涉及的环境因子不止一个。营养学家开发出了一种特别有用的手段，称为"营养几何"[223]。在几何框架下对两种或两种以上的饮食营养同时进行调整，营养素的浓度覆盖动物能耐受的最低和最高极限。例如，如果研究者对摄入蛋白质和糖类的效果感兴趣，就调配两种营养素的比例和总体浓度各不相同的饮食，制订出 20 种或更多方案，根据这些方案喂养动物，评估它们的健康状况、寿命和总体适应力之类的性状。该方法使人们能检测摄入每种营养素的非线性影响，观察不同营养素影响之间复杂的相互作用。几何方法已经用于研究祖先饮食对后代的影响，还可用于调查其他因子（如社会环境和温度的影响）[224]。

发现一种非基因遗传的现象后，下一步挑战是找出其中的近因机制。对于业已发现的非基因遗传实例，可以说人们对其中几种情形的因果链有了相当完整的理解，这条因果链介导着亲代对子代的影响。在大多数情况下，亲代到子代的一系列生理学和生物化学事件极其复杂，在亲代和子代体内都有许多步骤 [225]。但决定遗传机制特征的主要是因果链上的步骤，这些特征包括跨代稳定性、先祖环境传递给后代的能力等。

其中一个挑战是理解机体的生殖组织与非生殖组织之间的联系。例如，对压力的心理响应最终怎样呈现为卵细胞或精子里的表观遗传变化？虽然现在已经确认激素和调控 RNA 在植物中能充当从体细胞到配子的传递介导因子，但动物的体细胞与生殖细胞之间的联系如何，人们还所知甚少 [226]。此外，还需要把体细胞到生殖细胞的传递与环境因子同时影响身体组织和生殖组织的情况区别开来。例如，毒素可能随血液流动而散播，渗入包括生殖细胞在内的所有组织。

还有一个挑战与此相关：找出到底是什么因子发生了代际传递，也就是找出亲代与子代之间的因果联系。考虑到由配子传递到子代的因子种类极为繁多，而且有些物种受精完成后亲代还能对子代的发育产生同样复杂的影响，因此，识别关键遗传因子堪称大海捞针。如前所述，不同的机制可能产生相同的遗传模式。例如，哺乳动物的母本效应可以由卵细胞的表观遗传因子或结构变化介导，还有可能源自子宫环境的变化，或者母本行为、乳汁成分等产后因子的变化 [227]。

有些研究人员不是从可遗传的表现型出发寻找相关遗传机制，而是试图反其道而行之——扫描潜在遗传因子的变异，试图推断它们对表现型可能产生何种影响。例如，近来有多项研究对天然种群进行表观遗传变种采样，这相当于在基因研究中搜寻 DNA 序列的变种，得到一系列单核苷多态性（SNP），随后再研究它们的功能意义（如果有意义的话）。这种方法用来研究基因变异已经很有难度，研究表观遗传变异就更困难了 [228]。首先，研究者要确认自己研究的表观遗传变异与基因变异无关。在表观基因组测序检测到的表观遗传变异中，有一部分只是 DNA 序列变异的结果，因为等位基因本身可能诱导表观遗传变化，也可能使基因组的其他区域发生变化，触发一连串连接基因型与表现型的生物化学事件 [229]。要取得表观遗传变异部分或完全独立于基因的证据，可以通过实验手段操控环境 [230]，比如把群体里的表观遗传变化与食物易获性等外界条件的变化联系起来 [231]，或者直接操控表观基因组（见第 8 章）。环境诱导的表观遗传变异要么是"促进"型，要么是"纯粹"型，因而有潜力传递给子代。但是，我们可以假定等位基因或单核苷多态性能跨代传递，却无法确定某个具体的表观遗传变异能不能通过生殖细胞传递，因为表观基因组的很大一部分会在代际进行重编程。只有一部分表观遗传变异能在多细胞生物中实现代际传递，但具体是哪些，人们几乎还一无所知。正如一个基因的单核苷多态性未必与表现型存在因果关系，一个表观等位基因也未必具备什么功能。

另一个问题是环境有时候会对 DNA 序列本身产生直接的、可重复的影响。CRISPR-Cas 系统（第 10 章将详细讨论）就是细菌中此类修饰的一个例证。近来还有证据显示环境能诱导多细胞生物的 DNA 序列发生可重复的变化，比如果蝇的饮食结构能改变编码核糖体（类似于工厂的细胞器，信使 RNA 在其中翻译为蛋白质）的某个部件的基因的副本数量。动物的核糖体基因有多个副本，成双成对地分布，富含酵母的饮食会让果蝇的核糖体基因副本减少，基因组的这种改变能传递多代 [232]。与此相似，端粒（染色体两端的重复序列）在环境压力下会缩短，亲代的端粒长度能传递给子代 [233]。这些现象牵涉某个细胞核 DNA 序列的传递，或某个重复序列内的重复次数的传递，因而与我们的非基因遗传概念（通过传递与 DNA 序列无关的因子进行遗传）不太吻合。但它们能介导环境效应向子代的传递，因此容易被错误地当成非基因遗传。

为什么存在非基因遗传

情况已经很清楚：存在多种跨代的非基因遗传机制。如前所述，尽管这些非基因因子中有一些似乎对其所在的生物体有适应价值，但很多因子有害无益。你也许会因此感到好奇，为什么自然选择没有剔除这些不利于适应的非基因遗传？本章最后一部分就来探讨一下，既然要付出明显的代价，为什么还会有非基因遗传现象存在。

遗传的逻辑意味着，除了基因之外，还必须存在其他形式的代际信息传递。原因很简单，如果没有恰当的读取设备，基因组所含的数字信息链就毫无意义。如果某个外星文明给我们发来一串符号，我们根本没办法知道它到底是指哪颗行星上的某个物种，还是指某个外星银行账号，或者根本没有意义。也许有人要说，读取 DNA 的机器本身也被编码在基因组里。的确，细胞里许多参与生物发育和调控的成分（例如蛋白质和 RNA）是以基因指令为基础合成的。但这就带来了是鸡生蛋还是蛋生鸡的经典问题：要解码基因指令、合成所需的细胞成分，必须有一套机器已经就位。不可回避的事实是，必须有某种解释性的信息随基因组一同传递，这些信息必须装载在预先存在的物理机器中。在细胞形式的生命里，该机器表现为由膜包裹的细胞，内部是高度结构化的细胞质。自细胞生物诞生以来，该机器就与基因一起在细胞之间传递。在许多复杂的生物中，该机器的内容远不止是单个细胞，还包含子宫、乳汁、亲代行为和其他亲代性状的特征。这些性状是子代正常发育所必需的。

既然必定有一套解释性机器与基因组一同传递，不同个体的机器组件以及装载的信息存在差异也就没什么好奇怪的。如本章和前一章所述，大量证据表明这套机器的一些组件的差异与 DNA 序列无关。也就是说，不同个体的细胞机器有差异，表现型的其他方面（如行为）也有差异，原因在于非基因因子产生了自发的或环境诱导的变化。许多非基因因子能传递给子代，有些还能自我再生、存留多个世代。这套解释性机器能传给子代的特征并非完全取决于亲本基因，因为活的生物体复杂、脆弱，对环境高度敏感。基因产生着巨大的影响，但远未能全权掌控局面。

出于类似的原因，非基因遗传组件的变异大多有害，同样不值得惊讶。毕竟人们都习惯了已知基因变异大多有害的事实，几乎没有人会问为什么自然选择没能完全解决基因突变的问题。大多数遗传和非遗传变化有害的原因相同：这些变化是自发误差或事故，会改变（通常是损坏）细胞机器的结构。例如，雄性大鼠胚胎在子宫内暴露于诸如乙烯菌核利之类的内分泌干扰物时，情况显然就是这样。这些化学物质会干扰传递给后代的表观遗传因子。

当然，正如基因突变偶尔会增强适应性，非基因变化也是如此。例如第 4 章所说的，大鼠传递给子代的某个与饮食相关的表观遗传印记会产生健康的"伪刺鼠"表现型，这种表观遗传性状会对选择做出响应。

但也正如前文所述，非基因因子不仅仅是一种高度可变、环境敏感、用于产生随机变异的基底。非基因遗传机制有许多种，可以料到自然选择同样会作用于这类遗传机制，把带来适应性收益的变异保存下来，并磨砺得更为精巧。前面讲到，有些非基因遗传机制能让亲代预先调整子代的特性以适应可能面临的环境条件。自然选择会保留一部分非基因遗传机制，让它们发挥适应性功能；其他非基因遗传就仅仅是繁殖过程不可避免的副产品。

第6章 通过扩展遗传的演化

自然选择主要是遗传学领域在研究，但自然选择远不止是基因选择。

——乔治·R.普莱斯，《选择的本性》，1995 [234]

前面两章重点介绍了除基因遗传以外还存在其他遗传形式的确凿证据。这些遗传机制的种类之丰富可能比证据数量之多更让人瞩目。但正如第2章所说，我们相信所有非基因遗传形式都有一些共同点，正是这些共同点把它们与基因遗传区别开来。因此，我们只把代际信息传递渠道划分成两条：基因遗传和非基因遗传。本章和下一章将探讨怎样将这两种遗传模式纳入现有的演化理论体系，使我们能在遗传不限于基因的前提下研究演化的过程和成果。不过这里先要介绍进化论历史上的一个重要人物，他的理念是本书思想的基石。

普莱斯与进化论

演化生物学的历史中充满了怪僻人物和人际宿怨，它们组成了该领域的传奇故事，而乔治·普莱斯（见图6.1）的故事必定是最传奇的，其中喜剧、辉煌时刻和悲剧以独特方式苦涩地交织在一起。

普莱斯是一位美国科学家，曾于芝加哥大学攻读化学专业。他在学识方面永不满足，职业生涯早年投身于多种不同的项目，包括在阿尔贡国家实验室担任曼哈顿计划的顾问、在哈佛大学担任化学教师等。他还曾在著名的贝尔实验室工作，当时正是信息理论之父克劳德·香农等杰出人物为世界科学做出重要贡献的时代[235]。

图6.1　乔治·普莱斯开发出一种灵活的演化建模方法，能涵盖基因遗传和非基因遗传。普莱斯方程可以扩展应用于扩展遗传的多种机制。

普莱斯的兴趣越来越广泛，他最早的科学贡献中有一项是驳斥超感知觉和通灵学[236]。但正如奥伦·哈曼在传记作品《一个利他主义者之死：乔治·普莱斯传》[237]中所讲述的，1966年44岁的普莱斯患上甲状腺癌，经历了一连串离谱事件，包括切除肿瘤时的手术失误导致他终身行动不便。这无疑给普莱斯带来了巨大打击，不过因这场手术失误而获得的保险理赔使他而获得财务自由，于是他搬往伦敦，开始研究一批新的课题，包括进化论。正是在这段时期，普莱斯发表了一批论文，它们属于进化论领域的奠基之作。

普莱斯于1970年在《自然》杂志上发表了一篇短论文，标题为《选择与协方差》[238]。这可能是他最著名的作品。他在文中提出了一种新的数学方法，用于描述通过自然选择实现的演化过程。当时人们已经开发出了几种数学工具来处理群体遗传学领域的演化生物学问题。普莱斯的这篇论文有着划时代意义，其重要之处并不在于提出了自然选择的新理论，而在于指出了此前所有的数学方法都可以视作特例，都属于一种更为普适的、将自然选择概念化的方法。

但普莱斯的雄心远远不止于此。他想要的不只是对旧的群体遗传学模型进行归纳。他觉得，通过自然选择实现的演化过程也只是某种更普适的选择过程的一个特例。对选择进行更普适的抽象描述，将会打开一扇门，大大促进许多不同领域的研究。用普莱斯自己的话来说，一个"把各种选择类型（化学选择、社会学选择、基因选择和其他各种选择）统一起来的模型将为创立普适的'关于选择的数学模型'开辟道路，该模型与信息论类似"[239]。毫无疑问，这番抱负与他在新泽西州贝尔实验室的经历息息相关。

这段引述清楚地表明，普莱斯的动机与本书所关心的问题并不一样。具体说来，他之所以进行这方面的研究，不是因为他相信生物演化不只是基因改变，而是因为他觉得自然选择与演化的内涵不只是生物学家关注的那些问题。但如后文所述，他对自然选择的抽象描述涵盖的范围非常宽泛，完全可以用来规范表述实体传递所介导的演化过程，不管相关实体是基因还是其他因子，换句话说就是用来描述通过扩展遗传的演化。

对演化进行计算

普莱斯对选择的分析的核心在于关注一个抽象的群体。组成这个群体的可以是基因、细胞或者由生物个体组成的种群，同样可以是制造业企业或方言。所有这些可以看作能随时间自我繁殖的事物，从而可以讨论它们的"祖先"和"后代"的关系。群体的属性可以因繁殖而发生变化，因此后代实体未必与其亲代相似。这样一来，分析目标就是用数学手段描述这类群体怎样逐代变化。

为了说明其中的方法，不妨考虑一个假想的例证，其中关系到一群喜欢喝茶的人。目前茶文化在北美的不同地区有所复兴，但不久以前许多北美居民对茶的印象还是某位客人出人意料地爱喝茶而不是咖啡，于是自己在厨柜里面翻出一个陈年旧茶包。然而，泡一杯好茶是个精细活儿。事实上，茶道是一种复杂的文化传统，世代相传了上千年。

与大多数世代相传的配方和传统一样，对茶的偏好在人类历史上也在缓慢变化，演变出许多种类，有着经过改变的遗传所具有的典型演化模式。其中一项相对比较近的创新是让茶变甜。这在茶的发源地中国不太流行，但各种各样的甜茶在许多国家已经非常普遍。

为了更深入地探索茶文化的历史，设想一群人中的一部分人偏好原味茶，其他人偏好加糖让茶变甜。具体一点，不妨假设人群中的 4/5 偏好原味茶，1/5 偏好甜茶，如图 6.2 所示。

图6.2　人群构成示意图，4/5的人偏好原味茶，1/5的人偏好甜茶。

人群中的老一代向年轻一代传授泡茶的文化习俗。在此过程中，老人会把自己喝原味茶或甜茶的偏好也传递下去。经过几代人的文化传承，人群中的典型饮茶偏好可能发生变化。例如，与偏好原味茶的人相比，如果偏好甜茶的人所教导的年轻人更多（茶在 17 世纪传入欧洲后，有可能出现过这种现象），人们对甜茶的偏好就会越来越普遍。

为了深入探讨这一事例，我们来简化一下。假设人群的各个世代在时间上不重叠，而且每一代人里饮茶者的数量保持恒定，这意味着平均而言每位喝茶的老人只向一位年轻人传授自己对茶的偏好。但尽管平均情况是这样，实际上有些喝茶的老人所教导的年轻人数量高于平均值，另一些则低于平均值。

假设偏爱甜茶的老人教导的年轻人数量是平均值的 3 倍，而偏爱原味茶的老人只教导人数是平均值的 1/2 的年轻人。鉴于平均值是 1，这表示每位喝甜茶的老人会教导 3 位年轻人，每位喝原味茶的老人只教导 1/2 位年轻人（或者说两位喝原味茶的老人共同教导一位年轻人）。验算一下，每位老人教导的年轻人的平均数量是喝甜茶的老人所占的比例（1/5）乘以每人教导的人数（3）加上喝原味茶的老人所占的比例（4/5）乘以每人教导的人数（1/2），得到 1/5 × 3 + 4/5 × 1/2 = 1。如果每代饮茶者的数量保持不变，就必须是这个结果。

根据以上条件，年轻一代中有 3/5 的人受教于喝甜茶的老人，尽管这些老人只占老一代的 1/5，原因在于他们每人会教导 3 人。另外，只有 2/5 的年轻人受教于喝原味茶的老人，尽管这些老人占老一代的 4/5，但他们每人只教导 1/2 人。以上状况如图 6.3 所示。如果每种饮茶偏好由老人传递给年轻人时都完全保真，则年轻一代中有 3/5 的人偏好甜茶，2/5 的人偏好原味茶（见图 6.4）。

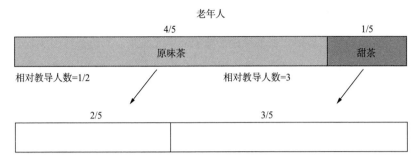

图6.3 文化传承导致不同的饮茶偏好在人群中的变化图解。第二行格子代表从老人那里获得的饮茶偏好类型。年轻一代中有2/5的人从偏好原味茶的老人那里获得相同的偏好，3/5的人从偏好甜茶的老人那里获得相同的偏好。

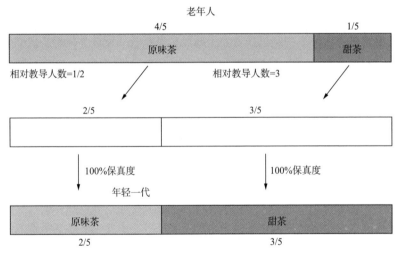

图6.4 图6.3的延续，将学习的保真度纳入文化演化中。最下面一行显示的是，如果每种偏好的老人都完全保真地传递其偏好，那么将有3/5的年轻人偏好甜茶。

从图6.4可以看出，从先代到后代，对甜茶的偏好增加了2/5（即3/5 – 1/5）。这是因为喝甜茶的祖先比喝原味茶的祖先教导的人在人群中所占的比例更高。我们由此就得到了一个极其简单的模型，用来描述一个人群通过非基因的文化传承发生的演化改变。

这个例子在某种程度上描述了简单的文化演化，不过它忽略了一些重要内容，例如青少年的叛逆，即年轻一代中必定有部分人拒不接受老人的偏好，以彰显个性。即使老人竭尽全力，也无法完全保真地把自己的饮茶偏好传递给年轻一代。此外，不同偏好传递的保真度可能不同，因为有些偏好会引发更高的忠诚度。也许喜爱原味茶的人会坚定不移地说服年轻人接受他们的偏好，而喜爱甜茶的人的态度较为温和。又或者，在 17 世纪，学习往茶里加糖的年轻人保持该习惯的可能性更小，因为当时的糖价高得离谱。

为了把这些因素考虑进去，不妨假设对原味茶的偏好能完美保真地传递给下一代，但对甜茶的偏好只在 2/3 的时候能原样传递。这表示有 2/3 的时候，爱好甜茶的老人教导年轻人时，年轻人会获得对甜茶的偏好；其他时候（即 1/3 的时候）即使年轻人受教于偏爱甜茶的老人，他们仍会获得对原味茶的偏好。因此，所有原味茶爱好者的后代都偏好原味茶，而甜茶爱好者的后代中有 1/3 的人也偏好原味茶，如图 6.5 所示。

在这种情况下可以看到，年轻一代中有 2/5 的人偏好甜茶，3/5 的人偏好原味茶。就像图 6.4 那样，图 6.5 里甜茶偏好的比例也上升了，不过升幅要小一些（在图 6.5 里是 2/5 – 1/5 = 1/5，在图 6.4 里是 3/5 – 1/5 = 2/5）。图 6.5 的升幅较小是因为尽管每位喝甜茶的老人教导的年轻人比喝原味茶的老人教导的更多，但甜茶偏好在代际传递中的保真度比原味茶偏好要低。

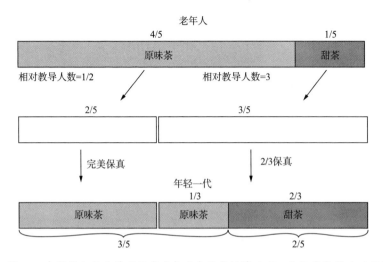

图6.5 在教导人数和学习保真度都存在差异的情况下，文化传承导致不同的饮茶偏好在人群中的变化图解。此图与图6.4相似，区别在于学习保真度存在差异。最后一行显示的是，如果每位喝甜茶的老人都以2/3的保真度传递其偏好，年轻一代的饮茶偏好组成会是什么样——2/5的年轻人偏好甜茶。

普莱斯方程

图6.5里的简单事例所包含的两种过程——类型的差分繁殖（以教导人数表示）和类型传递的差分保真——正是普莱斯在他那优美的自然选择与演化数学方程中结合起来的两种过程。普莱斯方程与我们的分析之间唯一的差异在于普适程度。普莱斯为自然选择和演化建立了一套极端通用的描述，可用于研究任何问题，包括上面的饮茶偏好文化演化，以及其他形式的非基因遗传或基因遗传。

框6.1给出了普莱斯的优美方程完全通用版的推导过程，供喜爱数学的读者参考。方程的核心参数是某个人们感兴趣的主观性状的值，以字母 z 表示。然后按以下公式计算从祖代到后代该性状平均值的变化。

$$z \text{ 的平均值变化} = \mathrm{cov}[z, w] + E[wd]$$

其中，w 代表个体繁殖成就，以下一代中后代的相对数量表示；d 代表后代与其亲本之间性状值的平均差异。

框6.1 普莱斯方程

普莱斯方程可用初等代数直接推导出来。假定一个群体可分成不同类型，以 i 代表；z_i 是 i 类型个体的某种感兴趣性状的值（例如对饮茶偏好）。用 q_i 表示先代群体中 i 类型个体的比例，则先代群体中 z 的平均值（以$\bar{z}$表示）为：

$$\bar{z} = \sum_i q_i z_i$$

同样，用q_i'表示后代群体中"遗传自" i 类型祖先的个体所占的比例，则后代群体中 z 的平均值为$\bar{z}' = \sum_i q_i' z_i'$，其中$z_i'$是 i 类型祖先个体产生的后代的性状平均值。两者结合，就得到从一代到下一代的 z 的平均值的变化：

$$\Delta \bar{z} = \sum_i q_i' z_i' - \sum_i q_i z_i$$

为简化方程，首先可以利用$q_i' = \frac{q_i w_i}{\bar{w}}$的事实，$\bar{w} = \sum_i q_i w_i$是亲代的平均繁殖产出。说得更清楚一些，假设群体中的个体总数为 N_{total}，则其中 i 类型个体的数量为 $N_i = q_i N_{\text{total}}$。每个 i 类型个体总共产出 W_i 个后代，则 i 类型祖先产生的子代群体所占的比例为：

$$q_i' = \frac{N_i W_i}{\sum_i N_i W_i} = \frac{\dfrac{N_i}{N_{\text{total}}} W_i}{\sum_i \dfrac{N_i}{N_{\text{total}}} W_i} = \frac{q_i W_i}{\sum_i q_i W_i} = \frac{q_i W_i}{W}$$

事实上，为了进一步简化符号，令$w_i = \dfrac{W_i}{\bar{W}}$，用文字表述就是 W_i 为 i 类型单一个体的繁殖产出，W_i 是该个体的繁殖产出与整个群体平均繁殖产出的比值。然后，鉴于 i 类型亲代产生的后代的 z 值可以表示为$z_i' = z_i + d_i$，将以上算式结合，得：

$$\Delta z = \sum_i q_i' z_i' - \sum_i q_i z_i$$

$$= \sum_i q_i w_i (z_i + d_i) - \sum_i q_i z_i$$

$$= \sum_i q_i w_i z_i - \sum_i q_i z_i + \sum_i q_i w_i d_i$$

前两项可记为协方差 $\mathrm{cov}\,(z,w)$，后一项是 wd 的平均值或预期平均值，可记为 $E[wd]$，于是有：

$$\Delta \bar{z} = \mathrm{cov}\,(z,w) + E[wd]$$

在解释普莱斯方程中那些看起来挺麻烦的参数之前，不妨先考虑一下它与我们关于饮茶偏好的例子有什么关系。归根到底，我们的例子重点关注的是甜茶偏好的比例从一代到下一代怎样变化，而不是这段时间里某种性状的平均值怎样变化。但稍微思考一下，我们就可以让两者直接相关。首先定义一个二元性状，其值 z 代表着个体对甜茶的偏好。假定偏好甜茶为 $z = 1$，偏好原味茶为 $z = 0$。如果 q_s 代表人群中甜茶偏好的比例，则人群的偏好性状的平均值为：

$$z_{\text{平均值}} = q_s \times 1 + (1 - q_s) \times 0 = q_s$$

也就是说，偏好性状的平均值正是甜茶偏好的比例！因此，甜茶偏好比例的文化演化这个例子完全适合普莱斯方程的框架，是该方程的一个特例。

明白了这一点，我们就可以解读普莱斯方程了。方程里的 $\mathrm{cov}\,(z,w)$ 这个量表示先代人群个体性状值 z 与相对繁殖产出 w 的协方差[240]。如果 z 值较大的个体也有着较高的繁殖产出（ w 值较大），则协方差为正。其他项都相等，则 $z_{\text{平均值}}$ 的变动为正（即 $z_{\text{平均值}}$ 增大）。

回到茶的例子上。偏好甜茶的个体（即 z 值较"高"，$z = 1$，而非 $z = 0$）容易有较高的繁殖产出，即教导更多的年轻人。因此，z 值较高与 w 值较高共同作用，使普莱斯方程中的协方差为正。其他项都相等，于

是 $z_{\text{平均值}}$ 在代际传递中会增大（即甜茶偏好的比例增大）。所以，普莱斯方程里的协方差项代表着不同类型之间的繁殖数量差异。

普莱斯方程里的 $E[wd]$ 代表从亲代到子代的 z 值预期变化或平均变化，这种变化是传递无法完全保真导致的，并用 w 对差值 d 进行加权。比方说，如果平均而言后代的 z 值小于亲代，则 d 为负。其他项都相等，于是 $z_{\text{平均值}}$ 的变动为负（$z_{\text{平均值}}$ 减小）。

再回到茶的例子上。原味茶偏好的传递完全保真，意味着亲代和子代的性状值都是 $z=0$。于是，偏好原味茶的亲代与其子代的性状值差异为 $d = 0 - 0 = 0$。另外，甜茶偏好能在 2/3 的时候成功传递，其他时候后代获得原味茶偏好。这意味着原味茶偏好者的子代性状平均值为 $z = \frac{2}{3} \times 1 + \frac{1}{3} \times 0 = \frac{2}{3}$。鉴于偏好甜茶的祖先的性状值为 $z = 1$，其先代与子代的性状值差异为 $d = \frac{2}{3} - 1 = -\frac{1}{3}$。因此，普莱斯方程的第二项代表不同类型之间的繁殖保真度的差异。

经过对普莱斯方程的这番详细解析，可以发现它无疑适用于几乎任何实体的演化，不管该实体是以非基因形式还是以基因形式进行传递。在遗传由基因和非基因因子共同决定时，也可用普莱斯方程建立演化模型。普莱斯的著名方程是如此普适，以至于我们和其他一些人[241]都相信，它完全可以用来建立一套规范化的、通过扩展遗传演化的理论。

在下一章中，我们将利用普莱斯方程来理解扩展遗传对演化的潜在影响。我们当然不是说所有的演化分析都应该把非基因遗传包括进来。虽然非基因遗传可能无所不在，但选择什么样的建模方式取决于想要研究的具体问题是什么，有些问题很可能用传统演化模型来处理就够了。话是这样说，但即使是这样的问题，通常也至少值得思考一下把非基因遗传包含进来是否能让人从新的视角看待该问题。

普莱斯的遗产

在本章末尾，我们来简单讨论普莱斯在扩展遗传以外的领域的影响，虽然这相对于本书主题来说有点扯远了，但还是值得一说。普莱斯方程在演化生物学的许多方面发挥重要作用，包括利他主义的演化、多层次选择、亲缘选择以及费希尔自然选择基本原理。这只是其中的一部分例子。他的方程突破了群体遗传的限制范围，对所有选择过程的共同点进行了更为抽象的描述。

尽管普莱斯取得了如此重大的成就，阐明了演化生物学及其他领域的许多问题，但他自己似乎从来没有满足于自己的成就。他的抑郁状况日趋严重。在早年极力鼓吹科学、直言不讳地批判超自然现象之后，他于 20 世纪 70 年代骤然转变态度，皈依基督教。在余下的岁月里，他沉溺于宗教典籍，不顾一切地帮助伦敦的流浪者。在命运的最后一次转折中，普莱斯自己也变得无家可归。他的人生在 1975 年 1 月 6 日悲惨落幕，由他自己亲手终结。

普莱斯在世的时候，人们并未广泛认识到其研究的价值，但现在公认他取得了该时期演化理论进展中最重要的成就。描绘他非凡人生的图书和文章越来越多 [242]，2006 年的影片《致命基因》的灵感来源于他的方程，参演者包括瑞典演员斯特兰·斯卡斯加德，还有当时籍籍无名的汤姆·哈迪。

第7章 为什么扩展遗传很重要

科学理论如果不能让人们预测未来发生的事件就毫无价值。在做出预测之前，理论只是纯粹的文字游戏，还比不上诗歌。

——J.B.S. 霍尔丹，《一位生物学家的冒险》，1937

在前面的章节里，我们从不同方面讨论了扩展遗传。首先，我们详细论述了从亲代到子代的基因和非基因遗传都普遍存在，因此必定存在一套二元的遗传体系。接下来我们回顾了错综复杂的历史，对以基因为中心的现行遗传观念追本溯源。我们认为，科学稳步发展、最终证伪所有其他遗传形式的现代叙事，是对这段历史的一种修正主义描述。最后，我们概括了相关的实验性证据，显示遗传通常远不只是基因遗传；还建立了一套框架，阐述扩展遗传模式下的演化方式。

以上逻辑、历史和实证等方面的内容结合在一起，无可争议地证明基因不应被视为唯一的代际信息载体。演化生物学的遗传概念必须扩展到把非基因遗传物质也包括进来。不过，仅仅这些还不足以表明扩展遗传能彻底改变人类对演化过程的理解。毕竟如今的演化思想中有很大一部分诞生于达尔文时代，当时遗传的本质还是个神秘的黑箱，人们认为"拉马克式"的获得性遗传现象真实存在。

如今演化生物学尚未全面认识扩展遗传，科学家还在深入探寻非基因遗传机制的多样性，记录相关发现的演化意义。不过初步研究已有不少，足以让我们管窥一下未来进展的大致轮廓。我们认为，目前已经可以确认，人类对演化过程的理解以及对不同条件下演化方式的预测将由于非基因遗传的存在而发生重大改变。本章（以及接下来的两章）旨在给这一观点添加细节描述。

首先，我们将讨论复杂性增加的一系列事例，在第 6 章建立的框架下观察扩展遗传对演化的贡献。不过，在此之前要简单介绍群体遗传学的一个概念，以便形象地理解演化框架。

表型的适应性山峰

20 世纪 30 年代，遗传学家休厄尔·赖特提出了一个生动的比喻——"适应性地形"，帮助人们形象地理解演化过程[243]。具体是这样的：沿一个维度绘制山峰的轮廓，以水平方向的轴表示群体可能产生的不同状态。例如，用第 6 章中关于饮茶偏好的例子来说，水平轴代表甜茶偏好在群体里可能出现的不同频率，山上任一点的高度代表群体中个体成员的平均繁殖成就（见图 7.1）。这里，甜茶偏好频率高的群体对应的地形高度大于甜茶偏好频率低的群体。原因在于，按第 6 章的假设，偏好甜茶的个体的繁殖成就比偏好原味茶的个体更高（即教导的年轻人更多）。

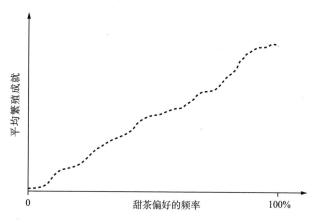

图7.1　第6章中饮茶偏好事例的适应性地形。

从第 6 章中关于普莱斯方程的介绍可知，方程的第一项（协方差）通常会促使性状频率朝适应性增加的方向变化。也就是说，如果拥有某个性状（例如偏好甜茶）会使个体的繁殖成就较高，则该性状的频率倾向于增大。反过来，如果不拥有某个性状（例如不偏好甜茶）会使个体的繁殖成就较高，则该性状的频率倾向于减小。从地形构造来说，这表示倾向于在适应性地形上爬得更高。因此，普莱斯方程第一项的意义可视为不屈不挠地朝山顶攀登。

与此同时，普莱斯方程的第二项（$E[wd]$）也会促使性状频率发生变化，这种变化源于复制过程的保真度不足。用登山者比喻来说，保真度不足表示在攀登过程中获得的高度增长中有一部分丢失了。通过普莱斯方程第一项获得的优势有时会丢失，妨碍登顶进程。登山途中所达到的最高点以及到达该点所需的时间，取决于以上两种过程之间的平衡（见图 7.2）。

为了说明这些理念对理解扩展遗传的影响有何用处，不妨首先考虑一个简单的例子，对两个独立群体的演化适应性进行比较。我们所探讨

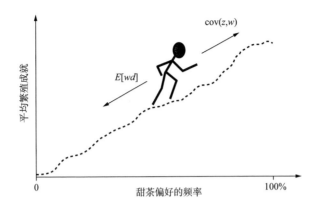

图7.2 第6章的饮茶偏好事例中普莱斯方程的各项与适应性地形的关系。

的性状在第一个群体中完全由非遗传方式传递，在第二个群体中则完全以基因方式传递。

在第一个群体中，该性状很容易在不同的表现型之间来回快速切换，因为表观等位基因和其他非基因遗传相对而言通常不太稳定。非基因遗传的突变率较高，意味着性状会出现很多变化。如果其他条件相同，变异程度较高通常会使普莱斯方程的第一项相对较大。于是，这个非基因遗传群体的演化起步很快，在适应性地形上急急忙忙地攀登着。但较高的突变率也意味着传递保真度相对较低，导致普莱斯方程的第二项往往是负值，并且绝对值较大。这样一来，非基因遗传群体很快就会立足不稳，最终陷入统计上的停顿状态，止步于前往山顶的途中［见图 7.3（a）］。

基因遗传群体的情况是什么样的呢？等位基因一般非常稳定，低突变率意味着基因遗传群体的性状变异程度比非基因遗传群体要低。因此，普莱斯方程的第一项相对较小，该群体的演化速度较慢。低突变率会在一个较长的时间尺度上抵消性状变化带来的不稳定性，因此基因遗传介导的性状演化更加稳定，其在适应性山峰上"攀爬"的距离也比非基因遗传介导的演化更远［见图 7.3（b）］。

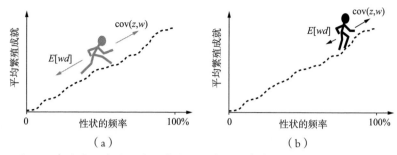

图7.3　在非基因遗传和基因遗传两种情形下普莱斯方程两项的相对大小。（a）通过非基因遗传的演化。（b）通过基因遗传的演化。

有几种理论研究探讨了演化的这种龟兔赛跑现象[244]。非基因遗传的兔子抢占先机，朝着山顶飞奔，但步伐最终陷于停滞。基因遗传的乌龟慢吞吞地稳步前进，攀登到更高的位置。这些研究还发现，如果在同一个群体里两种遗传方式都能发生，有时群体会先通过非基因遗传快速适应新环境，但支撑性状的表观遗传机制最终会被更为稳定的基因突变取代。只有选择条件不断变动，表观遗传途径才能长久地影响演化过程。

以上例子简单说明了扩展遗传对于演化的一部分作用，但这只是冰山一角。例如，其中假定非基因遗传途径和基因遗传途径彼此独立，两者产生的效应可以分开考虑，但现实中大多数情况并非如此，因此往往不能把两者对演化的影响区别开来。这就必须采用两个版本的普莱斯方程，其中一个描述孟德尔遗传机制在群体中带来的演化改变，另一个描述表观遗传机制带来的演化改变[245]。两个方程的第一项密切相关，因为繁殖成就通常取决于个体的基因组成与基因所处的环境之间复杂的相互作用。两个方程的第二项同样密切相关，因为有些表观遗传机制通常源自基因序列，而且基因表达模式（乃至基因突变率）都可能受到可遗传的表观遗传因素的影响[246]。重新讨论一下第1章里的文特尔实验，就能对这类相互作用的意义有所理解。

文特尔的细胞

文特尔小组用合成基因组与天然受体细胞质拼合出的奇异混合细胞提供了一个简化例证，用于探讨在两种途径并非彼此独立的情况下扩展遗传怎样影响演化。第2章的注释提到，文特尔小组所做的实验其实分为两部分，都使用了亲缘关系密切的两种支原体。支原体是人类传染性肺炎的病原体之一。第一种是丝状支原体，作为基因组"供体"；第二种是人称"加州少年"的山羊支原体，作为基因组"受体"[247]。两种支原体都能感染绵羊、山羊等反刍动物。

在第一部分实验中，研究者从供体细胞中提取基因组，然后将其移植给"加州少年"。结果相当引人注目：实验培育出来的是活细胞，它经过几代复制后失去了"加州少年"的表现型特征，变得越来越像"供体"。在第二部分实验中，文特尔团队打算把这项分子生物学壮举再向前推进一步。他们没有移植天然的供体基因组，而是用DNA的基本化学构件从头开始组装出一个人工合成的基因组，把它移植给"加州少年"。虽然合成基因组的序列与第一部分实验所用的天然基因组相同，但最初的移植失败了。

这次失败有着深远的意义，它显示仅有DNA序列信息是不足以将遗传信息传递下去的，就算是在完整的活细胞里也无法实现。在使用天然基因组的第一部分实验中，移植给"加州少年"的想必不只是DNA，还有一些别的东西。文特尔团队并未为失败而烦恼，而是奋力深入研究，最终发现了缺失的因素——DNA甲基化。"供体"和"加州少年"的天然基因组都正常甲基化，这似乎对供体基因组移植后的正常功能来说必不可少。团队将人工合成的基因组按正确的方式甲基化，以此基因组为供体进行移植实验的结果就与天然基因组的情况相似。

不过，DNA 序列信息加上相关的甲基化模式，是不是就包含了细菌细胞运作所需的全部信息？答案还不确定，但有理由怀疑并非如此。首先，文特尔的实验还发现了一个有趣的现象：反向移植（把"加州少年"的基因组移植给丝状支原体细胞）比较困难 [248]。细胞质与基因组之间似乎存在某种相互作用，产生的结果并不是两部分简单的加合。其次，实验中进行的移植只有很少一部分取得了成功。当然，某种程度上只要有一次成功就很了不起，但仍存在这样的一种可能性：在成功的移植实验中"加州少年"的细胞质构成碰巧本来就与"供体"物种较为接近。

还有一个有趣的地方值得一提：对混合细胞的表现型进行量化，可以发现它只在开始生长 3~10 天之后才与基因组"供体"物种相似。该物种的细胞每 80~100 分钟分裂一次，这意味着要经过 50 代以上的细胞分裂和演化，才能产生可供分析的表现型模式。我们可以用通过扩展遗传的演化这个理论框架来详细推测一下这个细胞演化阶段。

在 50 代的细胞分裂中，母细胞的基因组和非基因物质都会传递给子代，其中非基因物质包含各种表观遗传信息和细胞组件，如蛋白质、RNA 和其他生物分子。但在每个细胞生存期间，它的非基因物质也可能由编码在基因组中、新近合成出来的组件进行补充。因此，为了追踪 50 个世代里的细胞群体演化，除了追踪基因组和非基因物质的演化变化，还需要观察它们怎样相互作用。

我们可以把适应性地形的比喻扩展一下，把以上的额外复杂性考虑进去。基因和非基因两种形式的遗传可以视作地形中两位不同的"登山者"。每人都凭自身力量向山顶前进，速度可能不同；每人都面临着脚下不稳的风险，程度也可能不同。但是，如果两套遗传体系相互依赖，两位"登山者"就是通过绳子拴在一起的，导致他们的演化命运相互交织。其实我们不妨设想（虽然这样会让比喻变得有点滑稽）两位"登山者"通过弹簧相连，弹簧跟现实中登山者用的安全绳有点像，但弹性更大。软弹簧代表双方的动作自由度都比较大，硬弹簧则代表两种遗传的演化改变密切相关。

对于文特尔的研究，且容我们假设细胞的表现型属性完全由非基因物质决定。文特尔小组观察的表现型性状是蛋白质表达模式，它可能符合我们的假设。实验开始时，所有细胞都有着"加州少年"的基因组和非基因物质，因此全都具有"加州少年"表现型（见图7.4）。

图7.4 文特尔细胞在实验开始时的适应性地形。此时所有基因和非基因遗传组件都有着"加州少年"特征，因此每种组件在群体中的频率都接近100%。图中的浅灰色代表非基因遗传物质，黑色代表基因组。

然后把这些细胞与含有"供体"基因组的溶液混合，溶液中还有促使"加州少年"细胞吸收供体 DNA 的化学物质。这样得到的是一批"加州少年"细胞大杂烩，其中有的细胞未能吸收供体 DNA，从而保有原来的"加州少年"基因组；另一些细胞含有两套基因组的混合物，还有一些细胞的原有基因组完全由"供体"取代。总体上，由于移植操作，溶液里细胞群体中"加州少年"基因组的频率降低了，但所有细胞都保留着"加州少年"的非基因物质（所以有着"加州少年"表现型），如图7.5所示。

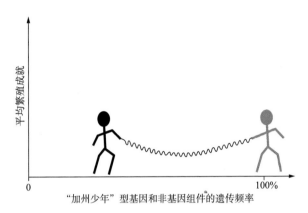

图7.5 文特尔细胞在移植刚完成时的"适应性地形"。基因组移植后，"加州少年"型基因组件的频率降低，因为许多细胞的"加州少年"型基因组被供体基因组取代。但"加州少年"型非基因遗传组件的频率保持在接近100%的水平。图中的浅灰色代表非基因遗传物质，黑色代表基因组。

　　文特尔团队只关注含有"供体"基因组的细胞。为了使拥有"供体"基因组的"加州少年"细胞与其他细胞分离，他们采用了一个特别巧妙的方法：制备"供体"基因组时，谨慎地在其中插入一个抗生素耐药基因。随后在培养基中加入抗生素，对移植实验所得的不同"加州少年"细胞的混合物进行培养，确保只有携带"供体"基因组的细胞能够存活。在测量细胞表现型之前，用含抗生素的培养基进行的选择持续了50代以上。

　　以抗生素介导、青睐"供体"基因组的强力选择很快清除了所有只含"加州少年"基因组的细胞，只留下含有"供体"基因组的细胞（并且是只含"供体"基因组的细胞，后来的基因组测序证实了这一点）。在适应性地形上，含抗生素的培养基在"加州少年"基因组缺失的位置上产生了一个峰，我们的"基因登山者"坚定有力地朝着山顶前进（见图 7.6）。从普莱斯方程的角度看，基因演化的协方差为负，因为用含抗生素的培养基饲养时，不含"加州少年"型基因组的细胞繁殖成就最高；基因演化的期望值接近零，因为基因传递的保真度极高。

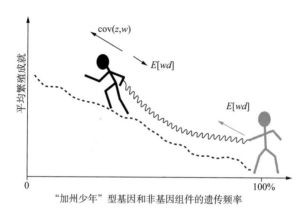

图7.6 引入含抗生素的营养物质之后文特尔细胞的适应性地形，以及普莱斯方程各项的相对大小。抗生素导致不含"加州少年"型基因组的细胞有着最高的繁殖成就，在图中表现为"加州少年"型基因组频率为0处的峰值。图中的浅灰色代表非基因遗传物质，黑色代表基因组。

在基因攀升的途中，细胞的非基因物质也发生了变化。假定这些物质对细胞的繁殖成就不存在任何独立影响，于是普莱斯方程中非基因演化的协方差为零——"非基因登山者"毫无攀登意愿。但"加州少年"型非基因物质的传递并非完美保真，其中的一些生物组件可能自我再生（见第 2 章），从而将"加州少年"的身份维持多代。其他一些组件可能随着每次细胞分裂时发生的细胞质组件稀释而更快地消失，每个细胞的非基因成分都可能由基因组编码、新合成出来的成分补充。于是，方程中非基因演化的期望值不仅为负（"加州少年"型非基因遗传物质逐渐变为供体类型的非基因遗传物质），而且与基因组的演化息息相关。两套遗传系统的相互作用把我们的"非基因登山者"拖向山顶。该过程发生得有多快，用含抗生素的培养基喂养时要繁殖多少代才能让细胞群体完全失去"加州少年"特征，取决于传递的保真度（即图 7.6 中弹簧的弹力）。积极进行自我复制的非基因组件需要更多世代才会失去"加州少年"属性，作为细胞质成分被动传递的组件则变化得较快。

像这样以扩展遗传的观念看待文特尔实验与以唯基因演化的观念看待该实验，两者有何异同？对于基因遗传的具体内容可能有多种解释，不过即便如此，大致还是可以说，大多数唯基因演化观念的支持者会承认细菌细胞中存在二元继承体系，但坚称基因组件主导着细胞的大多数属性。在细胞的一生中，DNA 转录过程导致细胞的非基因物质与基因组以短而硬的弹簧相连。这对某些非基因组件来说也许是正确的，但自我再生（例如第 2 章所说的参与自我维持的基因表达环路的蛋白质，或能自我再生的细胞骨架、细胞膜的形态特征）可以走上一条更加独立的演化道路。自我更新越强烈，预期的演化结果与唯基因观的预测差异越大。

推测其他条件下的实验结果会有何不同，也颇能带来启发。例如，如果培养基中不添加抗生素，方程中基因演化的协方差将为零，适应性地形会相对平坦。我们的"登山者"将身处类似大草原的环境（如图 7.7 所示），最终演化出包含多种类型细胞的群体。

又或者，如果我们选择"加州少年"表现型，但培养基中不添加抗生素，于是含有"加州少年"型非基因遗传物质的细胞繁殖成就较高，导致方程中非基因演化的协方差不为零而为正——有一座山峰让"非基因登山者"攀登。这段征程将如图 7.8 所示，非基因遗传物质朝"加州少年"的方向演化，基因组紧随其后。这是因为基因组编码的非基因遗传物质不断补充，基因组与"加州少年"更相似的细胞有着更高的繁殖成就。

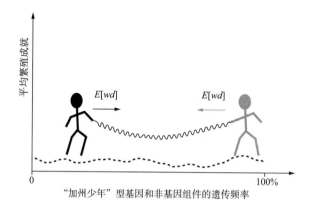

图7.7 不引入含抗生素的培养基时文特尔细胞的适应性地形，以及普莱斯方程各项的相对大小。基因遗传物质和非基因遗传物质都没有可供攀登的适应性山峰。图中的浅灰色代表非基因遗传物质，黑色代表基因组。

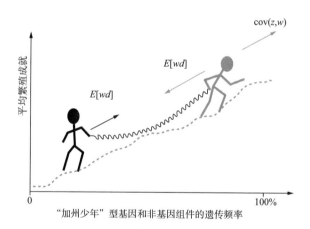

图7.8 对"加州少年"表现型进行选择时文特尔细胞的适应性地形。该条件在非基因适应性地形中表示为"加州少年"组件频率为100％处的峰值。图中还标识了普莱斯方程各项的相对大小。图中的浅灰色代表非基因遗传物质，黑色代表基因组。

在这种情况下，不妨再问一遍，以扩展遗传的观念看待与以唯基因演化的观念看待有何异同？一方面，唯基因观念的支持者可能正确地认为这种演化图景完全吻合传统的群体遗传框架——群体最终演化到仅由一类细胞组成，它们的非基因物质和基因组都属于"加州少年"型。此外，基因组编码具有适应性的"加州少年"型非基因遗传物质，所以这是基因决定的性状进行适应性演化的一个清楚例证。

但另一方面，上述说法不公平地侵吞了源于扩展遗传观念的一种微妙而重要的看法——演化实际上是通过非基因遗传物质的选择和传递来进行的。虽然唯基因观念允许选择作用于非基因遗传物质（即表现型）而不是基因组，但该观念习惯上总是假定非基因遗传物质在每一世代中通过基因组转录重新制造，于是非基因遗传物质的任何演化改变都必定伴随着基因组的演化改变。但扩展遗传的观念让我们看到，不一定非要如此。两套遗传体系相互独立的程度越高，在没有基因改变的情况下发生演化的自由度就越大[249]。当然，这种源自扩展遗传的新观念很容易被纳入现代综合论框架，但要是说现代综合论已经包含了该观念，未免有点不老实。很显然，扩展遗传有潜力带来关于演化过程的新颖见解，做出与传统群体遗传分析大相径庭的预测。同一种数学形式可用于描述基因和非基因两类演化，意味着扩展遗传并没有多么严重地背离达尔文进化论的基本原理。

在最后一个思想实验中，设想我们不但像文特尔小组那样用了含抗生素的培养基，而且针对"加州少年"表现型进行选择。这样我们的两位"登山者"就分别有自己的山峰要攀登。步伐缓慢而坚定的"基因登山者"朝供体基因型稳步前进，迅捷的"非基因登山者"与之背道而驰（见图 7.9），最终结果将取决于不同因子的相对强度。在本事例中可以看到，根据扩展遗传的演化观念做出的预测与根据基因中心观念做出的预测之间的差异更大了。

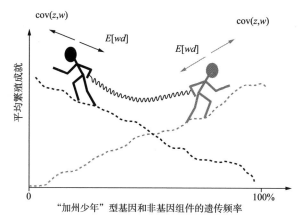

图7.9 对"加州少年"表现型和供体基因型进行选择时文特尔细胞的适应性地形，以及普莱斯方程各项的相对大小。图中的浅灰色代表非基因遗传物质，黑色代表基因组。

喝牛奶了吗[1]

从细菌演化中得来的这些见解也可应用于一种截然不同的生物学背景——基因与文化的共同演化，展示扩展遗传观念提供的统一视角。在许多文化中，牛奶和奶酪、奶油等乳制品属于日常食品，有些社会中的人很难想象生活中没有这些。但其他哺乳动物并非如此。虽然产乳和食用乳汁是哺乳动物的根本特征，但大多数哺乳动物都不会在成年后继续喝奶。

牛奶和其他乳制品富含乳糖，消化这类食物需要乳糖酶。哺乳动物幼崽体内会产生丰富的乳糖酶，但断奶后产量急剧下降。因此，哺乳动物发育成熟后摄入乳制品往往会导致恶心、胀气和腹泻，这种现象在人类身上称为乳糖不耐受。有些人群里广泛存在一个使身体在成年后也持

---

[1] 译注：1993年美国加利福尼亚州的一家乳制品推广机构发起鼓励牛奶消费的广告运动，以"Got Milk？"（喝牛奶了吗？）为标志和核心广告语。

续产生乳糖酶的等位基因，北欧的许多国家就是如此。该基因称为乳糖耐变基因，携带一个该基因副本的个体能终生摄入并消化乳制品。

人们一度认为，乳糖酶持续表达是"正常状态"，乳糖不耐受代表该基因有缺陷。但现在我们知道事实是反过来的。乳糖不耐受是人类群体的祖先状态，直到今天，大多数人还是不能耐受乳糖（见图 7.10）。先前之所以错误地认为乳糖不耐受是基因缺陷所致，原因在于关于乳制品消费的早期研究主要在北欧国家进行，而北欧人群大多携带乳糖耐受等位基因。回头看去，这种欧洲中心主义立场是诸如地区之类的社会学因素对科研产生重大影响的一个清楚例证。

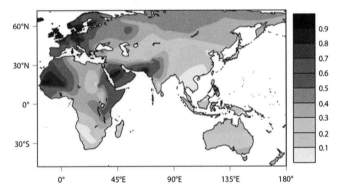

图 7.10　乳糖耐受基因频率分布图，不包括北美洲和南美洲。（根据 Itan et al., "A Worldwide Correlation of Lactase Persistence Phenotype and Genotypes," 2010. 重新绘制）

人们谈及乳糖耐受基因的口吻往往像是这种基因只有一个，其实世界上不同地区出现了多个导致乳糖耐受的不同等位基因。其中一个编号为 13910T，是北欧人群乳糖酶持续性表达的主要原因（见图 7.11a），非洲和中东的乳糖酶持续性表达则由另外三个等位基因 13907G、13915G 和 14010C 共同负责[250]。然而要注意的是，部分地区在图 7.10 中的乳糖耐受表现型频率与在图7.11中4个等位基因的总频率仍有差异，意味着要么还有其他的乳糖耐受基因有待发现，要么非基因遗传也在其中发挥了作用。

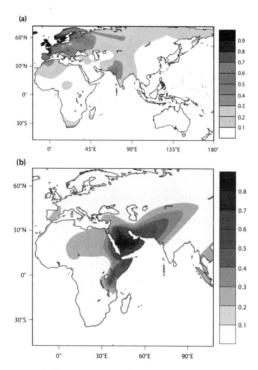

图7.11　在乳糖耐受表现型由不同等位基因决定的情况下乳糖耐受表现型的分布情况预测。（a）基于13910T等位基因的乳糖耐受表现型频率预测，（b）基于除13910T之外所有其他已知乳糖耐受等位基因的乳糖耐受表现型频率预测。（根据Itan et al., "A Worldwide Correlation of Lactase Persistence Phenotype and Genotypes," 2010.重新绘制）

世界上存在多种乳糖耐受基因，它们分别起源和传播于不同地区。这一事实意味着乳糖耐受的性状在某些地区具有选择优势。但乳糖耐受是在什么时候以及怎样传播开来的？为了解答这个问题，研究者从克罗地亚出土的一位生活在3.8万年前的女性尼安德特人的股骨中提取DNA，并从西班牙、德国和俄罗斯等地出土的类似骨骼中提取DNA。结果发现这些DNA样本全都不含乳糖耐受基因[251]。还有人研究了德国和立陶宛出土的4000~6000年前的新石器时代和中石器时代的智人遗骸，同样没能在DNA分析中发现任何乳糖耐受基因存在的迹象[252]。这些研究结果以强有力的证据显示，乳糖耐受的出现和传播是比较晚近的事，并且与相关地区乳品畜牧业的出现与传播同步，至少大体相近。

当然，乳糖耐受的传播与成年后持续摄入乳制品的习惯的传播在时间上同步，也许没有什么值得惊讶的地方，因为如果没有乳制品消费，乳糖耐受基因就不大可能带来什么优势。同时，消费乳制品的文化实践只有在践行者拥有乳糖耐受基因的前提下才能成为稳定、可再生的营养来源。鉴于此，这个基因与文化共同演化的例证就存在是鸡生蛋还是蛋生鸡的问题。没有编码可以消化乳糖的乳糖酶基因，消费乳制品的文化实践就无法传播开来；但没有消费乳制品的文化实践，使人能消化乳糖的乳糖耐受基因也无法传播开来。僵局到底是被怎么打破的？

虽然无法确定发生了什么，但我们可以用第6章的理论框架来试着讨论一下这个问题。本事例中也有两套遗传体系：一套是基因体系，负责乳糖耐受基因的传递；另一套是非基因的文化体系，负责成年后持续消费乳制品的行为的传播。与先前有关文特尔细胞的事例不同，这两套遗传体系会通过普莱斯方程的第一项发生相互作用。原因在于，对于携带乳糖耐受基因的个体，其繁殖成就取决于该个体是否消费乳制品。同样，乳制品消费者的繁殖成就取决于该个体是否携带乳糖耐受基因。

我们同样可以把适应性地形的比喻扩展应用于上述复杂情形。"基因登山者"和"文化登山者"分别有自己的待攀登地形，而且地形会发生变化。其中一位"登山者"的行动会改变另一位"登山者"所处的地形。比方说，如果"基因登山者"靠近乳糖耐受基因不存在的位置，"文化登山者"的适应性山峰就会位于乳制品消费不存在的位置。同样，如果"文化登山者"靠近乳制品消费不存在的位置，"基因登山者"的适应性山峰就会位于乳糖耐受基因不存在的位置（见图7.12）。

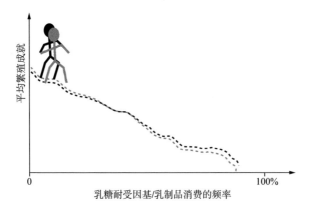

图7.12 乳糖耐受基因和乳制品消费文化实践都不存在时的适应性地形。乳糖耐受基因和乳制品消费文化实践的适应性地形的峰值都位于0的位置。图中的浅灰色代表文化实践，黑色代表基因型。

接下来我们设想能把其中一位登山者移动到另一个极端，例如把"文化登山者"挪到适应性地形的最低点并维持在该位置［见图7.13（a）］。"基因登山者"的处境会逆转，因为"文化登山者"的位置变化影响了自然选择对"基因登山者"的作用。这样一来，"基因登山者"也会处在其适应性地形的最低点［见图7.13（b）］。被我们扔下不管的"基因登山者"开始穿越适应性地形，朝新的山顶进发。在此过程中，"文化登山者"脚下的地面会逐渐抬升［见图7.13（c）］，直到两位"登山者"在地形上位于新的顶点［见图7.13（d）］。

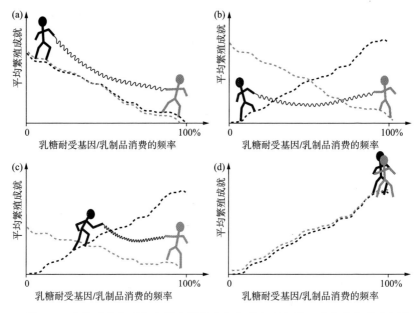

图7.13 乳糖耐受基因和乳制品消费文化实践从两者皆不存在演化到两者皆存在的过程中适应性地形的变化过程。（a）把"文化登山者"从图7.12中的位置移动到适应性地形的底部。这会改变"基因登山者"所处的地形，导致它也位于底部，如图（b）所示。图（c）表示"基因登山者"逐渐攀升。在此过程中，"文化登山者"所处的地形抬升，直到群体达到乳糖耐受基因和乳制品消费并存的状态，如图（d）所示。图中的浅灰色代表文化实践，黑色代表基因型。

由此可见，要让乳制品消费和乳糖耐受两者都传播开来，需要让祖先人群发生变化，使其基因构成或者文化实践总体上变成另一种状态并维持下去，直到另一个遗传组件演化出来。更麻烦的是，这种变化会降低人群中个体的适应力。很难想象人群基因组成会率先发生变化，因为这要求绝大多数个体的基因同时从乳糖不耐受突变为乳糖耐受。与此相反，文化实践之类的非基因遗传可以在环境条件诱导下发生变化，也许这就是问题的答案。

为了理解该过程，容我们假设有一个古代狩猎采集者群体既没有乳糖耐受基因，也不消费乳制品。事实上，这类社会中的人要从野生动物那里获取乳汁本来就极端困难。不过大概1万年前，有些人群的生活模式开始转为定居，同时开始驯化动植物以获取粮食和肉类。这导致生活环境大幅改变，人们开始持续密切接触驯化动物。不难想象，这种改变会促使人们试着把新伙伴的乳汁当作稳定、可再生的食物来源，尽管这些人还不能耐受乳糖。抽象一点说，非消费者状态向消费者状态转变的"突变率"会因环境变化而上升。这种环境诱导效应由于人们无法消化乳制品而不利于适应，但仍可能催生乳品业和终身消费乳品的文化实践并传递给后代。这就有可能成为必需的扰动因素，使大部分成员不消费乳品、乳糖不耐受的人群变成大部分成员消费乳品、乳糖耐受的人群。环境诱导使人群得以从一个适应峰转向另一个适应峰。假如遗传仅由基因介导，这种现象是极不可能发生的。

该假说是否正确还有待检验，但它清楚地显示连可塑性强、保真度低的遗传体系也能帮助调整演化方向，使复杂的适应性表现型维持多个世代。虽然这个事例牵涉文化传承，原则上其他非基因遗传机制也完全可以同样作（第9章会有讨论）。其实不难想象，为了适应乳品消费，个体还需要对生理和形态方面的其他一些特征进行优化，其中一些改变也可以传递下去。如第1章所说，尼安德特人与现代人之间的部分差异似乎是DNA甲基化的差异所致，有些甲基化模式可能是由环境诱导产生的。我们已经知道，甲基化特征有时能独立于等位基因进行代际传递，因此这些表观等位基因有可能影响长期演化。

本章总结了（在我们看来）为什么扩展遗传能对理解演化做出重大贡献，但并非所有人都对此表示信服。下一章将回应一些针对扩展遗传的主要批评言论，并就相关争议提出我们自己的见解。

第8章　苹果和橘子

所有这些都表明，对于一个崭新的研究方案，绝不能仅仅因为它尚未能击败强大的对手就舍弃它。

——伊姆雷·拉卡托斯，《科学研究纲领方法论》，1978

扩展遗传是一个有争议的理念。有些生物学家认为它是个潘多拉之盒，装满混乱糊涂的错误观念，其支持者要么不懂现代综合论发展成型期间取得的科学进展，要么对这些进展缺乏足够的尊重。还有人认为扩展遗传并未明显偏离几十年来演化研究的理念和实践，因此并未给现状带来严峻挑战。在本章中，我们将审视反对扩展遗传的一些关键论点，仔细权衡争论双方所用的逻辑和证据，并阐明我们的立场。

我们将重点考察 4 种批评意见。第一种意见是扩展遗传把完全不同的事物混淆在一起了，事实上遗传围绕基因进行，非基因遗传是基因的下游产物，不能成为独立的遗传因素 [253]。根据这种看法，把非基因遗传纳入遗传范畴属于严重的分类错误，好比把苹果和橘子混为一谈。第二种意见是非基因遗传可能真实存在，但与演化研究没有直接关联。原因在于，即使非基因遗传能独立于基因遗传，它们也会因为太不稳定、变化范围太小而无力影响演化。第三种意见通常断言即使非基因遗传有时能影响演化，相关事例对演化生物学的影响也微不足道，不会带来重大的观念挑战。根据这种看法，某些时候把非基因遗传考虑进来或许会有用，但此类事例并不会从根本上改变人类对演化运作机制的理解，也不会影响演化研究的正确方式。第四种意见为数不少，针对的是非基因遗传能产生适应性（"定向的"）变异因而可视作适应性演化的独立驱动因素的观点。对于这些问题，我们在许多方面的立场与扩展遗传观念的其他支持者一致，但也会重点谈到观点相左的地方。本章末尾部分将简单介绍要令人信服地证明非基因遗传对演化的影响，需要克服什么样的主要困难，并思考怎样才能克服这些困难。

非基因性状是否能遗传

有些批评者经常提出的一种反对意见是，基因组塑造表观基因组和表现型，因此只有基因能被当成可遗传变异的独立单元。如果非基因变异是基因变异的次级、下游产物，那么实质上对演化来说至关重要的只有基因。这种观点反映了传统的基因型 / 表现型二元划分，还体现了一种相对较新的观念：基因是"复制子"，身体只是基因建造的"载具"。根据这种看法，亲代对子代的非基因影响也被正确地当作表现型的组成部分——通过基因选择演化出来并由基因控制的发育开关。这些开关可能使可塑性跨越世代延伸，但就像经典的世代内可塑性一样，它们也可视为以基因为基础的适应，在经典的现代综合论框架（作用于基因变异的自然选择）内就能完全理解其演化过程。

我们认为这种观点忽视了全局中一些重要的部分。基因组的确塑造着发育过程的许多方面，一些性状非常有可能纯粹通过基因进行传递。但正如第4章和第5章所说，显然也有许多非基因遗传独立于DNA序列变异，能作为独立的遗传单元发挥作用。就像等位基因一样，这些非基因因子也能在代际传递，能响应自然选择。这类因子可能成为表现型变异的重要组成部分，并提高子代与亲代的相似程度。对于一种特定形式的非基因变异——文化，以上结论都是显而易见的。历史悠久的人类群体或者多元文化社会里的不同个体相互之间的文化差异（例如语言、饮食和服装方面的差异）会从亲代传递到子代，而这些差异并非来自DNA序列变异。非人类群体中的类文化行为传统也是如此，例如鸟类歌唱的曲调和黑猩猩的工具包。我们之所以确信这一点，是因为此类传统能在无亲缘关系的个体之间"水平"传递，能在个体的一生中发生改变，并能在代际发生改变，其速度远远高于基因改变的合理速度。类似地，如前所述，有大量证据显示表观遗传、结构或细胞质的一些变异能通过随机过程产生，或通过暴露于特定环境而诱导产生，甚至通过实验手段产生。这些变异能传递给子代，有时还能继续传递下去。

上述效应中有一部分由基因开关控制，这类开关是通过对环境做出适应性响应而演化出来的。例如，第5章讨论过，水蚤亲代暴露于捕食者的经历会诱导后代产生防御性的刺突，该现象是一种由基因控制的可塑性响应，调控一个在两种表现型之间切换的发育开关。虽然这类亲本效应能影响演化过程，但可以认为它们完全由基因决定，为传统的演化生物学所涵盖。但在以非基因方式遗传的变异中，有很大一部分无法整合进该框架。如前文所述，非基因遗传允许多种多样的变异发生传递，包括自发产生、年龄相关或环境诱导产生的变异，它们源自表观基因组、细胞质、身体或行为等方面的变化。就像基因突变一样，非基因变异是作为生理及繁殖过程的非适应性副产物传递给子代的，例如单细胞真核生物的皮层异常、导致柳穿鱼花型异常整齐的表观等位基因、压力诱导产生的小鼠行为综合征等。这些因子参与促成可遗传的变异，组成调控基因表达的"解释机器"的一部分，但无论怎么说，它们都不是"由基因决定的"。

非基因遗传是否会影响适应性演化

就算非基因变异能独立于基因产生并传递下去，也并不意味着非基因遗传能影响演化。一方面，批评家曾提出非基因因子过于不稳定。如果每一代都会自发产生或在环境诱导下产生这样的遗传，它们就可能只是发育扰动，没有任何作用。即使能够传递几代，极高的突变率也会持续侵蚀自然选择带来的表现型变化。我们在第 7 章中讨论了这一点："非基因登山者"攀登适应性山峰所取得的进展被脚下不稳定的大地所消解。正式分析证实，在合理的表观突变率下，这会导致严重问题 [254]。由此可知，尽管对非基因遗传持续进行强烈选择在原则上有可能将表现型朝适应性山峰推进，但很难想象这样的非基因演化能创造出类似于脊椎动物眼睛的复杂构造，因为只要选择作用暂时变弱或逆转，此前世代积累的一切就会前功尽弃。换句话说，我们的"非基因登山者"有可能通过奋力奔跑而提升一点高度，但若稍事歇息，就会翻滚着跌下山坡。基因变异与此相反，基因的稳定性意味着即使选择作用放松，基因组机器也能保持多个世代而基本上不损坏。例如，蛇的祖先几乎完全没有视力，但眼睛发育所需的基因工具包绝大部分都在基因组中保存完好，使后代能迅速重新演化出敏锐的视力 [255]。高度可变异的非基因遗传无法起到这样的作用。

但是，这种批评忽视了非基因遗传影响演化的其他方式。第7章说过，半稳定的非基因遗传可能在快速演化中起着重要作用。如果随机产生或环境诱导产生突变的可能性很高，则往往会产生大量可遗传的非基因变异。鉴于性状响应自然选择的能力取决于可遗传变异的可获得性，由理论推导可知，适应性演化的初期阶段可能有很多是以非基因方式发生的[256]。这样一来，脚步飞快的"非基因登山者"会率先攀登适应性山峰，把"基因伙伴"远远甩在后面。但局面总会改变，就像乌龟最终会击败兔子抢先冲线，步伐缓慢而稳扎稳打的"基因登山者"最终会登上更高的适应性山峰。也就是说，如果自然选择持续作用于多代，非基因遗传后来可能会被更稳定的基因遗传取代。

龟兔赛跑的比喻暗示，非基因遗传只能作为应急响应机制暂时发挥演化作用。其实非基因遗传也能长期发挥作用，原因很简单：许多适应性山峰维持不了多久。在有些情况下，比如宿主与寄生虫共同演化时，自然选择的方向一直在改变，迫使群体去追逐一个不断变换位置的目标。在这种情况下，脚步飞快的"非基因登山者"一直跟着神出鬼没的适应性山峰东奔西跑，步伐沉重缓慢的"基因伙伴"永远没机会追上来。虽然我们还不清楚非基因遗传在这类共同演化的情境中实际上发挥着什么作用，但从下一章的内容可以看到，它有可能扮演着关键角色。

此外，还有一种重要的演化影响，连最不稳定的非基因遗传也能参与其中。它们与基因相互作用，形成强大的反馈回路，影响着基因演化的进程。例如，文化因素可与基因因素相互作用，导致基因与文化的共同演化。比如，某些人群驯化了牛并开始将未加工的牛奶用于成年人的饮食，而且演化出断奶后仍能消化牛奶的能力，这几乎肯定是由上述反馈过程驱动的。在下一章中可以看到，类似的反馈也能在非人类、非文化的情境中发生。就连在非基因遗传完全取决于基因（就像第 7 章讨论文特尔细胞时所做的某些假设）或充当可由亲代环境可预测地触发的发育开关的情况下，这些非基因遗传的存在本身仍能影响演化的动力和轨迹。因此，基因遗传与非基因遗传体系的相互作用有可能产生一些仅靠基因遗传很难实现甚至不可能实现的演化结果 [257]。理解和预测这些结果需要把扩展遗传纳入进化论。

对于非基因遗传影响演化的潜力，另一种稍有不同的批评意见是，只有基因能像戴维·海格所说的那样进行"累积性的、无止境的改变"。戴维·海格、道格·富图伊玛等人提出，非基因因子的变异范围似乎很有限，通常只是在两种可能的状态之间切换 [258]。例如，人们通常认为表观等位基因的作用是开启或关闭某个基因的表达，不会改变该基因制造的产物，好比水蚤亲代环境中是否存在捕食者信号决定了子代是否产生刺突，但暴露于新型捕食者的信号并不会诱导与刺突有本质区别的全新响应。因此，尽管群体保有多种表现型（例如有些个体拥有刺突，而另一些个体没有）时非基因性状的可变异程度会很高，但可能的表现型的种类仍非常有限。与此相反，DNA 序列可能发生的变异近乎无穷无尽，因为尽管每个碱基只能在 4 种可能的状态（A、T、G 和 C）之间切换，但基因组里漫长的碱基序列可能的组合方式的数量极为庞大，对应近乎无穷多种表现型。所以，基因演化允许逐渐构建出复杂的适应性，使原始脊索动物的光敏眼点能经过多得不可胜数的演化步骤发展成脊椎动物那宛如照相机的复杂眼睛。批评者认为，对现有基因受表观遗传控制的开关状态进行选择，无法产生这样复杂、新颖的适应。也就是说，DNA序列之所以能通过遗传实现演化，是因为它们庞大的组合复杂性允许"无限遗传"，而许多非基因遗传机制只允许"有限遗传" [259]。

　　我们并不否认基因对长期累积的适应性有着特殊作用，但并不相信非基因遗传在演化上像某些批评者所说的那样能力有限。正如伊娃·雅布隆卡和马里安·兰姆指出的[260]，即使每个表观等位基因（或其他非基因因素）都只有两种可能状态，独立变异的非基因遗传的总数仍然非常庞大。如果两套体系都有着近乎无穷大的自由度，就没有道理认为其中一套体系的自由度比另一套更大[261]。表观基因组能够产生的变异范围很大，足以在动植物体内产生许多截然不同的细胞类型（虽然能够随生殖细胞传递的表观遗传变异范围可能小得多）。再加上其他类型的非基因遗传的变异，可遗传非基因变异的总体范围（也就是通过可遗传非基因遗传产生的表现型有潜力达到的多样化程度）必定非常大。

　　许多非基因遗传所包含的信息也由于它们的属性得到增强。人们通常把表观等位基因当成基因的调控开关，其实基因启动子或蛋白质编码区域的甲基化程度差异，或者染色质结构的细微区别，都能对基因表达进行精细调节。表观遗传机制还可能调控 RNA 转录物的选择性剪接，从而影响蛋白质的结构。同样，虽然亲本效应经常以子代拥有或缺少某种性状来描述，但大多数这类效应或许有一个取值范围。例如，亲本的饮食或行为可能影响子代对特定类型的食物的偏好或回避程度，亲本的营养状况可能对后代的成长有着量化影响。这反映了生物信息以 DNA 序列编码方式产生的与大多数非基因遗传的基本差异。哲学家彼得·戈弗里－史密斯强调说，基因信息的储存形式是重复单元的线性序列，而自然界里的非基因遗传信息大多是模拟的[262]。在这个意义上，DNA 序列类似于计算机使用的数字化信息存储，而非基因遗传更像小提琴的调音弦轴。几个可独立调节的弦轴（每个弦轴能把一根琴弦设置在特定范围内的任意音调上）能够存储的信息比相同数量的开关要多得多[263]。

当然，以上论述都无法否定一个事实：要实现长期、没有终点、累积性的演化，似乎只有基因具备必需的稳定性。对基因变异的选择可以产生像眼睛和大脑这样复杂的适应，而对非基因因子的选择不太可能有这样令人瞩目的成果。但即使非基因遗传不能扮演严格意义上与基因对等的角色，它们仍能在其他方面对演化起到重要作用。关键是即使高度不稳定的非基因遗传也能影响演化，因为就像下一章将要讲到的，在许多演化问题的背景中，遗传因素的长期稳定性并没有子代和亲代之间的相似性那么重要。理所当然，微演化效应能让群体走上新的演化道路，从而产生宏演化方面的结果。因此，基因遗传和非基因遗传体系对演化来说可能都很重要，但两者对演化的作用或许有所不同。

扩展遗传是否对当前的演化理念形成了根本挑战

另外，有些批评者说，虽然非基因遗传的确存在且在某些情况下有可能影响演化，但其作用在普遍意义上不够重要，不足以对现行演化理论或传统的演化研究实践形成根本挑战。根据这种看法，演化理论和研究的标准假设或许对杂乱无章的现实世界进行了简化，但这些假设是一套强有力且优美的范例的基础，这些范例在绝大多数情况下都是对现实的极好近似。

但是，认为扩展遗传是现有理论的一个微不足道的扩展，这种看法与许多杰出的演化生物学家的看法难以兼容，后者认为扩展遗传违背了现代综合论的核心假设，特别是以下两个假设：其一，基因是遗传的唯一基石；其二，环境诱导的（"获得的"）性状不能传递给后代[264]。构建现代综合论的大师，如 T. H. 摩尔根、朱利安·赫胥黎、费奥多西·杜布赞斯基和恩斯特·迈尔全盘反对任何认为这些假设可以违背的看法，坚决摒弃"拉马克遗传"，认为它是进化论异端邪说的范例。约翰·梅纳德·史密斯把非基因遗传称为"对我们观点的唯一重大威胁"[265]。这些顶尖演化生物学家的态度体现了唯基因的遗传观念在现有演化理论中的核心地位。在现代综合论发展成熟之后的几十年里，演化生物学领域产生了许多新工具和新思想，但如今的演化研究在很大程度上仍建立在当初的假设之上。

生物学家之所以拒绝接受扩展遗传，可能有一部分原因是该观念会让理论探讨和实证研究都变得更复杂。群体遗传学演化模型通常建立在一条基础原则上，即等位基因按孟德尔定律简单地分离。正如第 6 章和第 7 章所说的，扩展遗传会给这类模型添加至少一条遗传途径，该途径按一套不同（而且人们往往对其所知甚少）的法则运行，导致模型复杂化。实证研究比这还要复杂。量化遗传分析的基础是一条基本假设，即控制了共同环境及母本效应之后，亲属之间的任何其他相似之处必定都缘于基因[266]。扩展遗传打破了该假设，因为非基因遗传会导致同父异母的亲属之间表现型的相同之处既可能缘于基因，也可能缘于非基因。这会导致一些参数的估计值被夸大，例如加性遗传方差，因为这些值反映了基因效应与非基因效应的总和。就连同卵双胞胎的某些性状通常比异卵双胞胎更相似的观察事实也未必能证明这些性状缘于基因，因为同卵双胞胎来自同一个卵细胞和精子，从而有着相同的细胞质和表观遗传因素，而异卵双胞胎并非如此[267]。同样，全基因组关联分析（GWAS）搜寻的是 DNA 序列与表现型性状之间的关联，无法察觉导致表现型变异的非基因因子，有可能产生诸如"遗传性丢失"之类的

悖论 [268]。从实用角度出发，扩展遗传好比一个虫子罐头 ①，有些科学家害怕盖子下面藏着的东西，这情有可原。但是，既然已经发现遗传的内涵比经典遗传学所能梦想到的更为丰富，我们就别无选择，只能任由虫子爬往它们要去的地方。

另一种反对意见是，非基因遗传只是冰山一角——演化中环境对发育的影响（即发育可塑性）。玛丽·简·韦斯特–艾伯哈德认为，经典的世代内可塑性是一种比非基因遗传广泛得多、记录完善得多、也重要得多的现象，因此对非基因遗传的兴奋激动纯属表错情 [269]。但是非基因遗传例证的数量与多样性都在迅速增长，多到让人无法显而易见地认定非基因遗传远不如世代内可塑性那么广泛。韦斯特–艾伯哈德和其他一些人认为演化中的可塑性理当得到更多的注意，这一点固然令人信服，但也有同样充分的理由相信非基因遗传可能产生意料之外的、有趣的演化结果。然而，尽管生物学家从未否认环境能够直接影响发育（虽然他们往往忽视了其重要性），非基因遗传的存在本身在多年里却一直得不到承认，导致如今的生物学家难以理解这个被忽视已久的现象。

非基因遗传能否无须自然选择驱动适应性演化

最有争议的一类看法是，非基因遗传使暴露于新环境的生物获得某些能增强后代适应性的特征，并将其传递给后代。换句话说，非基因遗传特别擅长产生适应性的"定向变异"。例如，近来有一篇论文提出，"可遗传的变异必定系统地偏向于适应性的变种" [270]。该理念的支持者甚

---

① 译注："虫子罐头"是英语俗语，打开罐子会导致虫子到处乱爬，比喻某个决定或行为带来复杂、麻烦的局面。

至提出，通过催生定向演化，非基因遗传本身就成为了一种适应性演化机制，能在没有自然选择助力的情况下产生适应性改变。伊娃·雅布隆卡和马里安·兰姆将非基因遗传机制产生适应性变异的假定倾向称为"指令"过程，认为"指令与选择一样可以产生演化改变"[271]。

批评者特别难以接受这类观点[272]，因为它们挑战了达尔文最重要的见解——适应性缘于对随机变异的自然选择[273]。为了深入理解相关争论，我们需要考察一下随机变异到底是什么意思。

假设有两种演化上的新环境，分别为"冷"和"热"（见图 8.1），群体暴露于其中的一种。演化上的新环境指这个生物世系在演化史上从未遭遇并适应过的环境。

根据传统的随机变异概念，在群体中所有个体产生的突变池中，各个变异的相对丰度与群体所处环境是冷是热无关 [见图 8.1（a）]。突变是随机的，意味着环境对可能出现的变异类型没有影响。通常我们还预期突变产生的大多数变异都有害，因此变异的平均适应力低于产生变异的群体的平均适应力。现代综合论认为，适应性是自然选择作用于此类随机（遗传）变异的结果。环境诱导产生突变时，变异类型通常因环境而异 [见图 8.1（b）]，发育可塑性往往由这类变异产生。但从适应性的角度来看，我们依然预期大多数变异都有害。非基因遗传中出现的通常是这类变异。但要注意的是，原则上没有理由认为基因突变不能像图 8.1（b）中那样由环境诱导产生（前面曾经提到，已有证据表明存在这样的基因突变），但当代演化理论大多不考虑这种可能性。最后，在环境诱导的定向变异中，出现的变异类型通常因环境而异，某一环境中出现的变异通常在该环境中有着较高的适应力 [见图 8.1（c）]。这表示变异的平均适应力大于所在群体的平均适应力，在两种环境中都是如此。争议最多的正是这最后一类变异，因为它提供了一种有别于自然选择的适应性演化机制。

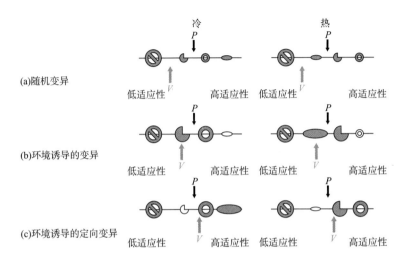

图8.1 从（a）到（c）的3个面板分别显示"冷"和"热"两种假想环境中的3种不同的突变过程。图块的形状代表群体在环境中产生的突变等位基因、表观等位基因或其他非基因变种的类型，大小代表变异在新产生的变异池里的相对丰度。所有变异根据它们对特定环境的适应力按从小到大的顺序从左到右排列。带V标记的灰色箭头指向所有变异的平均适应力，它在几何上可视作沿适应力轴排列的所有变种的"质心"。带P标记的黑色箭头指向产生变异的群体的平均适应力。（a）随机变异——大多数突变有害，突变与环境无关，在图中体现为变异的平均适应力V低于群体的平均适应力P。变异的适应力取决于环境（它们在两种环境中的排序不同），但每个变异在所有新生变异里的相对丰度在两种环境中都一样。（b）环境诱导的变异——依然是大多数突变有害，突变与环境无关，在图中体现为变异的平均适应力V低于群体的平均适应力P。变异的适应力取决于环境（它们在两种环境中的排序不同），每个变异在所有新生变异里的相对丰度因环境而不同（即冷环境里不会产生"椭圆"变异，热环境则不会产生"甜甜圈"变异。但关键在于，所有变异的平均适应力仍低于群体的平均适应力。（c）环境诱导的定向变异——不管环境如何，大多数突变都有益。与（b）一样，变异的适应力取决于环境（它们在两种环境中的排序不同），每个变异在所有新生变异里的相对丰度因环境而不同（冷环境里不会产生"3/4圆盘"变异，热环境里不会产生"椭圆"变异）。但关键在于，所有变异的平均适应力V高于产生变种的群体的平均适应力P。

探讨不同突变过程的另一个途径是借助第 6 章的普莱斯方程。前面说过，普莱斯方程用于描述性状平均值从一代到下一代的演化改变。如果我们选择个体适应性 w 作为关注的性状，方程的形式会特别简单，体现群体平均适应力的代际变化，于是有：

$$\Delta \bar{w} = \text{cov}(w, w) + E[wd]$$

普莱斯方程的第一项代表自然选择的效果。在该方程中，该项为适应性与自身的协方差，也就是适应性方差。任何变量的方差都为正（除非变量为常数，方差为零），因此该方程的第一项总是为正，即自然选择驱动平均适应性上升——群体在适应性地形上攀登。该方程的第二项是突变导致的平均适应性变化。在图 8.1（a）和图 8.1（b）中，该变化为负，因为产生的大多数变异都有害。结果就是，只有自然选择驱动着群体适应性——到达平衡状态时，自然选择驱动的适应性被有害突变所抵消。在定向变异的情况下 [见图 8.1（c）]，该方程的第二项为正，因为大多数变异都有益。这意味着群体在自然选择和定向变异的共同作用下发生适应。

但定向变异是怎样产生的？前几章说过，某些非基因遗传（即适应性亲本效应）显然是为了增强适应性而演化出来的[274]。例如，在多变的环境里，亲本状态的几个非基因组件（如表观遗传因子或物质）会发生塑性变化，通常变得适应性更强（不妨将这类变化看作某种非基因的"突变"）。其中有些组件传递给子代，影响子代发育，使其更好地适应预期的环境条件。这样的"预期"亲本效应显然与随机变异不同，因为它们对子代适应力的影响的平均值为正。

不过，尽管适应性亲本效应能响应环境挑战，使增强后代适应性的因子实现传递，但我们并不相信这类效应可以归为定向变异的一种形式。

相反，与适应性的世代内可塑性一样，适应性亲本效应是演化出来使生物对演化上熟悉的挑战做出适应性响应的机制。这些挑战与该世系多个世代曾经面对的挑战相似，并且该世系已经通过演化出一套增强适应性的响应进行了适应。适应性亲本效应与真正的定向变异之间的差异，关键在于环境挑战是演化上熟悉的还是演化上全新的。我们认为，只有生物在面对全新挑战时能够调整变异，产生增强适应性的响应，才能说发生了定向变异 [275]。

生物有能力响应全新环境产生适应性变异并将这些"突变"传递给后代吗？我们相信这个问题的答案是"能"，但相当有限。面对环境带来的新问题，人类以及其他具有复杂认知能力（但程度比人类低）的动物有能力找到解决方案，有时还能将这些创新传递给后代。这就是认知功能、行为可塑性和学习。但这类认知创新驱动适应性演化的作用范围看起来有很多局限——只能在认知能力最复杂的动物中产生，似乎只能产生短期解决方案，或许只能解决现实挑战中极小的一部分。

文化演化使我们这个物种发生了重大改变，集数十亿人的共同智慧，以科学驱动，以网络互联，有可能让智人克服更艰难的未来挑战。这些都毫无疑问。然而以人类的智力也很难预测当前行动的长期后果，许多当时看来无比绝妙的方案有着灾难性的长远影响（想想化石燃料、快餐或者核武器）。也许就像尤瓦尔·诺亚·赫拉利认为的那样 [276]，我们正处于一个新时代的起点，在基因工程技术的支持下，以及"提升"身体与精神的欲望的驱动下，人类将在这个时代发生自我指导的演化。但不管人类选择创造出什么样的"基因设计婴儿"，这种行为的长期后果都不太可能是任何传统意义上的适应。智人在自身大脑的奇思妙想的驱动下发生的演化，将是地球生命史上前所未见的一种过程，无法在任何其他物种的演化中找到合适的类比。鸟儿也许会找到巧妙的方法打开奶瓶盖，获得里面的乳汁，该行为有可能通过社会学习传播开来，改善鸟群的营养状况。但同一批鸟也能学会获取有毒的饵料，如果毒素效果像吸烟一样潜伏并累积，那么这种有害行为就一样能通过社会学习传播开来[277]。如果前一种行为创新能保留多代而后一种消失，应当就是自然选择在发挥作用。因此，我们并不清楚行为可塑性在真正的全新环境中带来适应性结果的概率有多大[278]，如果没有自然选择的帮助，这种认知创新不太可能驱动长期的适应性变化。

但大多数生物没有大脑，只能通过生理变化来响应环境。对于这类非认知形式的可塑性，解释定向的适应性变异还很困难。演化出的可塑性机制倾向于响应演化上熟悉的环境和挑战，以增强适应性。如果面对的环境条件是演化上熟悉的环境梯度的适度扩展，这些机制也可能增强适应性。比方说，如果一种演化生成的发育可塑性机制使生物能应对15~30摄氏度的温度，就有可能产生在35摄氏度时也表现良好的表现型。同样，如果温度波动经常覆盖多个世代，那么亲本经历的温度可能通过一种演化生成的跨代可塑性机制诱导后代产生适应性变化。但如果环境被能模拟激素作用的人造化学物质所污染，则情况会怎样？没有道理认为生物能对这样一种演化上全新的挑战做出适应性响应，或者能自发产生与亲代不同、预适应新型挑战的子代。相反，我们预期子代将针对新需求表现出随机的基因和非基因突变（例如对激素类似物更敏感和更不敏感的突变共同出现），自然选择持续多代作用于这些可遗传的变异之后，有可能演化出适应性可塑性和适应性亲本效应。换句话说，在真正演化上全新的环境里，非基因遗传在适应效果上通常是随机的，与基因遗传一样。

一种更为温和的定向变异理念认为，面对全新挑战，生物针对最直接参与应对该类型挑战的性状有倾向性地产生突变，以此发生演化，响应挑战。例如，雅布隆卡和兰姆提到，有研究显示某些细菌演化出了响应营养条件变化的能力，方法是有倾向性地使参与相关代谢通道的基因发生突变。虽然许多这类突变体还是会死亡，但是把突变"集中"于相关度最高的基因意味着产生幸运"解决方案"的可能性较高，远高于在全基因组范围内增加突变率的做法。雅布隆卡和兰姆认为，许多生物面临压力时可能采取类似的策略以增加基因或非基因突变，或者是总体上的突变，或者是针对相关度最高的性状。事实上，DNA甲基化之类的表观遗传因素能影响基因组特定区域的突变率，为此类响应提供了一种可行的机制 [279]。另一种与此有关的理念是，演化能够"学习"，即自然选择能让生物世系变得更易演化，更有可能发生适应性改变 [280]。

生物演化出突变机制或类似的非基因变异机制，以应对特定类型的环境挑战。这种情形设想起来固然是有可能的，但在我们看来，这属于针对特定挑战的适应，并不表示生物有着在压力下产生适应性突变的总体趋势。有些细菌能提高代谢基因的突变率以响应营养匮乏，因为营养匮乏是细菌在数十亿年里一直要面对的挑战。但细菌是否对每种可能遇到的挑战都有着类似的突变机制？要做到这一点，细菌要么必须拥有一种通用机制，能让它们了解当前经受的压力从何而来，识别出对于"解决"该问题特别重要的生化通道；要么必须拥有数量庞大的具体机制，准备好应对数量庞大的具体压力源。两者都不太可能。事实上，只有在不存在任何演化意义上真正全新的环境或挑战的情况下（也就是说假定生物已经经历过它们有可能遇到的所有意外事件），这类机制才能存在。生物不能仅仅经历挑战，还必须演化出对无数种可能的挑战做出适应性响应的细胞和生理机制。这就要求它们持续多代保持强得不可思议的可塑性，就连对极端罕见的挑战也能做出适应性响应。我们想不出这样一种或一套机制怎么可能在生物世系中演化出来或者保存下去。简而言之，我们仍不太相信演化能让生物拥有这样一种通用能力，可以优化后代表现型以适应演化上的全新环境，从而不依靠自然选择就进行适应。

拼图中缺失的一块

非基因遗传的存在本身已经没有疑问。虽然可能会有一部分事例最终被发现只是错觉，但许多现象的真实性无可否认，例如亲本效应，以及结构、细胞质、表观遗传、共生物和行为／文化的遗传过程。但从演化的角度看，证明非基因遗传现象确实存在只是第一步。要无可置疑地证明非基因遗传参与适应性演化，还需要证明什么？

非基因遗传在文化演化和人类演化领域的作用已经为世人所公认。正如前面讲过的，几乎可以确定基因与文化的相互作用驱动了某些人群里乳糖耐受基因的基因演化以及成年人摄入乳品的文化演化。然而，尽管这个事例及其他基因－文化共同演化的事例提供了原理论证，但它们并不能证明非基因遗传影响着智人以外的物种的演化，或者以文化以外的方式影响着演化。对于人类物种和文化演化以外的情形，至今还缺乏有力的例证。

为了突出重点，我们来考察一下任一性状通过自然选择发生适应性演化的 3 个必需要素。

（1）性状必须存在个体差异。

（2）性状必须可遗传。

（3）性状必须影响个体的生存和／或繁殖成就（即适应性）。

在过去50年来演化研究的成就中，有很大一部分源于对这三要素的验证，以及研究那些有着基因基础的性状的适应性演化，在实验室及自然群体中都是如此。有人也许会考虑用类似的方法来研究有着非基因基础的性状。

根据前几章讨论过的研究，显然有证据表明非基因遗传拥有全部要素。非基因遗传影响的性状当然存在个体差异，有证据显示这些性状能通过多种非基因遗传机制发生遗传，相关性状通常会影响个体适应性。不幸的是，对于同一生物并不是总能观察到齐全的三要素，但有几个引人注目的例外。例如，法国国家科学研究中心文特森·科洛特实验室的弗兰克·约翰内斯与同事用植物拟南芥培育出一系列"表观遗传重组自交系"（epiRILs）——基因近乎相同而在表观遗传方面高度多样化的拟南芥植株。他们把两棵拟南芥植株杂交，两者的唯一区别是，其中一棵携带一个参与维持DNA甲基化的基因的变异副本。两棵植株杂交后，再将一棵子代植株与正常的亲本植株回交，选择一系列基因相似而DNA甲基化模式有明显差异的后代。这项研究显示，甲基化模式不同的植株的开花时间、植株高度等性状也有差异（要素1）。导致这些差异的甲基化模式能稳定地从亲代传递给子代，有时能遗传多代（要素2）[281]。最后，其他一些研究显示开花时间和植株高度等性状是适应性的重要决定因素（要素3）。不过，条件允许时，三要素能否联合导致适应性演化，还有待证实。

研究这个问题的途径之一是在实验室里进行人工选择。例如，我们可以用epiRILs选择不同的植株高度和开花时间，观察能发生多少适应性演化。第4章说过，人们已经用等基因或高度自交的小鼠、果蝇和线虫品系进行了几项此类实验，并且的确发现表观遗传性状能响应自然选择 [282]。但即便是在这些例证中，人们也没有弄清发生的适应是否完全缘于非基因遗传。事实上，epiRILs 并未完全规避表观遗传研究固有的陷阱，因为 DNA 甲基化的功能中有一项是抑制转座子（能在基因组各处插入自身新副本的"寄生" DNA 序列），干扰一些重要基因的活动。由于 epiRILs 的祖先中有一位无法维持正常的 DNA 甲基化水平，这些 epiRILs 也遗传到了因甲基化水平低下而对转座子敏感的基因组区域，可能存在细微而有潜力产生重要影响的基因差异。

与此同时，以为基因遗传与非基因遗传体系造成的结果可以清楚地区分开来，这样的想法可能过于天真。第 7 章提到，两套体系的相互作用有可能（说不定很有可能）导致实际总体效果与根据独立效果做出的预测完全不同。新型分子技术让研究者能直接操作特定的表观遗传因子（例如删除或增加特定的 DNA 甲基化模式，以抑制或诱导特定的非编码 RNA），找到解决上述问题的途径。现在人们已经能敲除或修饰维持 DNA 甲基化状态的 DNA 甲基转移酶（DNMT），改变整个基因组的甲基化模式 [283]。或许很快就能修饰特定基因的甲基化状态 [284] 或敲除特定的非编码 RNA[285]。这将使研究者得以直接确认表观遗传因子（如甲基化模式和非编码 RNA）的遗传作用，不受任何基因变化的影响。

除了在实验室里进行人工选择实验 [286]，还有必要在自然群体中寻找非基因遗传导致的演化适应。这当然比实验室研究困难得多，目前还几乎没找到任何证据。越来越多的研究在对自然群体的表观遗传变异（诸如甲基化模式）进行量化，其中许多研究还对不同群体的表观遗传分化程度进行了比较，并且 / 或者研究群体的表观遗传模式是否与不同的环境条件或选择体系有关 [287]。下一章将谈到，表观遗传分化程度往往超过基因分化程度，而且表观遗传模式通常与环境条件和／或在不同群体中得到不同选择的性状密切相关。这些现象有时被当成支持表观遗传可能带来适应性的证据。

然而，尽管这些工作为研究表观遗传变异的天然模式提供了重要信息，但并未提供适应性演化所必需的三要素存在的证据。第 5 章曾提到，在许多这类研究中，人们对于表观遗传模式能否跨代传递都一无所知，也不清楚这些模式对选择是否重要。因此，一个坚定支持基因中心的演化观的人可能会合理地质疑，这些研究与那些测量鸟喙大小或血压高低的表现型性状的研究到底有何区别。这些表现型现状显然存在群体差异，我们可能预测其分化程度比基因型更大，因为它们会受到环境的影响，而不同人群所处的环境各不相同。实际上，表观遗传模式与环境条件的关系有可能缘于可塑性，也有可能缘于基因适应，如果表观基因组变化是基因组构建适合环境的表现型的一种手段的话。当然，这种怀疑只是对证据的另一种解释，该现象在科研中十分常见。但此时也许有必要记住马赛罗·特鲁兹的格言"非同寻常的论断需要非同寻常的证据"。

克服这些困难需要付出巨大的努力，还要有高度的创造性，不过从理论上探讨扩展遗传的演化意义也是有用的。在下一章中，我们将思考扩展遗传的框架能否帮助解决演化生物学中的一些最具挑战性的问题。

第9章　老问题的新视角

问题比答案更重要。

——斯图尔特·菲尔斯坦，《无知》，2012

有了扩展遗传的概念工具，本章将重新思考演化生物学中几个最具挑战性、历史最悠久的难题。我们不会就其中的任何问题给出确定的答案，只希望能向大家展示，扩展遗传框架提供了一个全新的视角，让我们能从新视角看待老问题，还揭示了一些有可能结出丰硕成果而从未有人尝试过的研究方向。扩展遗传改变了人们思考这些问题的方式，因为它改变了多年来指引我们思考的一些基本假设，诸如新生的可遗传变异仅能由罕见基因突变产生，环境效应不能传递给后代。

本章采取一系列案例分析的结构，论题大致按演化尺度的顺序排列，从几个世代之中发生的小尺度"微演化"过程，到跨越数以百万计的世代、创造出庞大的生物多样性的大尺度"宏演化"过程。其他研究者已开始用类似思路探讨其他多种演化问题[288]。虽然我们对这些问题的讨论仅仅是初步推测，但希望这些例证能证明延伸对于丰富人们对演化的理解的潜力。

寄生虫与宿主无休止的追逐

寄生虫靠损害它们所感染的宿主的利益来维持生存。毫无疑问，人们只要得过流感或普通感冒之类的传染病，就会熟知以上事实。但宿主与寄生虫之间的这种对立也有着深远的演化意义。能抵抗寄生虫感染的宿主类型，其繁殖成就将高于其他宿主，丰度会增加。同样，能躲避宿主防御机制的寄生虫类型，其繁殖成就将高于其他寄生虫。这样一来，宿主和寄生虫之间的对立就会引发宿主适应、寄生虫反适应的循环。在这样的共同演化中，如果两个物种相对来说势均力敌，那就谁也占不了上风。它们会展开无穷无尽的追逐，演化生物学家称之为"红王后"动态模式。这个词来自刘易斯·卡罗尔所著的《爱丽丝镜中奇遇记》，书中红王后对爱丽丝说："为了留在原地，你要拼命地跑。"[289]

红王后的比喻很生动，但在真实的生物群体中，宿主与寄生虫到底演化出了什么样的适应与反适应？最简单的例证于 20 世纪 40 年代和 50 年代由哈罗德·弗洛尔率先在植物及其寄生虫中发现[290]。许多寄生虫感染宿主时会分泌效应蛋白。虽然它们不依靠该蛋白质一般也能活下去，但分泌效应蛋白能增强寄生虫的复制能力。反过来，植物演化出了识别效应蛋白的抵抗机制。一旦识别出该蛋白质，植物就启动强有力的防御反应，阻止感染。弗洛尔提出，对于寄生虫的效应蛋白基因，植物中通常存在能识别该蛋白质的对应基因。因此，这种适应与反适应机制称为"基因对基因"机制。

过去几十年里关于基因对基因机制的研究非常多[291]。事实上，这种宿主－寄生虫互动形式的基本逻辑，正是许多抗虫农作物培育项目的理论基础。它也是一个重要的演化假说的理论基础，涉及基因变异怎样在群体中保持下去。红王后共同演化动态模式可确保宿主和寄生虫的罕见基因型都是有益的，于是自然选择使基因变异得以维持存在。

人们对一种重要而有趣的病原体——大豆疫霉菌进行了广泛研究。该病原体感染大豆植株，能使根茎腐烂，导致大面积减产。19 世纪 40 年代晚期感染土豆、引发爱尔兰大饥荒的病原体土豆晚疫病的病菌就是大豆疫霉菌的近亲，由此可以清楚地看到这类病原体带来巨大灾害的潜力 [292]。

大豆疫霉菌与大豆之间的相互作用，在许多方面都堪称基因对基因机制的典型代表。人们发现大豆疫霉菌 *Avr3a* 基因的等位基因编码不同的效应蛋白 [293]，例如其中一个等位基因 *Avr3a*^{P6497} 编码一种特定的信号蛋白，后者由 111 个氨基酸链接而成。作为响应，大豆植株可以携带 *Rps3a* 等位基因，识别这种效应蛋白，压制感染。作为红王后周期的最后一环，某些大豆疫霉菌拥有 *Avr3a* 基因的另一个等位基因，称为 *Avr3a*^{P7064}，能使病菌躲避 *Rps3a* 防御响应。于是，就算在携带 *Rps3a* 防御等位基因的植株群体中，携带 *Avr3a*^{P7064} 等位基因的寄生虫也能够致病。框 9.1 分析了致病等位基因在拥有 *Rps3a* 防御等位基因的大豆植株群体中传播的速率。

框9.1　*Avr3a*^{P7064} 致病等位基因的传播速率

为简化讨论，以 E 代表 *Avr3a*^{P6497} 等位基因，因为它生产效应（effector）蛋白；以 D 代表 *Avr3a*^{P7064} 等位基因，因为它不生产效应蛋白，从而能回避植株的防御机制，在植株中引发疾病（disease）。大豆疫霉菌是一种二倍体真核生物，其体细胞中的每个基因都有两个副本，与人类一样。因此，该寄生虫有3种可能的基因型：EE、ED和DD。基因型为EE的寄生虫基本上不会有任何繁殖成就，因为它们会生产效应蛋白，被植物的 *Rps3a* 防御等位基因所识别并压制。此外，DD基因型能回避植物的防御机制，引发疾病，繁殖出一定数量的子代，该数量以 *W* 表示。于是，我们可以预期ED基因型产生的效应蛋白数量为EE基因型的一半。为简化起见，假设它们导致部分感染，繁殖出数量为 *W*/2 的子代。

假设 E 和 D 等位基因的频率相同。如果所有基因型都是随机产生的，则3 种基因型的频率分别是[294]：

EE: 25%　　　ED: 50%　　　DD: 25%

EE 个体完全不繁殖，每个 ED 个体的后代数量为每个 DD 个体的一半。于是，群体中 ED 部分对群体总繁殖量的贡献与 DD 部分相等（原因在于，尽管 ED 个体产生的后代只有 DD 的一半，但它们的丰度是 DD 个体的两倍：50% 与 25%）。群体的 DD 部分完全由 D 等位基因组成，ED 部分则包含 50% 的 D 等位基因（与 50% 的 E 等位基因）。于是，一代之后 D 的频率为：

$$(\frac{1}{2} \times 1) + (\frac{1}{2} \times \frac{1}{2}) = \frac{3}{4}$$

↑　　　　　↑
DD型寄生虫　ED型寄生虫
的繁殖　　　的繁殖

即75%。

用第 6 章讲的理论对该问题进行更一般化的讨论，也颇有启发性[295]。根据 3 种基因型计算普莱斯方程（见第 6 章）中的协方差项，得 cov=（1−*p*）/2；对于方程的第二项，则有 $E[wd] = 0$，因为等位基因状态从亲代到子代没有变化。于是有：

$$\Delta p = \frac{1}{2}(1 - p) + 0$$

↑　　　　　　↑
cov(*w*, *z*)　　*E*[*wd*]

或简化为：
$$\Delta p = \frac{1}{2}(1 - p) \qquad\qquad (1)$$

　　例如，按以上讨论取起始频率为 $p = 0.5$，得 $\Delta p = 0.25$。要记住这代表的是等位基因频率的变化。等位基因的新频率为 $p + \Delta p = 0.5 + 0.25 = 0.75$，与以上讨论的结果相同。

　　当然，事情从来不会像第一眼看去那么简单。虽然大豆疫霉菌与大豆的相互作用是基因对基因机制的绝佳例证，但人们现在发现该寄生虫还携带 *Avr3a* 基因的表观等位基因[296]。大豆疫霉菌只要通过表观遗传机制沉默 *Avr3a* 基因座上的等位基因，就能回避植物的 *Rps3a* 防御，无须换成另一种等位基因。这种表观遗传沉默能力可以稳定地从亲代传递给子代。更有趣的是，如果一个大豆疫霉菌个体从一个亲本那里遗传一个正常的表观等位基因（不会沉默该基因的表观等位基因），从另一个亲本那里遗传一个导致沉默的表观等位基因（使该基因停止表达的表观等位基因），则正常的那个表观等位基因在传递给下一代之前就会变成导致沉默的类型，似乎违背了孟德尔分离定律（见图 9.1）[297]。

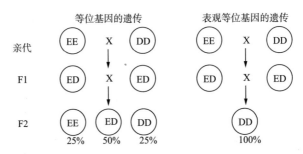

图9.1 *Avr3a* 等位基因与表观等位基因的遗传：E代表一个能产生效应蛋白的活跃变异，D代表一个因不产生效应蛋白而可能致病的变异。左（等位基因）：F1子代遗传到一个活跃等位基因和一个不活跃等位基因。在F1杂合子交配产生的F2子二代中，孟德尔比率为25%∶50%∶25%。右（表观等位基因）：F1子代遗传到一个正常等位基因和一个导致沉默的表观等位基因。在实现传递之前，沉默型表观等位基因使正常等位基因也变成沉默型，导致F2世代百分之百只携带沉默型表观等位基因。

Avr3a 表观等位基因这种特殊的遗传模式有着重大意义。表观等位基因沉默使病原体能回避植物的 Rps3a 防御并致病,沉默能力可在个体繁殖过程中传递给正常的表观等位基因。这意味着导致沉默的致病表观等位基因原则上能极其快速地扩散,即使大豆植株群体中的所有个体都携带 Rps3a 防御等位基因也是如此(见图 9.2)。在最极端的情况下,导致沉默的致病表观等位基因频率能在一个世代内达到 100%(见框 9.2)。

框9.2 致病表观等位基因的传播速率

以 E 代表产生效应蛋白的正常表观等位基因,D 代表停止产生该蛋白质的沉默型表观等位基因。可能出现的寄生虫类型仍然是 3 种:EE、ED 和 DD。EE 型寄生虫的繁殖成就为零,DD 型寄生虫产生数量为 W 的子代,ED 型寄生虫产生数量为 W/2 的子代。

假定 E 和 D 表观等位基因的频率相等,则 3 种类型的频率为:

EE: 25%   ED: 50%   DD: 25%

所有 EE 个体都不繁殖,每个 ED 个体的子代数量是 DD 个体的一半。因此,群体中 ED 部分对群体繁殖总量的贡献与 DD 部分相同。但是 ED 型个体繁殖时,正常等位基因 E 有一定的可能性在传递之前转变为沉默型,沉默概率以 κ 表示。群体中 DD 部分只包含 D 表观等位基因,这一点与前文相同;但 ED 部分由 $\frac{1}{2} + \frac{1}{2} \times \kappa = \frac{1}{2}(1+\kappa)$ 的 D 表观等位基因 [以及 $\frac{1}{2}(1-\kappa)$ 的 E 表观等位基因] 组成。于是,一代之后 D 的频率为:

$$(\frac{1}{2} \times 1) + [\frac{1}{2} \times \frac{1}{2}(1+\kappa)] = \frac{3}{4} + \frac{1}{4}\kappa$$

↑ DD型寄生虫的繁殖   ↑ ED型寄生虫的繁殖

该值介于 75% 与 100% 之间,具体取决于沉默概率 κ 的大小。这样一来,沉默型致病表观等位基因的频率原则上能在一个世代内达到 100%。

与前文一样,我们也可以利用第6章的理论对该问题进行更一般的探讨[298]。协方差项代表 3 种类型不同的繁殖成就, 不管表现型是由基因决定还是由表观基因决定都一样, 因此仍然有 $\mathrm{cov}=(1-p)/2$。但是杂合子中的沉默型表观等位基因能使正常的等位基因转变为沉默型, 因此, 两种表观等位基因的传递保真度存在差异, 普莱斯方程的第二项变为 $E[wd]=\dfrac{1}{2}\kappa(1-p)$。由此可得:

$$\Delta p = \frac{1}{2}(1-p) + \frac{1}{2}\kappa(1-p)$$
$$\underset{\mathrm{cov}(w,z)}{\uparrow} \qquad \underset{E[wd]}{\uparrow}$$

或简化为:

$$\Delta p = \frac{1+\kappa}{2}(1-p) \qquad (2)$$

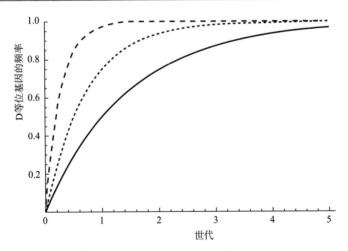

图9.2　5个世代中致病等位基因频率的变化(实线)与沉默型致病表观等位基因频率的变化(虚线)。上方虚线曲线, $\kappa=0.9$;其他虚线曲线, $\kappa=0.5$。

这种预测在当前阶段还只是猜测, 因为 *Avr3a* 基因的表观等位基因变异不久前才被发现, 有许多方面尚待了解。不过, 其潜在意义十分重大。这类表观等位基因不仅显示了疾病极端快速传播的可能性，而且意味着通过筛查基因型来监测病原体群体致病能力是不够的。只关注基因型可能导致我们一直发现不了群体中已经出现了致病变异，直到为时已晚。

表观遗传沉默机制是否可能由环境条件诱导产生，这个问题思考起来也很有意思。如果答案是"能"，抗病农作物育种就面临巨大的麻烦，因为环境诱导的病原体 Avr3a 等位基因表观遗传沉默机制可能会瞬间抹杀育种项目此前取得的全部进展。不过或许可以转而研究表观遗传干预机制，设法重新激活寄生虫体内被沉默的等位基因，使寄生虫变得对宿主的防御机制敏感。

我们的简单探讨至此一直仅关注寄生虫。鉴于越来越多的证据表明复杂真核生物存在非基因遗传，理所当然可以预期大豆之类的植物也可能把非基因信息传递给子代，影响子代抵抗感染的能力[299]。Rps3a 等位基因也许是研究最深入的抗病机制，不过大豆还可能存在表观等位基因变异或其他形式的非基因遗传，使植株拥有快速（并可能违背孟德尔定律）防御后段。如果是这样，那么红王后动态模式等现象造成的后果[300]、农作物育种实践以及宿主–寄生虫共同演化以维持遗传变异的能力都需要用全新的眼光来审视。

大自然高深莫测的选美比赛

在前一节中，我们探讨了不同生物物种的共同演化，其实物种内部不同性别之间也发生了很多有趣的共同演化。性别共同演化的经典难题是雌性择偶偏好和雄性求偶炫耀的演化。这是达尔文在他的第二部著作《人之上升》（此书名颇易引起误导）[301]中花了很大篇幅讨论的一个问题，至今仍是一个非常令人感兴趣的课题，围绕它存在激烈争议。

配偶选择问题的魅力在于，人们观察到雌性动物在择偶时往往对雄性极为挑剔，许多物种的雄性演化出了精巧而夸张的炫耀特征，用于追求雌性。这种现象的标志性实例是雄性孔雀炫耀巨大的华丽尾羽，雌性孔雀全神贯注地观察，似乎在评估尾羽的美丽程度，好似时装秀上喜怒无常的业内人士。其他鸟类中有着更惊人的实例。在巴布亚新几内亚和印度尼西亚的雨林中，雄性极乐鸟跳着令人眼花缭乱的求偶舞，奋力向雌鸟展示它们奇特的尾羽装饰和鲜艳毛色。澳大利亚北部热带森林里的雄性园丁鸟用草棍搭建极其复杂的构造，并用五颜六色的物品装点周边区域，以吸引雌鸟。一些雄性哺乳动物、爬行动物、鱼类、昆虫和蜘蛛的炫耀手段不那么广为人知，但同样华丽精彩。说起来，体形微小的孔雀蜘蛛可以取代孔雀成为性炫耀的标志，雄蛛精妙绝伦的求偶行为中有一项是展开色彩鲜艳的腹部皮瓣（见图 9.3）[302]。（另外提醒一下大家，情人眼里出西施，雄性冠海豹向雌性炫耀的方式是给鼻部皮肤气囊充气，形成一个巨大的粉红泡泡并从左鼻孔里冒出来。）

图9.3 雄性蓝孔雀（左）和雄性孔雀蜘蛛（右）的求偶炫耀。非基因遗传能否帮助解释为什么雌性孔雀和雌性蜘蛛偏好与最具吸引力的雄性交配？（左图，吉莎·吉沙摄；右图，尤尔根·奥托摄）

观察这些物种让人想起一个困扰生物学家已久的基本问题：为何雌性对配偶非常挑剔？达尔文相信，雌性选择那些"富有活力、发育良好，其他方面最具吸引力"的雄性，因为与这些雄性交配能增加雌性的繁殖成就[303]。但雌性从选择中获得的到底是什么？毕竟，直接与遇到的第一个雄性交配要快捷简单得多。这个问题的答案对一部分物种来说很简单，雌性会从配偶那里得到显而易见的物品或服务——雄性抚育后代，为雌性提供繁殖领地，以猎物或富含营养的腺体分泌物为"聘礼"。不同雄性个体提供的资源质量不同，因此这些物种的雌性能从差别对待雄性的做法中获益。问题在于大多数物种的雄性似乎并不向雌性或后代提供任何物品和服务，它们完事就走人，与雌性的全部联系有时仅持续几秒钟。然而，一些最夸张的雌性挑剔、雄性炫耀实例正是出于此类物种，其中有一些物种简直像是在嘲讽困惑不已的生物学家：爱炫耀的雄性与挑剔的雌性聚集在称为"求偶场"的特殊场地里，这种场地往往是寸草不生的空地，完全无从觅食和栖身。

一代又一代生物学家绞尽脑汁想要弄明白这些物种的雌性选择和雄性炫耀是怎么演化出来的。最流行的一种假设是，挑剔的雌性是在为后代挑选"好基因"。这种观点乍看上去很简单。雄性孔雀的尾羽、雄性孔雀蜘蛛的腹部皮瓣等性炫耀想必彰显着雄性的基因质量，毕竟携带有害突变的病弱、低质量雄性的身体条件会很差，应当无力完成真正的华丽表演。所以，雌性选择最有魅力的雄性是有利的做法，后代能从父本那里得到"好基因"，继承到它的健康、活力和魅力。只有一个问题：要让"好基因"机制发挥作用，群体必须拥有充足的适应性基因变异，但我们完全不清楚这些变异从哪里来。"坏基因"不停地被自然选择所淘汰，但基因突变看起来过于罕见，无力维持必需的基因变异水平。群体遗传模型显示，适应性基因变异很快就消耗殆尽，只留下有着"好基因"的个体。但如果每个雄性都携带"好基因"，雌性似乎就不会从配偶选择中获得什么收益——这个难题称为"求偶场悖论"。

但这个故事还有另一面：不管适应性基因变异的水平如何，表现型变异显然都很充足。在每个物种内部，雄性的炫耀质量都天差地别，其中很大一部分变异无疑反映了使它们得以产生的环境，特别是食物资源的质量和丰富程度，以及对不同压力源的暴露。这些变异是不是性选择之谜的关键所在？

从现代综合论的角度看，除非表现型变异反映了基因变异，否则就全无意义，也就是说除非有魅力的雄性是因为携带"好基因"而有魅力。这是因为人们假定表现型变异的环境部分不会传递给子代。从这种角度看，你的父亲吃过什么样的食物、经受过什么样的压力都完全不要紧，只有你从他那里遗传来的基因能影响你的特征和适应性[304]。但扩展遗传框架下的情况就大不相同了，就像前文所说的，非基因遗传允许环境效应传递给子代。这给求偶场悖论提供了一个可能的解决方案：雌性挑剔或许是因为与有魅力的雄性交配能确保子代获得环境诱导的非基因收益。然而，要做到这一点必须满足 3 个条件。首先，环境变异对雄性质量的影响必须通过非基因亲本效应影响后代的适应力；其次，与适应性基因突变不同，雄性质量的非基因突变必须在持续的定向选择下维持下去；再次，非基因亲本效应必须代替亲本基因发挥作用，促进雌性偏好的演化。

第一个条件显然可以满足。第 4 章和第 5 章说过，人们已经在许多动物中发现了亲本环境对子代的影响。例如，指角蝇雄性在幼虫期的营养状况能在它成年后通过精浆中所含的因子影响子代体型的大小。第二个条件也很容易满足，因为很多表现型变异是由环境诱导的。觅食区域有好有坏，总有许多倒霉的个体落到坏区域里。环境中的压力源也很多。因此，环境异质性确保能无穷无尽地产生大量病弱的低质量个体，它们的炫耀缺乏魅力。

但第三个条件就不那么简单了。许多非基因亲本效应在一两代之后就会消失，很难简单地确认这类效应能像稳定的"好基因"那样驱动雌性偏好演化。为了确定第三个条件是否能得到满足，我们创造了一个虚拟世界（换句话说就是一个数学模型），其中雄性随机分布在好的和坏的觅食区域中，这方面的运气决定着它们的状态（即健康与活力）。然后设想它们像指角蝇一样，条件好的雄性能把有益的非基因亲本效应传给子代，使其获得优势。为了弄清这是否会影响雌性偏好的演化，我们给虚拟动物设计了基因组，其中包含一个配偶选择基因座，它有两个可能的等位基因：一个是"无差别"等位基因，使雌性接受任何雄性为配偶；另一个是"偏好"等位基因，使雌性偏爱条件好的雄性。如果非基因亲本效应能像"好基因"一样选择雌性偏好，则"偏好"等位基因的频率应当会上升，"无差别"等位基因的频率会下降。

结果非常明显[305]。雌性与条件好的雄性交配后能繁殖出更多的子代，自身适应性更强，因此非基因亲本效应强烈青睐"偏好"等位基因，在我们的虚拟群体中推动着雌性择偶的演化。在真实动物中，挑剔的雌性通常利用依赖条件的装饰物和信号（例如雄性孔雀和雄性孔雀蜘蛛的求偶炫耀）来识别条件好的雄性，于是偏好等位基因也会驱动这类条件依赖的雄性性状演化，就像在我们的虚拟群体中传播的偏好等位基因那样。条件好的雄性能进行最华丽的炫耀，从而对雌性最有吸引力。这类雄性的性状很可能有基因基础——基因机制促使最健康、饮食最佳的雄性能投入额外资源进行求偶炫耀。不过我们的模型显示，这类基因性状（以及雌性偏好本身）的演化可以由亲本条件的非基因遗传所驱动。其实，这种效应之所以可能存在，是因为我们假定环境不断重新产生适应性可遗传变异，确保每一代雌性都会遇到条件不同的雄性，有的能产生高适应的子代，有的会产生低适应的子代。这就使偏好条件好的雄性的挑剔雌性具有优势，强于那些无差别交配的雌性。这显示一种常见的非基因亲本效应（不妨称为"获得条件遗传"，或简称"条件传递"）有可能解决长久以来的求偶场悖论。人们已经报告了多种动物中存在这种亲本效应，给雌性偏好与雄性炫耀的演化带来一种新的通用假说。

为了更好地理解为什么这类非基因亲本效应能避免求偶场悖论出现，不妨把它带来的结果与其他情形进行一番比较。首先，如果条件像经典的"好基因"情形那样由基因座决定，则会发生什么？雌性与条件好（条件基因座上的高适应性等位基因）的雄性交配，会产生适应性更高的后代，因而从中获益。然而持续的选择很快就会导致高适应性等位基因固定下来[①]。虽然虚拟群体中偶尔会突变出新的低适应性等位基因，但基因突变过于罕见，不足以维持对偏好的选择。也就是说，雌性遇到突变雄性的机会太少了，歧视这类雄性对雌性并无益处。鉴于我们假定雌性选择配偶的代价颇高（现实中必定通常都是这样），结果发现这种情形下"偏好"等位基因很快就丢失了。这个结局反映了经典的求偶场悖论。

如果雄性条件由表观等位基因决定，但这个表观等位基因对环境不敏感，而是容易自发产生突变，比通常情况下基因座的假定突变率高得多，则结果又会怎样？这个问题讨论起来也很有意思。高突变率能否提

---

① 译注：某个等位基因在群体中的频率达到100％时，称为在该群体中"固定"。

供更多可遗传的适应性变异，足以维持代价高昂的雌性偏好？这种情况的结果介于两种情形之间，我们发现昂贵的偏好可以维持下去，但只有在表观突变率与雌性偏好的强度相配时才能实现。这是因为，与"好基因"情形一样，表观遗传的可遗传变异也会被选择所消耗，只有表观突变率足够高时才能长期维持偏好[306]。换句话说，"偏好"等位基因总是会丢失，除非表观突变持续提供充足的低质量雄性，能够弥补选择配偶的成本。

在我们看来，上述发现的有趣之处在于，它们显示就算是非常不稳定的非基因遗传（例如环境诱导产生、一两代后就会消失的亲本效应）也能影响演化，违背了只有稳定遗传才能影响演化的直觉。事实上，我们发现转瞬即逝的亲本环境效应比半稳定的表观等位基因更容易选择并维持雌性偏好，并且效果比极其稳定的等位基因强得多。

我们假定雌性偏好由基因决定（许多昆虫和其他动物都是如此）[307]，因此求偶场悖论的非基因解决方案还为基因与非基因两种遗传体系之间的反馈回路提供了一个例证。第7章提到，这类反馈的一种特殊形式——"基因-文化共同演化"被认为在人类演化历程中发挥了重要作用。非基因亲本效应影响雌性择偶策略演化的潜力，显示其他物种在文化以外的方面也能产生类似的反馈。

但可能还不止于此。第5章说过，雄性指角蝇不仅能把环境诱导产生的条件传给自己的子代，还能通过精浆中所含因子把这些条件传给同一雌性在两个星期后交配的雄性的子代。发生这种"先父遗传"效应的可能性，意味着雌性在尚未有卵细胞准备好受精的情况下也能从交配和配偶选择中获益，它们从条件好的雄性那里获取的有益非基因因子能增进后来产生的子代的适应性。在能发生"先父遗传"的物种里，雌性会演化出随繁殖周期进程变化的择偶偏好。不在排卵期时，雌性会选择精浆中携带优势非基因因子的雄性，这类因子包括能够影响未成熟卵细胞发育的 RNA 和蛋白质；相反，处于排卵期的雌性会选择精子携带优势因子的雄性，例如基因或精子携带的表观等位基因。如果精浆与精子产生的影响并非完全吻合，而且雌性对每种利益都能察觉并评估雄性信号的差异，就会演化出类似的周期性偏好。这甚至有可能对雄性的挑剔程度产生选择，因为如果雄性能察觉雌性此前交配对象的化学信号，拒绝与那些曾与低质量雄性（其精浆可能损害雌性未来的子代）交配的雌性交配，就有可能从中获益。如果将来研究证实先父遗传在自然群体中发挥作用且在其他物种中也存在，则将表明该现象可能对雌性和雄性的性行为的演化存在耐人寻味的影响。[308]

谁需要性

配偶选择的演化长久以来让生物学家深感迷惑，此外还有一个更深奥的问题是，为什么这么多生物不怕麻烦地进行有性生殖。这个问题看上去可能有点怪，但想想以下事实：有些生物根本就没有性也活得很好，还有的生物只是在无数代的无性生殖中零星点缀着几次有性生殖，通过多种生理机制使未受精的卵细胞发育成活的子代，子代是母本的克隆体或近克隆体。有性生殖的缺点累累，代价高昂。首先也是最重要的一条是，无性生殖只会生出女儿，每个女儿都能生育自己的后代，于是无性生殖群体的增长速度是有性生殖群体的两倍[309]。其次，有性生殖意味着必须找到配偶，许多物种的雌性还面临着相反的问题，需要击退不想要的对象以及避免过度交配带来伤害。尽管要付出这么多代价，有性生殖在复杂生物中依然十分常见，而且是绝大多数动物唯一的生殖方式。

试图解开这个谜的人们往往把精力集中于有性生殖的一个独有特征：能产生全新的基因型。有性生殖的形式多得让人眼花缭乱，但都有一个共同特征，那就是进行基因重组，然后把来自两个亲本的基因在子代中混合。重组发生在配子形成过程中，同源染色体配对，在几个点上相连，然后交换对应片断形成新的染色体。这些新染色体包含等位基因的新组合，后者从原来的染色体中随机抽取，就像从牌堆里随机抽牌。在受精过程中，卵细胞和精子中经过重组的染色体发生配对，使每个子代都拥有全新的、独一无二的基因组。

产生新基因组合的倾向被广泛视为性的一种潜在利益。有性生殖对基因重新洗牌，产生新的组合，从而创造出高适应性的优势基因型，以及很快就会被自然选择淘汰的劣势基因型。这样一来，性就能够促进适应，并为清除群体中的有害突变做出贡献。例如，设想一个昆虫群体中有两个不同个体携带潜在的有益突变，其中一个个体的颜色发绿，另一个的身体形状像树叶。在无性生殖群体中，这两个等位基因永远无法在同一个基因组里相遇，除非两个突变碰巧发生在同一个个体或世系中。但对于有性生殖群体，交配和重组有可能创造出同时包含这两个等位基因的基因组，使拥有该基因组的生物具备超强的伪装能力。同样，无性生殖的世系容易累积温和的有害突变，单个这样的突变不足以导致死亡或不育，但它们的共同作用会在许多世代里逐渐损害适应性。在有性生殖群体中，交配会创造出一些不走运的个体，其基因组中的有害突变特别多，于是这些个体会被自然选择从基因池里清除出去。同样还会出现一些幸运的个体，基因组里基本上没有突变，这些个体会茁壮成长、繁殖后代。

不过，这些假想利益似乎不完全适合用来解释有性生殖在自然界中的广泛存在。问题在于，所有这些解释都以群体遗传学和生态学方面的一些限制性假设为基础，例如较高的突变率、基因组内不同等位基因的相互作用、快速的环境变化。虽然这些解释可以说明某些情形下为什么有性生殖比无性生殖更优越，但它们的适用范围非常有限。扩展遗传能否帮助解开有性之谜？

　　传统上思考性的演化时，关注的重点是基因的作用，但有性生殖过程当然也普遍包含非基因遗传——卵细胞和精子的细胞质和表观基因组（见图9.4）。这些非基因成分的传递是受精过程中显而易见、众所周知的特征，但它对性的演化有何意义，还缺乏充分的探讨。

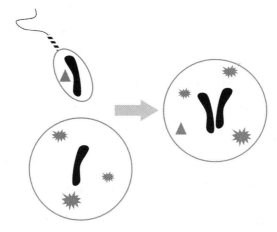

图9.4　受精除了把基因传给后代，还会遗传卵细胞和精子携带的非基因性状。

　　我们来考察一下莱拉克·哈达尼与同事开发的一些有趣模型，它们显示有性生殖如果以条件依赖的方式发生（比如生病的雌性比健康的雌性更频繁地进行有性生殖），就特别有优势，容易演化[310]。这一点在直观上很容易理解。如果条件好的雌性基因组中存在有益等位基因和运作良好的等位基因组合，那么把自身的等位基因与其他个体的等位基因混合不会给它们带来什么好处。相反，如果条件差的雌性携带有害突变或运行不畅的等位基因组合，它们的最优策略就是与其他个体混合基因，使子代体内的坏基因或蹩脚基因组合更少。哈达尼的分析帮助解释了性为什么有可能带来优势，但也推导出一个悖论：条件好的雌性的最佳策略是克隆自身。根据她的模型预测，最合乎情理的结果是弹性策略：个体评估自身的基因质量，只在基因组中有害突变的数量超过一定限度时才进行有性生殖，这样的话，我们应当会发现许多物种的低质量个体总是有性生殖，高质量个体总是无性生殖。但事实上这类物种极其罕见。

把有性生殖中非基因的一面纳入哈达尼的理论，可能有助于解决这个难题。很显然，条件差的个体从有性生殖中所获的利益在于，不仅是它的基因组会与另一个体的基因组发生重组，细胞质和表观基因组也会重组，从而在子代体内把它运转不灵的细胞机器的基因和非基因组件都替换掉。例如，一个低质量雌性可以用雄性的高质量 RNA、蛋白质、表观等位基因或中心粒补充它的卵细胞。因此，受精的非基因遗传能在基因重组与交换带来利益的基础上更进一步，使性获得额外的收益。更重要的是，非基因遗传可能使群体中所有基因型都能从有性生殖中获益，因为许多非基因遗传是由环境诱导产生的，没有哪种基因型能免于低质量环境的影响，所有个体都可能面临恶劣条件，不只是携带有害突变的个体。此外，所有活得足够久的个体都要经历衰老对身体的损害。鉴于非基因遗传在质量方面的差异与基因无关，在每个个体的一生中都容易恶化，有性生殖能力很可能对所有基因型都有益。

扩展遗传也带来了一些新问题。哈达尼的模型和其他理论建立在基因混合会带来收益的基础上，隐含假设雌性和雄性在功能上对等：模型处理对象就是通过交配来交换基因材料的个体。从基因角度看，这个假设合情合理，因为在合子获得的基组中来自母本和父本的染色体数量通常相等。但对于受精的非基因遗传，这个假设就不成立了，因为雄性配子包含的细胞质几乎总是比雌性配子少。

卵细胞与精子在非基因遗传上的区别引出了一个有趣的预测结论——生物个体的条件不仅决定着它要不要进行有性生殖，而且决定着在生殖中充当哪种性别。我们习惯于认为个体性别是受精时决定下来的特征，但许多动物（例如海龟和鳄鱼）有能力发育成任一性别，有些动物（例如某些鱼类）甚至能从一种性别切换成另一种。在这些生物中，性别并非由性染色体决定，性别发育通常是针对某些环境、社会或生理信号做出的弹性响应。其他许多物种是雌雄同体，每个个体都既能充当雄性又能充当雌性。有人提出，这些物种的个体条件能决定充当哪种性别最有利，因为雌性与雄性面临的性竞争的激烈程度不同。雄性竞争的程度激烈时，条件差的个体充当雌性比充当雄性更有利，因为雄性通常需要比雌性更猛烈地竞争，以确保获得交配机会。病弱的雌性有希望至少繁殖一些后代，病弱的雄性可能完全不会有后代。但根据扩展遗传的概念，这个问题存在另外一面，有可能使该预测逆转：雄性向合子提供的细胞质比雌性少，条件差的个体如果充当雄性，就有可能使它对子代的非基因贡献最小化，因而从中获益。鉴于这两种预测截然相反，具体结果可能取决于性竞争与非基因遗传作为适应性决定因素的相对重要程度。

当然，卵细胞与精子不只是细胞质的数量不同，它们能够传递给胚胎的非基因信息的具体类型也不同。第 4 章说过，卵细胞与精子里的表观遗传因子在合子中存留的可能性似乎并不对等。同样，卵细胞与精子对合子细胞骨架结构的贡献也不同：卵细胞无疑携带更多的结构信息，但精子会贡献一些可能很重要的组件，例如中心粒。个体在生殖中充当雌性还是雄性最有利，取决于许多非基因遗传的质量。如果雄性贡献的特定因子对子代的适应力特别重要，则高质量个体充当雄性并把这些优势非基因遗传因素传递给后代对自身最为有利。

对于有性生殖在原始真核生物中的起源和早期演化，扩展遗传可能有着特别深远的意义。非基因遗传对这些生物可能特别重要，因为它们没有特化的生殖细胞来负责向子代传递结构、细胞质和表观遗传因子，有些作者已经探讨了某些非基因组件（如线粒体）对有性生殖演化过程的作用 [311]。根据经典模型，细胞质对雌雄生殖策略的起源发挥着核心作用。杰夫·帕克及其同事证明，相同大小的细胞融合并分裂成子细胞的情形是不稳定的，因为自然选择青睐欺诈者，后者生成的细胞较小，贡献的细胞质资源更少 [312]。在帕克的模型中，演化出的欺诈者当然就是原始的雄性。帕克及其同事关注的是细胞质资源的数量，但各种非基因遗传的质量可能也发挥着作用。例如，病弱或衰老的个体如果与健康的个体融合，用后者的细胞质稀释自身受损的细胞质，就会受到自然选择的青睐，这可能促使它们采取一种原始的性别策略。这些个体通过扮演"雄性"角色来甩脱自身的受损细胞质，因而从中获益，这有可能参与推动了性别分化的演化。在这种情形下，雄性策略带来的利益不只是能产生更多的配子，还能产生更多的高质量子代。

我们为什么会衰老

与有性生殖一样，衰老也是大多数人觉得理所当然的事。无生命的物体都会逐渐老化损毁，生命体同样会瓦解的事实似乎也没有什么好惊讶的。这种观点的问题在于不同物种的衰老速度大不相同，意味着衰老并不是机械磨损导致的一种不可避免的简单结局。比如说，为什么狗的生活条件与主人非常相似，它衰老的速度却比主人快得多？为什么老鼠很少能活过两年，许多小型蝙蝠和鸟类却能活过 10 年？有一只名叫亨利埃塔的乌龟是达尔文在 1835 年访问加拉帕戈斯群岛时带回来的，它比那位世界闻名的收集者多活了一个多世纪，这作何解释？以上生物学差异强有力地显示，衰老是一种演化出来的性状。事实上，活的生物体会不断维护和再生它们的身体组织，这种能力似乎提供了一种可演化的衰老调控机制。亨利埃塔活得比达尔文要长，也许是因为乌龟维护修复身体组织的本领比人类强。

为了解释衰老的演化，20 世纪的生物学家诉诸"外来"死亡因素（事故、捕食者和其他至少在一定程度上可以回避的风险）的影响。外来死亡确保生物的预期寿命有限，即使它们完全不会衰老也是如此。这样一来，个体在老年时的健康和表现对适应力的重要性就不如年轻时。由于存在外来死亡，在老年时表达的性状所受的自然选择作用很弱，因为很少有个体的寿命长到足以把它们表达出来，这些性状对所有个体的平均影响可以忽略不计。对适应性的冷酷计算无可避免地不必考虑衰老，人们据此认为正是这让衰老得以演化出来，衰老的演化过程牵涉几个相互关联的过程。一开始，只在老年表现出有害影响的突变通常被自然选择无视，因为极少有个体能活到受其影响的年纪，于是这些突变会在基因组里积累起来。此外，在早年有优势（例如能增进繁殖成果）的突变即使在晚年会加快身体老化，也会受到自然选择的青睐。出于类似的原因，自然选择还会限制用于身体维护和修复的资源配置，也就是说它会对抗身体对永生的追求 [313]。

有个思想实验可以帮助理解上述理论 [314]。设想有一种生物能为修复身体组织分配充足的能量和资源，从而完全避免衰老，有潜力长生不死。这样的一只生物在动物园里也许能活几个世纪，但它在野外的预期寿命会短得多，因为总有一天它会死于捕食者或事故，这就导致它为修复身体投入的一部分资源完全被浪费掉了。在修复上投入较少而在生殖上投入较多的个体能生育更多的后代，于是对修复减少投入的做法就演化出来了。最终，自然选择会把对身体修复的投入调整到一定的水平，让机体只在预期能生存的平均年限里保持健康和活力，避免在这段时间死于捕食者或事故——保持到外来死亡率决定的预期寿命。

这个经典理论非常有说服力。它解释了为什么生物体会随年龄增长而退化，还预测较高的捕食风险应当伴随着较快的衰老速度。这也许可以解释为什么体型较大的物种通常比体型较小的物种衰老得慢，为什么拥有飞行技能、坚固外壳等有效防御手段的动物通常比缺乏防御手段的动物衰老得慢，为什么人类（拥有技术性防御手段和保障措施）比差不多大小的其他哺乳动物衰老得慢。然而，对于衰老在多样性方面的一些重要特征，该理论未能提供令人满意的解释，比如外来死亡率看似相近的不同群体的衰老速度大不相同，群体内部不同个体的衰老模式的差异很大。这些现象意味着经典理论中缺少了一些东西，我们认为相关线索可以求助于近年来细胞生物学以及关于衰老的表观遗传学的进展。这些发现为关于衰老的医学研究提供了参考，但对衰老的演化理论几乎毫无影响。扩展遗传能否把最新、最根本的分析联系起来？

有几条线索体现了这种联系。第一条线索来自不久前由史蒂芬·霍尔瓦特开展的研究，显示人类表观基因组会随衰老发生巨大的变化，基因组中某些区域会重度甲基化，其他区域则发生去甲基化。各种身体组织的这类变化非常一致，不同人类个体也是如此，因此该现象被称为表观遗传钟。小鼠和猕猴也存在同样一致的与衰老相关的表观遗传改变模式 [315]。也就是说，基因组 DNA 序列在一生中基本不变，表观基因组却会经历巨大的变化，这些变化与衰老相关的生理机能退化同步发生，可能就是导致退化的原因 [316]。当然，DNA 甲基化状态的这些变化也与其他表观遗传因子、细胞质因子和身体因子的变化同步。

第二条线索是表观遗传钟与衰老本身一样对压力敏感。例如，人类的表观遗传钟会因肥胖症、严重心理创伤和城市贫穷等因素而加快 [317]；给小鼠和猴子喂食低脂饮食或给予雷帕霉素，可以让它们的表观遗传钟放慢。这是两种广为人知的抗衰老干预手段 [318]。这些发现与关于同卵双胞胎的证据一致，即同卵双胞胎的表观遗传状况会随着衰老变得越来越不同 [319]；如果同卵双胞胎一生中暴露于不同的压力水平，有可能导致他们的表观遗传钟以不同的步调运转。来自许多其他物种的证据也显示压力会加快衰老，意味着表观遗传失调可能是这些效应背后的关键分子机制 [320]。

第三条线索是从酵母到哺乳动物，各种生物的子代质量通常都随亲代繁殖年龄的增长而下降，较老的亲本容易生育病弱短命的子代 [321]。虽然这种亲本年龄效应有可能缘于基因突变在生殖细胞里的累积，但是其模式的一致性以及对环境的敏感性显示非基因遗传在其中起着重要作用。例如，用低脂饮食喂食老年轮虫母本，其子代的质量就不会那么差 [322]。非基因遗传在亲本年龄效应中的作用也与表观遗传钟吻合。第4 章说过，人们已经知道有些环境诱导的表观遗传变化是可遗传的，这意味着表观遗传钟所体现的年龄相关和压力相关的表观遗传变化可能是亲本年龄效应的基础。如果表观遗传变化在生殖细胞里的表现与在其他身体组织里一样，而且老龄亲本会将一部分失调的表观基因组传给子代，那么子代的健康状况就可能不良，寿命短促。在本质上，老龄亲本的子代出生时可能就拥有早衰的表观基因组。不过亲本年龄效应并不局限于表观遗传变化，甚至不局限于通过生殖细胞传递的因子。亲代对子代的任何投资（例如卵细胞和精子的细胞质、子宫内环境、乳汁质量或数量、亲本对子代的行为）随亲本衰老而发生的退化，都有可能导致后代的表现随亲本年龄增长而下降。还有证据表明，亲本年龄效应能累积多代，比如果蝇的寿命同时受到母本繁殖年龄和外祖母繁殖年龄的影响，指角蝇的寿命则受到父本繁殖年龄和祖父繁殖年龄的影响 [323]。

总而言之，这些线索显示非基因遗传可能在衰老的演化过程中发挥了作用。不妨考虑一下某个种群面临的压力水平越来越高时会有什么结果。压力会加快表观遗传（以及其他非基因遗传）随年龄增长逐渐失调的速度。能够摆脱这类压力诱导失调的个体可以继续享受最大的繁殖成果，但是尽管它们具有这种优势，失调速度加快仍意味着群体中越来越多的成员会在压力条件下变得失调。如果有些经过改变的表观等位基因传递给子代，压力就可能导致子代的质量随亲本年龄增长而加速下降。如果这类效应累积多代，群体应该会经历一些表观遗传变化，与加速衰老现象演化出来的过程类似；繁殖成就随年龄下降的速度将加快，这些变化会一代代累积。事实上，加速衰老的演化必定已经发生过了，但应该由环境敏感的表观等位基因来实现，而不是由基因来实现。由于这些随衰老产生的变化应当是可遗传的，它们很可能在无压力的环境下维持一到两代。

不过，如果高压力水平持续许多个世代，这些表观遗传变化应当会引发对等位基因的选择，启动衰老的基因演化。随着亲本年龄效应越来越严重，自然选择会偏爱那些在生命早期提高繁殖投入的等位基因，因为更早繁殖的个体能产生更多的高质量子代。此外，就像外部死亡风险增加的情况那样，压力水平上升会进一步减轻自然选择对老年个体的作用力度，但不是因为很少有个体能活到老年，而是因为老年个体产生的能存活、有生育能力的子代更少。年龄越大，选择力度下降得越快，这一事实还有利于那些下调身体维护投入的等位基因，同时允许晚年才发作的有害突变积累起来。受其影响，群体有可能同时发生表观遗传变化和基因变化，这些变化会相互促进，有可能形成正反馈回路，驱动衰老的演化。请注意，这个假设过程结合了预测中非基因遗传影响演化的两个关键要素：非基因变化往往早于基因变化；非基因因子往往会与基因因子相互作用，影响表现型变化和基因变化的模式与方向。

这个表观遗传假说与经典理论存在重要的区别。首先，表观遗传模型预测，衰老的演化可以在外因死亡率没有变化的情况下启动，只需要个体经历的压力水平发生变化就可以了。压力即使不致命也会使表观遗传钟加速运转，亲代把表观遗传失调传递给子代，这些效应累积多代，个体出生时携带的有害表观等位基因越来越多。其次，该过程起初主要或完全由表观遗传变化介导，如果压力恢复正常水平，该过程的早期阶段就应该能在短短几代之内发生逆转。

这样一来，根据该表观遗传模型就能推导出一些令人惊讶的预测。例如，即使压力不一定导致死亡率上升（例如心理创伤），它仍会产生直接效应并累积多代，与加速衰老的演化类似。在经受这类压力的群体里，不仅是受压力作用的个体会受到直接影响，它们的后代也会受到同样的影响。即使压力水平下降，这些压力的影响仍可能持续数代。类似的过程也会发生在其他动物身上。比如白靴兔经受模拟捕食者袭击产生心理创伤后，子代出生时的体重较轻。该效应可能由压力诱导的表观遗

传变化所介导 [324]。该表观遗传模型还预测，如果压力水平下降，正在迅速衰老的群体有可能以相对较快的速度恢复正常。如果祖先所受的压力影响体现在表观遗传方面而不是基因方面，那么压力减轻导致健康水平提升所需的世代数量会比基因演化需要的世代数量少得多。

这个表观遗传模型还有助于理解群体内部衰老速度的差异。就算所有个体携带的等位基因都差不多，也总会有些个体经历心理或生理压力，有可能把这些压力带来的表观遗传失调传递给子代。这样一来，祖先压力的影响就可能表现为衰老速度的差异。换句话说，该表观遗传模型预测衰老的演化可能比经典理论所认为的要快得多，也不稳定得多。

物种起源

查尔斯·达尔文最有名的著作虽然题为《物种起源》，但这部划时代的作品并没有对新物种诞生的过程多加关注。回头看去，物种起源的问题实质上比乍看起来要复杂得多，这没有什么好惊讶的。例如，仅仅就某个新物种的演化展开讨论，也要求我们先给物种下一个清晰的定义，但是这个问题麻烦至极、充满争议，让演化生物学家们头疼了几十年 [325]。

考虑到本书的宗旨，我们在此将绕过哲学上的地雷，专注于生物学中的物种概念。我们定义一个物种是一群能够交配繁殖的个体，与其他这类群体存在生殖隔离。一个新物种的演化就是一群能够交配繁殖的个体与现有物种分离，与祖先群体产生生殖隔离。

人们提出的新物种演化方式有几种，其中相对简单的一种借用了第7章介绍的西沃尔·莱特的适应性地形。前文说过，群体最终将到达适应性地形上的一个山峰，因为在山峰附近，群体中的大多数个体都拥有能带来较高繁殖成就的性状。如果地形上有多个不同的山峰，则一个群体首先登上哪座山峰在一定程度上取决于它的出发点在何处。

在此基础上，可以这样想象新物种形成的过程：设想某座山峰（比如图9.5中的A峰）上的一个群体中的一部分不知怎么走了下来，到达山脚，然后穿过适应性地形上的山谷，在一座新的山峰（比如图9.5中的B峰）上扎根。至此，B峰上的个体差不多与A峰上的个体在生殖上隔离，因为跨群体交配产生的后代将跌落山谷，适应性较低。这就很容易想象，两个群体之间可能进一步产生繁殖上的不兼容，最终导致完全的生殖隔离。从一座山峰移动到另一座山峰的过程，可视作开启新物种演化的过程。

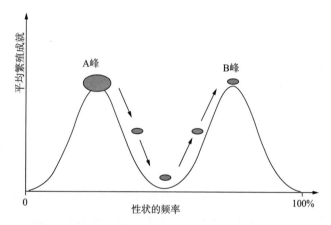

图9.5 峰移图解。A峰上灰色群体的一部分穿过适应性山谷，朝B峰演化。

但峰移是怎样发生的？群体要实现峰移就必须穿过低适应性的山谷，通过自然选择进行的演化过程理当阻止这种情况发生。这个问题困扰了演化生物学家们许多年，西沃尔·莱特是首先认识到其中困难的人。他的解决方案是，如果群体规模足够小，则峰移可能完全由于偶然因素而发生，即使自然选择起初会对抗峰移。

有一件趣事值得一提。将近20年前，也就是非基因遗传研究远未流行起来的时候，有些研究者探讨过表观遗传有可能提供什么样的替代方案[326]。后来菲利波斯·克里罗诺莫斯及其同事进行的理论研究[327]更清楚地揭示了这种可能性背后的原理，证明基因遗传与非基因遗传的相互作用怎样轻而易举地让群体从一座山峰移动到另一座山峰。

这项模拟研究相当复杂，结果倒是不难理解。他们模拟了一个群体在有着多座山峰的适应性地形上的演化。在一组模拟中，群体只能通过基因改变发生演化；在另一组模拟中，群体可以通过基因改变或者表观遗传改变发生演化，或两者兼而有之。基因遗传体系与表观遗传体系的主要区别在于后者的突变率比前者高。

在只有基因遗传的模拟情境中，群体通常朝着地形上附近的山峰演化，然后永远停在那里，就像西沃尔·莱特所担心的那样。而在允许表观遗传参与的模拟情境中，群体仍会朝地形上附近的山峰演化，但在山峰上停留一段相对较短的时间后往往会发生移动，演化到地形上另一座更高的山峰上。

表观遗传的存在是怎样促使峰移发生的？克里罗诺莫斯和他的同事发现，在适应的初始阶段，群体主要通过表观遗传改变来朝附近的山峰演化，这是因为表观遗传体系的突变率更高，比起依靠基因遗传体系，群体靠表观遗传能更快地探索适应性地形上不同的区域。同理，即使群体登上了附近山峰的山顶，表观遗传体系的高突变输入还在继续提供途径，让群体能尝试地形上的不同区域。当然，这些表观遗传变异的适应性大多低于亲代，因而不会留下任何后代；但偶尔会有幸运的变异获得更高的适应性，峰移得以发生。这在只有基因遗传的群体里不太可能发生，因为基因突变率太低了。

表观遗传变异能力允许峰移发生，但这还不是最终结局。对于山顶上的群体，表观遗传的高突变率会让它有效地尝试地形上的其他地区，但也意味着群体中所有个体的繁殖产出都会受损，因为有相当一部分子代携带着会掉进适应性山谷的突变。不过在群体通过表观遗传适应停留在山顶期间，基因改变也在继续进行。终于，群体获得了一种基因型，它编码着对这座山峰的适应。一旦这种基因型出现，携带该基因型的个体就会比通过表观遗传进行适应的个体留下更多成功的子代，因为它们的突变率低。最终，基因遗传体系取代表观遗传体系成为适应的基础。

表观遗传体系通过这种方式为群体提供了探索适应性地形上不同区域、实现峰移的手段，最终由基因遗传体系接手，使群体在山顶的位置稳固下来。这些理论当然还比较粗浅，需要一系列关于基因与表观遗传体系互动的具体假设。但这些结论已始激励人们进行实证研究，有两项独特的研究已经开始探索在成种过程中是否会观察到先发生表观遗传演化而后发生基因演化的模式。

其中有一项针对北美洲东部溪流里的淡水鲈鱼的研究[328]。研究者首先观察一个特定的鲈鱼物种——奥姆氏镖鲈（见图 9.6）的几个不同群体。其中的原理是，如果这些群体处在变成新物种的早期阶段，那么群体之间的表观遗传差异应该大于基因差异。结果发现正是如此。接下来他们观察了更大范围内的几个不同鲈鱼物种的基因和表观遗传差异，分析用基因差异和表观遗传差异解释物种之间生殖隔离程度的效果。结果显示，物种之间的表观遗传差距是生殖隔离程度的重要预测指标，而基因差距则不是。两项发现都与理论在大范围内的定性预测吻合。

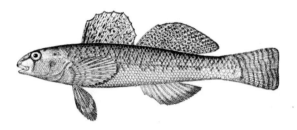

图9.6 奥姆氏镖鲈（来自维基百科公共资源）

另一项研究的对象是 4 个鸟类物种，属于加拉帕戈斯群岛的代表性鸟类——达尔文雀（见图 9.7）[329]。这项研究的目的也是探索物种之间的差异到底是来自表观遗传差异还是来自基因差异，观察结果同样与理论预测大体相符。这 4 个物种之间的表观遗传差异通常大于基因差异，而且两个物种之间的关系越远，表观遗传的差异通常越大，基因差异则有大有小（至少对这项研究涉及的特定基因变异类型来说是如此，即基因组中重复遗传因子的副本数量）。

1.大嘴地雀；2.中嘴地雀；3.小嘴树雀；4.加岛绿莺雀

图9.7 达尔文雀的不同物种（约翰·古尔德绘）

对物种形成过程中表观遗传学作用的这些初步研究成果令人激动，它们与理论预测相符，即表观遗传通过启动演化改变允许峰移发生，基因改变随后跟上。不过，我们也要谨慎地避免过度解读这些研究结果。例如，上述两项研究都未能确定相关的表观遗传标记是否的确从一代传递到了下一代，而且研究中所分析的群体遗传因子只是从范围广阔的基因组中人为选取的一部分。如前几章所述，仍然存在这样的可能性：研究中测量的表观遗传差异并不能遗传，而是由基因组中某些未观测到的因子编码；或者这些表观遗传差异仅仅是对环境的塑性响应。由于这些未知因素，关于这个有趣的问题还有大量工作要做。

由扩展遗传参与的重大演化转折

约翰·梅纳德·史密斯和厄尔什·绍特马里在他们影响深远的著作《重大演化转折》中指出了演化史上发生的几次重大转折，其中许多转折涉及繁殖特性的变化：实体原先作为独立繁殖的个体存在，在经过这类转变之后开始作为一个单元存在，并作为单元经受选择进行繁殖。比如，两种差异很大的原核生物（古细菌和细菌）通过共生形成真核细胞时，就发生过这种转变；单细胞真核生物演化成多细胞真核生物，独居动物演化成社会性动物时也是如此。梅纳德·史密斯和绍特马里还指出，有几次转变牵涉新型遗传形式的演化，例如原初细胞的基因遗传、真核生物复杂的表观遗传以及人类世系中累积性的文化遗传[330]。

在我们看来，遗传的演化历程中一些非常有意思的进展也与多细胞生物主要世系的诞生有关。有些后生动物世系，如蜕皮动物（节肢动物、线虫及其近亲）和脊索动物（脊椎动物及其近亲）演化出了专门化的生殖细胞，在早期发育中隔离出来，产生分隔生殖细胞与体细胞的"魏斯曼屏障"。如前所述，这道屏障与其说像一堵砖墙，不如说像一面网筛，但它无疑能保护生殖细胞免受部分类型的环境的影响。（有趣的是，真社会性的演化可能在这道屏障上添加了一层保护。在真社会性物种里，生殖细胞隔离在负责繁殖的"女王"体内，"女王"则被严密保护在群落内部。）其他世系，如软体动物、环节动物和棘皮动物等在成年阶段才发育出生殖细胞组织，植物也是如此[331]。这些生物没有真正的"魏斯曼屏障"，其生殖细胞可暴露于更大范围的环境影响。不过就算是在拥有"魏斯曼屏障"的世系里，生殖细胞隔离对非基因遗传的限制也经常被抵消，因为生物演化出了与繁殖创新有关的新型非基因遗传机制。例如，大多数动物进行有性生殖，从而拥有产生亲本效应的机会。许多动物和植物的亲代与子代在受精之后仍存在某种形式的联系，给母本（有时是父本）创造了许多影响子代发育的额外机会。一些动物世系演化出了复杂的大脑和行为，从而使行为变异有可能从亲代传递给子代。多细胞世系的复杂生理活动、神经系统和繁殖模式的演化带来了一些遗传方面重大新进展，例如遗传方式的多样化遗传以及受精后遗传机制的出现。

此外，正如伊娃·雅布隆卡和马里安·兰姆强调的那样，新型机制不仅是产生的结果，而且能成为推动演化发生的因素。遗传机制变得越来越精巧，有可能影响正在经历转变的世系的演化潜力。虽然最简单的原核生物中已经有非基因遗传现象发生，但真核生物中出现了遵循不同规则的新型非基因遗传机制，无疑给非基因演化响应创造了新机会，也使基因遗传与非基因遗传的相互作用更加复杂。

这些遗传多样性有可能塑造了"宏演化"史的许多方面。例如梅纳德·史密斯和绍特马里指出，原核生物世系未能演化出多细胞特性，有可能与细胞结构和表观遗传范围有关。原核生物拥有简单的表观遗传机器，可以想象这套机器能在多细胞生物体内支持细胞世系特化。但是真核细胞演化出的表观遗传系统要复杂、灵活得多，有潜力在细胞之间实现几乎无限制的遗传，因此它才是真核生物多细胞特性演化的最合理的解释。这些表观遗传系统还可能在性别演化中起到关键作用。我们前面讲过，表观遗传和细胞质质量的变异可能使细胞融合策略受到自然选择的青睐，该策略也许就是有性生殖演化的第一步。前面还讲过，非基因遗传有可能对衰老现象和婚配制度的演化起到重要作用。此外，累积性的文化和符号通信无疑在人类演化史上扮演了核心角色；文化传承与基因之间庞杂的相互作用有可能允许人类演化出许多独特的性状，包括复杂的心智理论[①]和语言。综上所述，非基因遗传机制的多样化也许在演化史上产生了重大影响。

　　在下一章也就是本书的最后一章里，我们将把重点转向自身物种，探讨扩展遗传的一些实践意义。

---

① 　译注：理解自身及他 人情绪、感觉、意图、信念等思想状态的能力。

第10章　人类生活中的扩展遗传

我们是否只能被动地遗传所获得的天性，无力更改？

——弗朗西斯·高尔顿，《遗传的特性与才能》，1865

　　高尔顿的这句引文来自他发表在伦敦的一种权威学术期刊上的文章。同一年，在遥远的哈布斯君主国摩拉维亚省布尔诺市，一位名叫孟德尔的修道士向布隆自然历史学会提交了一篇关于豌豆研究的论文。不管是高尔顿对人类才华遗传的抨击还是孟德尔晦涩的植物育种技术报告，当时都没有人能预见它们会在生物学历史上扮演何种角色，也不可能知道它们会对人类生活产生怎样深远的影响。如今孟德尔的贡献广为人知，但高尔顿理念的影响没有得到充分的认识。不过，在两篇文章发表之后的几十年里孟德尔的工作尘封于故纸堆期间，正值高尔顿的作品说服当时有影响的同行们认为：遗传因子（"先天"）是自治的，与肉体无关；环境和抚养（"后天"）不那么重要，对后代毫无影响。20 世纪初萌发的科学世界观包含了高尔顿的这些理念。科学作家阿姆拉姆·沙恩费尔德在 1939 年撰写的文章《你与遗传》中对这些观念进行了总结。

这意味着，我们对自身的任何改变或一生中经受的任何改变，无论是好是坏，都无法通过物理遗传过程传递给我们的子女[332]。

一路跟随本书思路的读者会意识到，这种遗传观与大量证据相抵触。无数研究已经证明，我们一生中的经历能够对后代产生影响。本书的大部分篇幅致力于说明，演化研究不应该继续对这类效应视而不见；但在这最后一章中，我们将从现代社会中人类的实际关切出发，简单探讨此类效应的切实影响，以及忽视其影响有可能导致的悲剧后果。

损毁殆半，枯萎干瘪

1973 年，华盛顿大学的研究人员观察了一类带有特定出生缺陷的儿童，他们有着特征性的面部和骨骼畸形，并且发育迟缓，存在学习障碍，运动控制受损。研究者得出一个令人瞠目的结论：这些孩子是母亲在孕期大量饮酒的受害者。作者们指出，他们未发现此前曾有报告将孕期酗酒与儿童先天畸形联系起来[333]。直到 20 世纪 80 年代，美国政府才开始向孕妇发布关于孕期酗酒风险的警告[334]。

关于 20 世纪 70 年代胎儿酒精中毒综合征（FASD）的发现，让人震惊的一点是，早在古希腊和罗马时期人们就知道孕妇饮酒与儿童发育异常有关，但该现象在 18 世纪和 19 世纪的欧洲依然是一个突出的社会问题[335]。英国皇家医师学院在 1726 年呼吁政府管制杜松子酒销售时，引述了儿童先天畸形的情况[336]。几年后，英国牧师兼社会活动家托马斯·威尔逊在一篇论述酒精的邪恶之处的文章中总结了"城中最有名望的医师们"的专业意见：

但对于酗酒成瘾的母亲所生的孩子，这些蒸馏烈酒有着更为确定的恶劣影响，导致他们来到世上就是损毁殆半、枯萎干瘪的模样……如果怀孕的妇女沉溺于烈酒，幼小的胚胎必定也喝下了他们的那一份 [337]。

20 世纪初，多项针对人类群体的研究证实了酒精对胎儿发育的影响。丽贝卡·华纳和亨利·罗塞特在他们的历史文献评论中总结说："处理酗酒问题的医师和疗养院负责人似乎毫无疑义地认为……父母饮酒会伤害子女" [338]。大部分实验动物研究也得出了同样的结论。例如，康奈尔医学院的查尔斯·斯托卡德和乔治·帕潘尼科罗 [339] 持续几年研究酒精对豚鼠的影响，于 1918 年得出结论认为母本酒精摄入会直接影响发育中的胚胎，父本和母本摄入酒精会损害精子和卵细胞里的遗传材料（"种质"），导致子代乃至子二代出现多种发育异常 [340]。

然而科学家们的观点很快就发生了惊人的转变——变化如此之大，以至于到了 20 世纪 30 年代初，FASD 被当成了荒诞不经的传闻，随后 40 年里差不多被遗忘。这是怎么回事呢？

FASD 被生物医学所否认的过程比较复杂，涉及第一次世界大战、美国禁酒令的颁布、社会对女性和饮酒的态度的转变，甚至优生学运动也插了一脚 [341]。不过，大西洋两岸的科学家都完全否认 FASD 的大量相关证据，只有在当时风行的学术气氛下才说得通。当时正发生着一场科学革命，其核心信念是孟德尔遗传是亲代到子代的唯一遗传因子，决定性事件则是把所有的"拉马克主义"残留都从生物学中清除出去。

要理解这段历史，重要的是必须认识到，在 20 世纪早期，父母摄入酒精对儿童特征的影响被视作"软遗传"的表现 [342]。有些研究者相信酒精破坏了卵细胞和精子里的"种质"，这种效应显示环境能以可预测的形式改变遗传因子，明显违背了"魏斯曼屏障"。例如，斯托卡德和帕潘尼科罗根据他们关于酒精对豚鼠的影响的实验进行了如下总结：

> 所有能进入体液的陌生化学物质都会抵达生殖细胞……［后者］可能被修改到无法正常发育……不仅由最初修改的生殖细胞生成的世代会受影响，由这些经修改的种质繁衍出的所有未来世代都同样会受影响[343]。

在禁酒令实施期间（1919—1933），酒精对人体健康的影响不再是美国公众迫切关注的问题，研究 FASD 的科学家开始更加注重其研究的理论意义，相关研究很快被视为检验"拉马克式"遗传能否发生的手段[344]。例如，在 1923 年一篇提交给美国哲学学会座谈会的论文中，华盛顿大学的弗兰克·汉森讨论了酒精对子代的影响后总结说："经过这么多年，拉马克理论看起来仍处在'正'与'反'拉锯的阶段[345]。"

但到了 20 世纪 30 年代，争论就结束了。获得性状的遗传被宣布为荒诞虚假，遭到孟德尔遗传学这门新科学的否认。就像本书第 3 章所说的，这种共识建立在不可靠的证据和逻辑之上，却几十年屹立不倒。在驱逐"拉马克主义"、净化生物学的过程中，人们也否定了 FASD。

科学家通过重新解释证据来解决 FASD 问题。为了使相关人类群体研究结果与孟德尔遗传学协调一致，他们提出，导致子女先天畸形的因素并不是父母摄入酒精，而是坏基因在亲子两代身上都造成问题。也就是说，酗酒的父母与他们的子女共同拥有某些基因，这些基因既会引发酗酒倾向，也会导致胎儿发育异常[346]。例如，《美国医学会杂志》向读者做出如下保证：

> 受孕时父母急性酒精中毒对子女有害，这种观念由来已久，但并无根据……例如饮酒者的子女智力缺陷的发病率比普通人群要高，但人们也发现酗酒者往往来自有着遗传性愚鲁的家庭，导致酗酒者的子女愚鲁的是这种遗传，而不是酒精对种质的损害[347]。

又如，霍华德·哈加德和埃尔文·杰里内克在他们于 1942 年完成的著作《酒精解析》中说："酒精不会导致血统低劣，但许多酒鬼出自低劣血统[348]。"有了这番巧妙言论，人们就无需认同诸如酒精之类的环境因子能以可预测的方式改变子代特征，明显违反"魏斯曼屏障"。

坏基因不能解释动物实验结果，比如斯托卡德和帕潘尼科罗的实验。然而 20 世纪早期可用的实验技术和分析手段相对比较原始（第 3 章探讨过这个问题），实验证据好坏参半，不容易解释，方便了后来的研究者直截了当地斥之为不可靠[349]。这就像阿姆拉姆·辛菲尔德在 1939 年所说的："有些实验报告称酗酒或其他危险习惯可能通过遗传进行传递。所有这些'发现'都不可信[350]。"

解决了证据之后，英国和美国科学家在此后几十年里一致否认酒精能影响发育[351]。哈加德和杰里内克以明确的措辞总结了这一共识：

事实就是，迄今尚无可接受的证据显示急性酒精中毒能对人类种质产生任何影响，或以任何方式改变遗传，或导致儿童的任何异常[352]。

1964 年，也就是 FASD 被重新发现的几年前，人类学家阿希利·蒙塔古以更加断然的语气写道：

在进行了历经多年、数以百计的研究后，现在可以明确地表示，不管母亲（或父亲）摄入的酒精数量有多么巨大，种质细胞和子女发育都不会受影响[353]。

但 20 世纪中叶的这个科学共识错得离谱。自 20 世纪 70 年代以来，数以百计的研究证明 FASD 确实存在，如今人们认识到母亲酗酒是儿童发育异常和存在智力障碍的主要原因之一[354]。虽然酒精的影响不像某些早期研究者认为的那样能传递多代，但子宫内暴露于酒精的胚胎毫无疑问会受到影响。有几项研究还支持 20 世纪早期的实验结论，提供证据显示父亲酗酒能通过精子携带的物质影响子女[355]，其间可能牵涉酒精诱导的表观遗传变化[356]。换句话说，事实表明就算酒精不能改变生殖细胞的 DNA 序列，它也能以 20 世纪中叶科学家完全不了解的其他方式影响胚胎发育。如今，孕妇或准备怀孕的女性会时常收到切勿饮酒的警告（也许有一天准爸爸们也会收到同样的警告）。

对母亲和孩子都没有不良影响

谁也不知道有多少可预防的 FASD 病例成了从生物学中清除"拉马克主义"的行动带来的附带损害。事实上我们还怀疑同样的心态是否还促成了其他一些医疗失误的悲剧，例如沙利度胺（反应停）灾难事件。沙利度胺于 1954 年由联邦德国的制药厂格兰泰开发，在 20 世纪 50 年代末期到 60 年代初期广泛面对孕妇销售，用于镇静情绪、治疗晨吐。格兰泰宣称沙利度胺无副作用，英国经销商 DCBL 则承诺"孕妇和哺乳期的妈妈可用，绝对安全，对母亲和孩子都没有不良影响"。但最终沙利度胺在多个国家导致数以千计的儿童发生严重先天畸形——肢体缺失或萎缩，往往伴有神经系统及身体其他部位的缺陷[357]。

沙利度胺在进入市场之前，曾在成年人和大鼠身上进行了安全性评估，但没有做过实验观察它对发育中的胚胎是否有危险。这个疏忽的原因很复杂。经销沙利度胺的公司显然急于对潜在风险轻描淡写，审批沙利度胺的政府机构渎职，但医生和医学研究人员的态度应当也起了作用。虽然 20 世纪 50 年代有不少研究已经证实化学物质可能通过胚胎从母亲传递给胎儿[358]，但人们当时并未广泛认识到一种药物可能对妇女几乎或完全没有可见影响，却会严重损害她们的子宫里的胎儿[359]。认可沙利度胺并开出处方的医生们的知识水平和观念如何，值得进一步研究。但我们怀疑，导致人们否认 FASD 的高尔顿式遗传观念也促使医生们对沙利度胺的潜在危险视而不见。有一位医生在那场先天畸形流行病初露端倪时怀疑沙利度胺与此无关，后来承认他的疑虑源于自己的信念——"出生缺陷必有基因基础"[360]。沙利度胺灾难事件导致各国政府采取新的药物试验原则，要求调查药物对胚胎发育的副作用[361]。

人们在 20 世纪 60 年代就从沙利度胺悲剧中吸取了教训，这让人安心。然而，很久以后的事态进展让人们对沙利度胺的遗留影响感到不安。20 世纪 90 年代的研究显示，曾服用沙利度胺的女性的孙辈发育异常的可能性高得不成比例[362]。这些研究在部分医生和医学家之间引起轩然大波，一位儿科医师在《药物安全》杂志上宣称"拉马克主义早已被科学家抛弃"[363]，伦敦的一家主要报纸向读者保证"英国专家说药物导致的畸形不可能传给后代"[364]。这些在 20 世纪 90 年代晚期写下的话让读者觉得魏斯曼切掉老鼠尾巴的实验已给遗传学盖棺论定。要清楚的是，这里的问题不在于有关第二代效应的报告受到挑战，相关证据必定经受了详细审查（事实上沙利度胺第二代效应的问题还没有定论）；问题在于这类效应被当成了原则上不可能的事物——高尔顿的遗传概念排除了它的存在，这个概念已经承认毒素可能从母亲传递给胚胎，但依然坚决否认毒素对子二代产生影响的可能性。

营养出入子宫

既然人们在很多年里对 FASD 和沙利度胺的骇人影响视而不见，另一些较为平淡的影响花了更长时间才得到承认也就不奇怪了。孕妇营养不良的风险似乎如今不证自明,几乎没有科学家会质疑子宫内环境会影响胚胎生长发育的观念,但就在 20 世纪 90 年代,关于人类和其他生物体内营养诱导的母本效应,相关证据还是有争议的新鲜事物。

从 20 世纪 80 年代开始,戴维·巴克与他的同事针对 20 世纪早期生于英国的人群进行数据分析,报告说出生体重、胎盘大小之类的早期指标可以预示后来的健康状况,例如呼吸系统疾病和心脏病。巴克以这些观察为基础提出了"胚胎编程假说",认为母体健康和营养状况会影响子宫内环境,进而影响发育中的胚胎,对健康的影响可能持续终身 [365]。巴克的言论起初引发了激烈争议,批评者(正确地)指出,由于家庭贫困状况的巨大变数,母体营养状况与胎儿发育的联系尚无定论 [366]。然而巴克的关键见解后来被许多研究证实 [367]。巴克接下来与尼克·黑尔斯共同提出了节俭表现型假说,认为胚胎营养不良会损害胰岛 β 细胞的生长,导致稳定血糖水平的能力终身受损。黑尔斯和巴克推断,如果营养不良的胎儿出生在含糖食物超级丰富的环境里,其身体应对环境的压力会特别大,子宫内营养不良继以出生后营养过剩就成了发生 II 型糖尿病的捷径 [368]。

事实上,人们过量摄入高热量食物并缺乏体力活动的现象在世界上的许多地区已经非常普遍,阿拉巴马大学的爱德华·阿奇尔不久前提出这样的饮食与生活方式组合会建立一个复杂的正反馈回路,母亲的肥胖症通过这个回路使孩子很可能也患上肥胖症 [369]。阿奇尔认为,母亲患肥胖症导致子宫胎儿的营养供应过剩,改变胚胎发育过程,特点是储存脂肪的细胞过度增生,以其他组织和骨骼肌发育不足为代价。结果会使婴儿的体型和体重都较大,相对不活跃。他们的身体里的脂肪细胞相对于其他组织的丰度过高,生理上就容易以脂肪的形式储存能量。由于脂肪储存与引发饥饿感的生理变化有关，这些儿童特别容易过量饮食。

这还不是最糟的。阿奇尔援引的一些研究显示，超重的母亲特别倾向于一边哺乳一边看电视，这可能让婴儿把闪动的画面和声音与食物联系起来，许多儿童长大后继续一边吃饭一边看电视。当然，较为贫穷的家庭也倾向于吃高脂高糖的快餐食品和冷冻快餐（"电视餐"），因为这些食品廉价，容易买到，容易准备（更不用说它们有着经过科学设计的诱人味道和气味，并且在电视上大力向儿童推销）。阿奇尔提出，许多家庭现在达到了一个临界点，继续发展下去的话，将很难打破越来越肥胖的循环；连节食和锻炼也没有用，因为肥胖的倾向早在胚胎发育期就刻进了身体里；生理与行为母本效应的这种组合会使肥胖倾向于一代代增强，通过改变生活方式对抗肥胖越来越困难。有些家庭还可能有着基因导致的肥胖易感性，或者由于基因而更容易产生与肥胖增强反馈回路相关的母本效应——基因与非基因遗传体系的相互作用。根据阿奇尔的假说，母亲通过非基因方式把一套生理和行为性状传递给女儿，成为肥胖症发病率越来越高、程度越来越严重的基础。这是一种非基因形式的演化，在当今世界的一些地区表现为肥胖症加速泛滥。

巴克的胚胎编程理论目前已在许多新领域得到了推广应用，并成为"健康和疾病的发育起源"（DOHaD）研究项目的基础。这是一组活跃的研究计划 [370]，其基本前提是：成年人生理和心理健康的许多方面由子宫内或幼年经历的环境塑造，营养过剩或营养不良、压力、暴露于酒精或尼古丁等毒素、精神刺激等因素有可能影响发育，造成持续终身的生理影响。发育过程分为一系列非常有规律的阶段，特定组织和器官在受孕后特定天数产生，每一步都为下一阶段提供关键平台，因此DOHaD预测，特定环境因素产生的具体影响往往取决于胚胎期暴露的时间（从沙利度胺诱发出生缺陷的妊娠期"时间表"就能看出 [371]）。鉴于发育的许多方面似乎是为了允许胚胎根据环境进行生理调整而演化出来的（例如母体营养不良可能触发发育变化，准备造就一个能应对食物短缺的身体），DOHaD 还提出，如果胚胎环境和出生后环境不匹配，就特别容易导致健康水平低下。

DOHaD 的预测可以用小鼠、大鼠和兔子等实验动物进行检验，但出于显而易见的伦理原因，对人的研究必须是相关性的 ①，解读起来更有挑战性。前面讲到，巴克关于胚胎编程的证据起初遭到批评，因为体重过轻的婴儿往往也出生在贫穷家庭、贫穷社区和弱势族群。虽然很难从人类数据中完全剔除这些因素，不过研究者已经利用了"自然实验"（通常是战争时期的悲剧）来检验 DOHaD 的预测。

其中最有名的一项研究涉及荷兰的"饥饿冬天"，这是第二次世界大战即将结束时荷兰西部全体人口遭受的一场长达 5 个月的严重饥荒，当时纳粹德国对该地区实施全面食品禁运，封锁导致阿姆斯特丹及周边地区的每日能量配给从 7500 千焦降到仅 1600 千焦 [372]。研究者关注在此期间受孕或饥荒到来时已怀孕的妇女所生的孩子，深入理解母体营养影响胚胎发育导致的终身后果。研究发现，怀孕头三个月挨饿的母亲生下的孩子体型较大，后来肥胖症、心脏病、认知功能障碍的发病率上升；孕中期挨饿的母亲生下的孩子呼吸系统疾病的发病率较高。相反，几乎没有证据显示孕晚期挨饿的母亲会生下健康水平低下的孩子。这些母亲生下的孩子的体型较小，肥胖症终身发病率较低 [373]。这些发现看起来很荒谬，因为越是到怀孕后期，胚胎的能量需求越大，母亲挨饿导致的

---

① 译注：相关性研究通过变量的相关性探寻其因果关系，不对变量进行人为操控，有别于实验研究。

胎儿能量缺口也越大。然而从 DOHaD 的角度看，孕早期母亲挨饿的惊人影响是有道理的，因为人体形态、生理和代谢的许多方面都在胚胎发育早期由"编程"定终身，孕早期的子宫内环境有可能最为重要，此后阶段对这些效应进行补偿的能力十分有限。

将荷兰的"饥饿冬天"与另一场战时悲剧——德军围攻斯大林格勒（今伏尔加格勒）进行比较，可以看出胚胎发育早期暴露于饥荒的人的健康状况之所以糟糕，主要是因为出生前与出生后营养水平不匹配。荷兰饥荒结束后，能量摄入水平很快恢复正常，在子宫内暴露于饥荒的幼儿出生后面临食物充裕的环境。相反，斯大林格勒饥荒过去之后是很长一段热量摄入依然受限的时期，当时饱受战乱之苦的苏联正艰难地恢复食品供应。正像节俭表现型假说预测的那样，在荷兰经历过"饥饿冬天"的母亲们所生的孩子身上观察到的有害代谢效应并没有出现在斯大林格勒围困中的母亲们所生的孩子身上 [374]。

早期分析集中关注经历过"饥饿冬天"的母亲们所生的孩子，后来的分析还揭示了她们的孙辈所受的影响。研究者发现，与对照组相比，这些孙辈出生时的身体更矮，体重更大 [375]。他们成年后的身体质量指数也更大（比对照组重 5 千克），但有趣的是该现象只发生在祖母经受过饥荒的人身上。上述效应背后的遗传机制至今还不为人知。尽管有些分析在经历过"饥饿冬天"的母亲们所生的孩子身上发现了表观遗传变化，但这些孩子与对照组相比更不活跃，更倾向于高脂饮食，意味着不健康的生活方式的行为传递可能也发挥了作用 [376]。不过近期对冈比亚的一个农村人群的研究显示，母本营养不良的影响有可能至少在一定程度上由 DNA 甲基化的改变所介导。在这个人群中，食物充裕程度以及热量与蛋白质的摄入有着季节规律，可以预测。研究者发现，在食物匮乏、农活最繁重的雨季受孕所生的孩子与在食物充足的旱季受孕所生的孩子相比，有几个基因的甲基化模式不同，而且这些甲基化模式持续终身[377]。不管背后的机制如何，这些发现都显示 DOHaD 研究有必要考虑母亲在受孕前所处的环境和经历，并且跳出单个世代的局限来看问题。

事实上，人们现在已经认识到，许多家族内部流传的疾病有着非基因因素，例如 DNA 甲基化异常[378]。普拉德－威利和安格曼综合征可能与基因组印记（一种表观遗传机制，特定的基因甲基化状态不同导致基因表达状态不同，具体取决于遗传自母本或父本）的正常模式被扰乱有关。人们还发现其他一些疾病（如血红蛋白缺陷、某些智力障碍和肌肉萎缩）也与表观遗传失调有关。在某些癌症的发病过程中，在身体内部细胞系之间传递的表观突变扮演着重要角色。当然，传递发生在母子之间时，就很难确定改变后的表观遗传状态到底是由生殖细胞传递的还是由胚胎在子宫内经历的条件改变传递的，甚或是通过乳汁或母本行为等出生后因子传递的。不管哪条传递途径都不会改变遗传疾病存在的事实，但理解传递机制可以为预防和治疗决策提供参考意见。传递途径的复杂性是医学研究者对父子传递案例特别感兴趣的原因之一，毕竟父子传递过程中至少有一部分非基因遗传途径可以被排除掉，例如子宫内环境。

父亲的罪孽

DOHaD 研究（例如巴克和阿奇尔的假说，以及对荷兰"饥饿冬天"和斯大林格勒围城的相关数据分析）集中关注母亲和子宫内环境的作用，这固然很有道理，但父亲的影响又如何呢？如今的研究者认同母亲提供子代发育环境。对于大多数生物（包括人类），人们往往觉得父亲对子代发育的贡献就是一套基因配上一台舷外发动机。但越来越多的证据显示受孕前父本所处的环境也能影响子代的发育和健康，因此上述观念正在发生改变 [379]。

　　人们长久以来忽视父本环境的作用，根源在于想不出有什么分子或生理机制能把父本环境效应传递给胚胎，不过现在有了几个候选机制。雄性所处的环境能改变精子内的 DNA 甲基化状态、染色质结构、RNA 内容甚至 RNA 甲基化状态，这些表观遗传因子传递给子代后有可能改变发育过程中的基因表达 [380]。也就是说，来自父本的基因包裹附带着一组指定这些基因在发育中怎样表达的指令，雄性所处的环境、经验或衰老有可能损害或修饰这些指令。精子仅是射精产生的物质中的一小部分，精浆影响遗传的可能性越来越明显。在哺乳动物、昆虫和其他体内受精的动物中，精浆是名副其实的化学物质大杂烩，包含数以百计的不同蛋白质、RNA 和其他分子 [381]，雄性的环境似乎能影响精浆的构成，进而影响子代发育 [382]。例如，近来对秀丽隐杆线虫的一项研究显示，父本 RNA 在早期胚胎发育过程中非常活跃 [383]，人类精浆里丰富的 RNA 混合物也可能起着类似的作用 [384]。环境对父本身体的影响跨越"魏斯曼屏障"、渗入精浆的一条可能途径是经由称为细胞外囊泡的神秘事物 [385]。第 4 章说过，这些微小的囊泡以膜包裹，是 RNA、蛋白质和其他分子的组合包，由体细胞释放，能通过体液转运到生殖腺，并可能通过精浆从雄性转运给雌性，进入卵细胞 [386]。

　　第 4 章和第 5 章介绍了通过实验动物取得的相关证据，显示父本饮食、压力甚至感觉经验都会影响后代的特征。围绕人类的相关性证据显示，我们这个物种里也可能存在类似的效应。最著名的例证来自瑞典北部的上卡利克斯地区。由于地处偏远，上卡利克斯地区的人群平常几乎完全靠本地出产的食物为生。当地的出生和收获记录使研究者能够确定 19 世纪末和 20 世纪初上卡利克斯地区出生的人能获得多少食物，分析这些人童年时期食物的匮乏与丰饶与其后代的健康状况有何关联。这项侦探工作发现了一个有趣的模式：孙代的健康状况和预期寿命在很大程度上取决于祖辈在童年能获得多少食物，这类效应有性别特异性[387]，即孙子的寿命受祖父的童年饮食影响，孙女则受祖母的童年饮食影响。这些效应是负向的，与整个童年时期食物都充足的人相比，童年曾经历过食物不足的人的孙代的寿命更长。此类祖辈效应似乎由儿子传递，不由女儿传递，这无疑提供了线索，但其中的传递机制还不为人知。饮食对 DNA 甲基化模式的影响是一个明显的候选机制（有证据显示精瘦男性与肥胖男性的精子存在 DNA 甲基化差异[388]，与该猜想吻合），但精子携带的 RNA、染色质结构乃至精浆携带的因子的变化都是合乎情理的候选机制。

还有证据显示，受孕前父本暴露于特定的物质有可能影响子代的生理和健康状况。亚洲的许多地区有一种称为槟榔的东西，由槟榔树的果实制作，以蒌叶包裹，往往还掺入石灰和烟叶，作为兴奋剂嚼食。一项针对中国台湾人嚼食槟榔的影响的研究显示，嚼食这种调制品的男性的子女容易出现肥胖、高血压、高血糖，即使子本身不嚼槟榔也是如此[389]。还有研究利用 20 世纪 90 年代早期生于英国布里斯托尔附近的一批儿童的数据[390]，观察了父亲吸烟对子女健康的影响，结果表明如果父亲开始吸烟的年龄较小，儿子就容易患肥胖症，那些在儿童时期就开始吸烟的父亲尤其如此。

这些发现显示，DOHaD 的父本方面非常重要，但一直被忽视。这种状况直到不久以前才有所改观[391]。虽然只有母亲提供胚胎发育的物理环境以及供胚胎生长的能量和营养，但情况正越来越清楚，父亲除了向子女传递基因，还能传递环境影响。

心理创伤

1939 年，欧洲的犹太人口接近 1000 万，大多数居住在凯瑟琳大帝当年设置在俄罗斯帝国西境的"栅栏区"。在接下来的 6 年里，随着欧洲中部和东部落入纳粹德国之手，希特勒从优生学中得到灵感而提出的种族灭绝计划付诸实施。到 1945 年，欧洲约三分之二的犹太人被害，许多幸存者因为目睹恐怖场景而留下心理创伤。

大屠杀幸存者的人数如今正在迅速减少，但研究者提出幸存者的子女身上带有父母心理创伤的遗留影响。纽约市西奈山医院的蕾切尔·耶胡达进行的研究显示，与没有创伤后应激障碍（PTSD）的父母相比，患PTSD 的大屠杀幸存者所生的子女体内压力激素皮质醇的水平较低 [392]。释放皮质醇能帮助身体和大脑对抗压力，皮质醇水平较低意味着大屠杀幸存者的后代面对心理创伤时更为脆弱。父母存在 PTSD 影响子女皮质醇水平的机制还未知。近来有研究发现这些父母和子女体内都出现了DNA 甲基化改变 [393]，但还不清楚这到底是表观等位基因改变实现了亲代到子代的传递，或者仅仅是其他因素（如胚胎发育的子宫内环境或产后母本行为）引发的后果（事实上，连基因影响都不能完全排除，因为有些个体可能由于基因而更容易受创伤环境影响患上 PTSD）[394]。

有人认为，受过战争和饥荒创伤的人死去之后，创伤就消失了。但有几项证据与这种看法相抵触：大屠杀的影响可能在幸存者的子女身上依然存在，就像荷兰饥荒继续折磨着"饥饿冬天"的母亲们的后代。当然，每个人都有祖先经历过暴力、饥荒、传染病和其他创伤事件所带来的身体和心理压力，今天仍有数以百万计的人经历着这样的创伤。此类经验对人们的后代有何影响，我们的了解还微乎其微[395]。

以上介绍的研究显示，身体和心理创伤的某些影响可能传递给子代和孙代，但不明之处还有很多。这些祖先创伤效应要传递多少代才彻底消失？一代代人反复经受创伤会不会有累积效果？或者反过来，一代代人反复经受创伤能不能产生防止创伤持续产生影响的保护机制？多种形式的压力（例如心理创伤与营养不良）是否能以某种形式发生相互作用，导致后果比两者简单相加更为严重？

斯大林格勒围城的事例还显示，这类效应的严重性在很大程度上依赖背景条件。食物丰富程度、社会经济地位、社会融入等因素都可能减弱或增强祖先创伤效应。对大鼠进行的实验已经证明，祖先的压力经验有可能强化压力经验对后代的影响。如果雄鼠的祖父曾在子宫内暴露于模拟雌性激素作用的化学物质乙烯菌核利，则该雄鼠受约束时产生的压力影响比对照组强烈得多，在开阔的新环境中表现出的焦虑也更强。该研究还发现，暴露于乙烯菌核利的动物的后代体重更易增加[396]。祖先创伤与后代环境发生这类相互作用的潜力在人类身上表现得如何，目前还非常不清楚。

最具挑战性的问题或许是从群体层面上理解祖先创伤带来的后果。如果群体中足够多的个体受到影响，则水平影响可能会带来突现效应，加强祖先创伤的作用。有着暴力、饥荒或迫害历史的群体不仅在个体层面上受到祖先创伤的影响，而且在群体层面上经受整体影响，使祖先创伤的作用更为强烈。如果群体中许多个体在子宫内暴露于饥荒，就有可能发展出一些习俗或行为（例如身体活动水平下降，高脂食品消费增加），使母体饥饿对健康的损害加强并持续下去。同样，如果群体中有许多个体的祖先经受过心理创伤，个体之间的互动会使个体压力易感性增强的现象加剧。通过这种方式，祖先创伤效应可能在一个群体里连续传递多代。

追逐适应性山峰

过去两个世纪以来，我们的世界彻底改变了模样，变化的脚步还在以惊人的速度加快。有科学家根据生物学、气象学和生物化学方面的证据正式提出，地球已经进入了一个新的地质纪元——始于 20 世纪的人类世 [397]。这个新纪元的特点是生物圈面貌大幅改变，由一种脾气糟糕的猿类物种主导，其巨大的群体以规模宏大、品种单一的植物和动物共生物为食；其活动排放的温室气体正使大气和海洋的温度急速上升，还产生数以百万吨计的农业和工业废物。这些废物积累在海洋和土壤中，形成一个新的地质层，与终结恐龙时代的那颗陨石留下的死亡尘埃层一样清晰易辨。人类世的气候变化似乎还使气温和降雨的波动越来越快、难以预测，南太平洋的厄尔尼诺气候波动又加剧了其影响 [398]。这些变化正导致自然栖息地迅速退化、消化，无数物种濒临灭绝 [399]。

因此，理解物种怎样适应迅速变化、越来越难以预测的环境，不再是一个深奥难懂的基础研究目标，而是预测地球上其他生物的命运之所需，可能也包括预测我们自己的命运。这在本质上是一个关于快速演化的问题，正是扩展遗传能够带来重大变化的领域。

研究者从 20 世纪 90 年代开始探寻非基因遗传对群体生存与适应的作用。以色列的伊娃·雅布隆卡、匈牙利的乔鲍·帕尔等人进行的早期研究显示，非基因遗传有可能充当一种演化上的快速响应机制，以及某种中期的表现型存储器，帮助群体在迅速动荡的环境中生存，靠基因变化的缓慢过程无法跟上这种环境中的需求 [400]。例如，澳大利亚的部分地区会经历持续几年的干旱，旱涝交替快到不可能进行实质上的基因适应，但慢到可以根据亲代经历的条件来预测子代即将面临的条件。这些条件可能使自然选择偏向于预期亲本效应，后者是一种跨代可塑性，亲代可以根据预期条件调整子代的表现型——近来已有实验证实了这种预测 [401]。但即使环境动荡无法预期，或过于复杂，涉及的方面过多，无法演化出预期亲本效应，对随机非基因变异（例如可遗传的表观遗传标记）的选择也能让群体快速追逐变幻无常的适应力最优方案，比靠基因改变快得多——我们在第 7 章用脚步飞快的"非基因登山者"说明了这种可能性。

所以说，形式多样的非基因遗传有可能发挥关键作用，使群体得以适应快速变化的环境。这意味着要理解受威胁的群体进行快速适应的潜力，不仅需要了解其基因变异情况和对环境做出直接发育响应的能力（塑性），而且需要深入理解非基因遗传的作用。这就需要对遗传提出一类新问题，涉及遗传机制的分类学变异。例如珊瑚、加拉帕戈斯群岛的龟以及倭黑猩猩的生物学特征大不相同，也许非基因遗传对它们适应环境的作用也大不相同。珊瑚虫是群居动物，采用体内受精方式，没有大脑，但可能拥有广泛的表观遗传、细胞质和共生变异传递能力。龟可能拥有对饮食选择进行非基因遗传的能力，或许还能传递对筑巢地点的选择，以及巢穴温度影响的一系列性状。倭黑猩猩是高度社会化动物，具有行为创新与文化传递能力。深入理解每个物种的非基因遗传机制的类型，以及这些非基因遗传响应自然选择、与基因相互作用的潜力，有助于我们更深入地努力拯救这些动物免于灭绝。

事实上，这样的思考也适用于人类，以及我们适应现代生活挑战的能力。对处于困境中的人们来说，现代生活往往意味着拥挤、卫生状况恶劣、传染病和暴力威胁。对那些有幸生活在和平、繁荣的社会中的人来说，最大的挑战或许来自"第一世界"问题，诸如高热量食物过剩、生活方式不活跃、大城市生活的心理压力、衰老、疾病。其中一些挑战可能源于人们遗传的性状（例如骨骼结构、消化系统、代谢和心理应对机制）与他们为自身构筑的环境不匹配。人们往往把这种不匹配理解成基因适应的问题[402]。不过，尽管基因的地位不容置疑，人们的身体还携带着非基因的遗产，不匹配现象中有一部分可能反映了这些遗产的存在[403]。对人类群组的分析（例如上卡利克斯、荷兰的"饥饿冬天"、斯大林格勒围城等）以及对啮齿类动物的实验研究显示，当代人的一些健康问题可能源自其父辈或祖辈饮食和生活的迅速转变，或者暴露于模拟激素作用的化学物质。这些因素造成了挥之不去的非基因影响。有些非基因变化可能自我持续，例如前面说过，世界上部分地区的肥胖症流行可能是一个非基因演化事例，表观遗传、身体和行为因素共同驱动着这场演化。这些非基因变化还可能与基因因素相互作用，驱动基因变化，就像它们在整个人类演化过程中历来所做的那样[404]。要认识这些现象并缓解它们带来的影响，需要更好地理解扩展遗传。

微生物战争与抗药性

在一个受气候变化威胁的世界里，我们往往觉得快速演化是值得追求的，但它也可能是无数人类悲剧的根源。最明显的例子也许是细菌感染。在上世纪中叶大规模生产和使用抗生素之前，连微小的擦伤都可能因为细菌感染而发展成威胁生命的疾病[405]。同样，如果没有容易获取的抗生素能用来预防和治疗感染，很多外科手术也不可能广泛实施。但到了现在，由于迅速的演化，这些所谓的神奇药物已经不如以前有效，而且正是这些药物的应用导致无数细菌物种产生了抗药性。

瞥一眼近年的热门新闻，会让人觉得抗药性的演化是一个把所有人打得措手不及的现象。然而更仔细的调查显示，很早以前就有了这个问题正在迫近的清晰预兆。1945 年，亚历山大·弗莱明爵士因发现青霉素而获得诺贝尔奖，他在获奖演说中警告说，使用青霉素时"无知者对自身用药时容易剂量不足，将体内病菌暴露于非致命剂量的药物，导致它们产生抗药性"。或许更有趣的是，关于抗药性的早期警示信号还清楚地显示，抗药性问题也许应归咎于非基因形式的变异。

许多人都熟知弗莱明发现青霉素的故事。1928 年，他度假完毕回到实验室，发现培养皿里长出了一种霉菌，能杀死周围的细菌。杀菌能力源于霉菌分泌的一种物质，他将其命名为青霉。事实上，许多微生物都有能力生产此类毒素，作为消灭竞争者的一种手段。现代医学的成功有很大一部分来自人类利用这种错综复杂的细菌战的能力。

然而 1944 年，即弗莱明获得诺贝尔奖之前一年，他的一位爱尔兰同行约瑟夫·比格在医学杂志《柳叶刀》上发表了一篇短文，提出了对青霉素抗药性问题的担忧。比格在文中说，细菌培养物暴露于青霉素时，往往有一小部分细菌幸存。如今我们可能假设这些幸存者拥有抗药基因，比格也是这么想的。他认为，如果抵抗青霉素的能力是细菌的固定特性，则"有可能其后代也拥有……抗药性"[406]。为了检验这个观点，比格培养幸存的细菌，将它们的后代暴露于青霉素。让他吃惊的是，原始幸存者的后代并没有药物抗性，而是与原始菌群一样对青霉素敏感。但跟原始菌群一样，这批细菌也有一小部分幸存下来。用今天的语言来表达，比格得出的结论是，抵抗青霉素的能力应当是细菌的一种高度可突变的表现型性状，而不是基因编码的性状，否则我们不会看到原始幸存菌群的药物敏感状态发生了如此迅速的逆转。因此，他发明了"存留者"一词指代这些幸存的细菌，将它们与基因抗药的细菌区别开来。

比格的研究当时没有引起人们多大的注意，他转而发展其他方面的爱好，1947 年当选为爱尔兰参议员。不过，近年来人们对他的工作重新产生了浓厚的兴趣。例如，我们现在知道存留细胞能够通过休眠、停止增殖来对抗药物 [407]，而且细胞的休眠倾向似乎受到内部的一种特定蛋白质分子含量的影响，一旦含量超过某个水平，就发生休眠 [408]。就像第 7 章谈到的文特尔细胞一样，类似于这种休眠蛋白质的非基因因子可能在细胞分裂时经由细胞质传递，休眠蛋白质一代代稀释，由基因编码、新近合成的蛋白质补充。这样一来，由于基因遗传与非基因遗传的相互作用，细胞发生休眠，从而抵抗药物的倾向应当会逐渐演化。如果这一猜想正确，那么只有运用包含了扩展遗传概念的框架，才有可能彻底理解抗生素的演化影响。

今天人们重新对存留细胞产生兴趣，主要是因为越来越清楚地认识到许多医疗上的失败都有可能是存留细胞导致的。但存留细胞并不是非基因遗传影响抗药性演化的唯一机制。近来的研究还显示，细菌细胞分裂期间特定细胞膜复合体不对称的分区也可能导致后代细菌产生表现型异质性，使一部分细菌耐药，而其他细菌对药物敏感，尽管它们的基因相同 [409]。人们还进一步认识到，癌症化疗的耐药问题有很多也可能是非基因遗传导致的 [410]。所有这些结果再次彰显，扩展遗传的潜在重要性远远超出学术追求的范畴，可能对治疗多种人类疾病有重要意义。

从微型猪到伍迪·格斯里

非基因遗传对基因工程这个热点争议话题也有很大的影响。不管是为了开发更好、更加可持续的食物来源，还是为了治疗疾病，对生物进行基因操作总是会激起人们强烈的情绪，喜爱与反对兼而有之。近年来开发出的分子生物学工具 CRISPR-Cas 可用于对多种生物进行极为精细的基因操作（见框 10.1），导致这些问题重新成为人们关注的焦点。

框10.1　CRISPR–Cas

1987 年，日本研究者中田笃男在细菌中发现了一种特殊的 DNA 短序列重复模式 [411]。这些重复的 DNA 序列最终被命名为成簇规律间隔短回文重复序列（Clustered Regularly Inter-spersed Short Palindromic Repeats，CRISPR）。与这些重复序列有关的基因所编码的蛋白质称为 Cas 蛋白质（和基因），代表 CRISPR 相关蛋白质。接下来 20 年，进一步的研究在许多细菌中都发现了 CRISPR-Cas 的存在，并开始揭示这些重复序列的功能 [412]。最终人们通过实验确认 CRISPR-Cas 是一套强有力的细菌免疫系统，保留着对此前病毒感染的记忆 [413]。病毒感染细菌时会把基因物质释放到细胞中，利用细胞的机器进行复制。在此过程中，有些 Cas 蛋白质能提取病毒基因组的碎片，将其插入细菌基因组的重复 DNA 片断之间。这些间隔区包含该品系细菌此前遭受的感染的基因指纹 [414]。如果细菌后来感染的病毒基因组与某个 CRISPR 间隔区吻合，其他 Cas 蛋白质就会在外来基因物质序列中该间隔区确定的位置上进行精确剪切，从而阻止它复制。

科学家很快认识到这个免疫系统的演化奇迹可以用于基因工程 [415]。例如，如果有人想在一条 DNA 序列上的某个特定位点进行剪切，只需要给 CRISPR-Cas 系统提供一个带有目标序列的间隔区，插入细胞即可。CRISPR-

---

Cas会在DNA链上期望的位置进行剪切。剪切完成之后，细胞通常会努力修复DNA，但往往会出错，于是该位置的基因会失活。剪切两次就能去除一段DNA，如果同时引入带有期望属性的新DNA片断，正在努力修复DNA的细胞就会上当受骗，把新DNA片断整合进去。这样就得到了一个特定等位基因被删除、代之以另一个等位基因的细胞[416]。

CRISPR-Cas 的威力之强大，最好的说明就是已经在开发或正在计划的应用范围之广。《自然》杂志近期刊登的一篇文章《CRISPR 动物园》[417] 谈到了蜂群中清洁行为过度以预防疾病的转基因蜜蜂、减少免疫反应发生率的转基因鸡蛋蛋白质、从已经灭绝的猛犸象身上提取耐寒基因给濒危的印度象改良基因，甚至有一家基因组学公司用 CRISPR 培育出 15 千克重的宠物"迷你猪"，可按需定制不同的毛皮花纹。但迄今最有可能让人警惕的一项应用也许是创造出自带 CRISPR-Cas 技术的病毒，它能让小鼠发生呼吸系统感染，对小鼠肺部的细胞进行基因修饰，引发癌变[418]。这项研究的目标是高效培育适用于肺癌研究的小鼠，但不难想象类似的方法有可能用于更邪恶的目的。该领域飞快的发展速度意味着，几乎可以肯定，当你读到这段文字时上述名单已经过时了。

CRISPR-Cas 技术的另一项重要的潜在应用是开发和改良可持续的食品来源。这同样引发了争议，部分原因是我们并不完全了解用这种方法改造食品来源的后果。争论的一方认为，基因工程与选择育种并无本质区别，后者是人类自从开始驯化动物和植物以来就一直在运用的食品改良手段。另一方则坚称，人们还不清楚对生物进行基因修饰是否在实质上与选择育种等同。例如，直接修饰西红柿的基因来改良风味，得到的西红柿株系是否等同于艰辛地一代代只选育风味符合期望的西红柿所得到的株系？如果扩展遗传的确对演化有重要影响，直接修饰生物基因就不等同于选择育种。通过选择育种培育具有期望风味的西红柿，会带来非基因和基因两方面的改变，而直接修饰基因只包含基因方面的改变，这一区别将间接影响到食品安全。更概括地说，扩展遗传的现实意味着自然选择或人工选择带来的最终演化产物可能与直接基因修饰的最终产物大不相同。

CRISPR-Cas 最重要的潜在应用也许是治疗人类的遗传疾病。比方说，如果理解了一种疾病的基因基础，就可能用这项技术改变相关基因，使它们不再致病。意料之中的是，这种设想也引发了争议，但大多数争议集中于是否应允许对人类生殖细胞或处在发育极早期的人类胚胎进行基因修饰。这类修饰会改变个体的健康状况，还会传递给后代。这可能会引发什么后果，我们对此近乎一无所知。此外，修补某个人有缺陷的基因构成，对这个人来说大概是合乎需求的，但我们是否有权不经那些尚未出生的人许可就改变他们的基因组？基因缺陷与可接受的基因变异之间的分界线应该划在哪里？有一种观点认为，人类生殖细胞属于全人类共有的公共物品。我们是否应当保护基因池，防止这种公共物品发生基因悲剧？[419]

这些话听起来非常像科幻，但 CRISPR-Cas 正把科幻变成现实。治疗人类遗传疾病的第一波尝试，想必会围绕那些基因因素相对简单的疾病进行。其中一种可能是治疗基因遗传疾病亨廷顿病，这种疾病会引发神经退化，最终导致死亡。大多数病例由单一基因座上的一个显性等位基因引发，意味着患病的父母所生子女有 50% 的概率患病。大萧条时期的美国民乐家伍迪·格斯里[420]可能是该疾病最著名的受害者。格斯里在 55 岁时英年早逝，但他一生的音乐作品非常丰富，影响力极大。他有几位子女，其中两位也死于该疾病。这大概是最有可能理直气壮地用 CRISPR-Cas 改造生殖细胞的理由，就算这件事也理所当然地难以达成共识。无论如何，该领域的研究已在推进中，政府决策者正在费力地跟上生物技术发展的急促脚步。

2015 年，美国国家卫生研究院宣布"不会资助任何将基因编辑技术用于人类胚胎的项目"[421]。当年晚些时候，美国国家科学院、中国科学院与英国皇家学会联合举行会议，建议暂停蓄意改变人类生殖细胞 DNA 序列的研究，因为这些改变可能传递给后代[422]。英国人类受精和胚胎学管理局至今只允许出于研究目的对人类胚胎进行 DNA 编辑，明令禁令将经过基因改造的胚胎植入女性子宫[423]。有些人无法接受蓄意改变人类生殖细胞 DNA，这是可以理解的，因为这类干预手段被视为当代的优生学[424]。尽管科学家和决策者对高尔顿的优生学理念唯恐避之不及，高尔顿的另一项遗产却彰显着它的存在，具体表现为人们忽视了可遗传的非基因变异存在的可能性。例如，虽然人们现在很清楚各种模拟激素作用的物质和其他化学物质能影响胚胎发育，但几乎无人监管这些物质在家庭用品中的应用，除非效果明显而立竿见影。对于以基因形式和以非基因形式遗传的人类性状，相关干扰手段面临的态度形成鲜明对照，看上去很不理性。对那些关心子孙健康的人来说，最值得担忧的并不是"人类基因池的未来"这种抽象口号，而是环境诱导产生可遗传疾病的可能性。

奔向后高尔顿时代的生物学

高尔顿的遗传概念（体现在他想象的胚胎之链中，胚胎特征只反映不可更改的、遗传得来的"先天"特性）如今已经被一大批研究动摇，影响开始弱化。但他的理念仍牢牢占据着大众的想象，并依然回响在科学与医学殿堂中。只要把"先天"替换成"基因"，就很容易在如今的报纸文章和通俗书籍里发现高尔顿的遗产。用当代语言来说，这反映了一种隐含理念，即基因大概完全决定着我们和后代的性状。这种理念潜移默化地给大家灌输着一种无力感，同时增强了基因拯救的信念。毕竟，如果基因决定命运，反抗就毫无意义。如果不良生活习惯（如抽烟、垃圾食品、体力活动少）对身体的影响有限，我们就无须因为让自己的罪孽降临在无辜的子女身上而有负罪感，因为不管我们做什么，子女的特征都取决于随机基因彩票。到这里，我们希望已经说服读者认为这种基因宿命论与证据不符。基因非常重要，但多种环境因子和经验（包括那些取决于我们的主动选择的因素）显然也发挥着作用，不仅影响我们自身，而且会影响子孙后代。这些非基因效应在一两代的尺度上特别重要。

现代环境和生活方式的某些方面可能给未来的世代带去恶果。第5章说过，工业产出并释放到环境中的某些人造化学物质（特别是杀虫剂和塑料所含的多种模拟激素作用的物质，即使痕量也可能扰乱身体化学信号的精细调节）能对发育中的胚胎造成灾难性影响，并产生持续多代的跨代效应。这份有害化学物质的名单很长，而且还在扩大[425]。有些物质很容易避开，至少容易避开大多数的危险场合。在研究发现双酚A与猴子和啮齿类动物发育异常有关之后，一些国家几年前就禁止使用聚碳酸酯（会释放双酚A，这是一种模拟雌激素作用的物质，会干扰发育）制造的婴儿奶瓶。虽然世界上的许多地区还在销售聚碳酸酯奶瓶，但消息灵通的父母只要不用这种奶瓶就好了。然而日常生活中各种塑料制品和其他化学品的种类繁多（牙刷、厨房用具、清洁剂、家具、玩具、笔、食物包装等），消息再灵通的个人消费者也不可能避开所有可能有害的物质。许多工业化学物质在水、土壤和农产品中的含量已经达到可检出水平[426]，连海洋沉积物中也渗进了塑料微粒。这些微粒被鱼、甲壳动物和软体动物吃到肚子里，最终抵达你的餐桌[427]。对于大多数这类化学物质，人们完全不知道它们可能对生殖细胞、表观基因组或子宫内环境产生什么影响。不幸的是，这类效应很难通过随机观测发现，连庞大群体的详细数据也无能为力，除非影响立竿见影且十分严重。动物实验是检测这类效应的唯一可靠途径。政府必须资助这类研究，颁布法令保护公众免于接触可能伤害子孙后代的物质。

由于如今人们使用的化学物质及其混合物的数量极为庞大，这类实验的难度很大，成本高昂。但随着我们进一步了解发育过程和信号系统的生物化学原理，最终有可能更好地预测化学物质的影响，优先研究那些最可能造成伤害的物质。以前这类影响往往是在大批严重畸形的案例曝光之后才被发现，因为科学家和决策者没能认识到需要检测化学物质对后代的影响。如今，有 FASD 和沙利度胺的惨剧在前，我们对环境引发遗传效应的了解也大大加深，没有借口再目光短浅。公众认识也同样需要加强，让大家知道某些塑料与其他毒素、吸烟、饮食和其他生活方式选择都有可能影响子孙后代。

回头来看扩展遗传研究的现状，会让人想起 20 世纪 20 年代的遗传学或 50 年代的分子生物学。已知的东西只够让我们了解自己多么无知，未来还有多少挑战。但有一个不容置疑的结论是，高尔顿那些影响了实证和理论研究将近一个世纪的假设已经在许多场合下被打破，这意味着生物学激动人心的时刻即将到来。今后许多年里，实证研究者将忙于探索非基因遗传背后的机制，观察它的生态影响，确认它的演化后果。这方面的工作需要开发新工具，设计巧妙的实验。理论研究者的任务同样重要，他们要厘清观念并做出预测。在医学和公共卫生的实用层面上，现在也很清楚，我们无须充当"遗传来的天性的被动传递者"，因为我们的生活经历对传递给子女的遗传"天性"的影响不可小觑。

注释

[1] 我们的立场也有别于 "扩展演化合成"（Extended Evolutionary Synthesis, EES），后者对现有演化理念提出了更广泛的挑战，包括自然选择在适应性演化中的作用。尽管 EES 纳入了非基因形式的遗传，但我们的扩展遗传概念与某些 EES 支持者的观念有重大差异。本书第 8 章将概述一些视角上的差异。

[2] 有几本书讨论了文化遗传的意义，另外两本新近出版的表观遗传学著作综述了关于基因调控的分子机制的近期发现：N. Carey, *The Epigenetics Revolution: How Modern Biology Is Rewriting Our Understanding of Genetics, Disease, and Inheritance*; R. C. Francis, *Epigenetics*: *How Environment Shapes Our Genes*。关于生物体与环境之间复杂的相互作用在演化上有着怎样的潜在影响，参见 M. J. West-Eberhard, *Developmental Plasticity and Evolution*; S. E. Sultan, *Organism and Environment*; F. J. Odling-Smee, *Niche Construction*; A. P. Hendry, *Eco-Evolutionary Dynamics*。

[3] 这句引言是著名物理学家理查德·费曼于 1988 年去世后，人们在他的办公室中的黑板上发现的。詹姆斯·格雷克的著作（J. Gleick, Genius: *The Life and Science of Richard Feynman*）以可靠的内容和动人的笔触讲述了费曼的生平及其所处的时代。

[4] 事实上，文特尔小组做了两个不同的实验。首先，他们从细菌 A 里提取基因组，并将其植入细菌 B（C. Lartigue et al., "Genome Transplantation in Bacteria: Changing One Species to Another"）。随后，他们通过人工方式合成出细菌 A 的基因组，将其植入细菌 B（D. G. Gibson et al., "Creation of a Bacterial Cell Controlled by a Chemically Synthesized Genome"）。由此培育出的嵌合体细菌是否曾尝试给克雷格·文特尔发送电子邮件，还无人知晓。

[5] 自然选择或人工选择作用于可遗传的变异，即为演化。某个变种（例如长腿）受到选择青睐（即繁殖成功率总是高于平均值），它在下一世代的个体中所占的比例就会上升。如果长腿亲代生育长腿子代，而且子代数量高于群体平均值，平均腿长就会逐代递增。

[6] 造出全人工细胞需要克服许多挑战，相关讨论参见 A. B. Chetverin, "Can a Cell Be Assembled from Its Constituents?"。

[7] 据认为文特尔实验中的人工基因组经历了数十代细胞分裂，才将宿主细胞系的特征转变成基因组供体物种的特征，而且转变只在极少数嵌合体细胞中得到确认，仅涉及细胞诸多特征中的几种。我们很好奇这样的转变是否完全。细胞质、细胞膜和表观基因组的某些特征会自我再生。即使文特尔实验培育出的细胞系未曾保留细胞质供体细菌的任何特征，该结果也是极不寻常的。实验牵涉数以十亿计的细胞，其中只有极少数细胞的基因表达模式和蛋白质组明显仅与基因组供体的类型相似。细胞质的自我再生特征被抹杀的情形可能极端罕见。第 7 章将深入探讨文特尔实验。

[8] 关于这场争议的详尽阐述，参见 J. Sapp, "Cytoplasmic Heretics"。

[9] F.V.R. Rozzi and J. M. Bermudez de Castro, "Surprisingly Rapid Growth

in Neanderthals"; T. M. Smith et al., "Dental Evidence for Ontogenetic Differences between Modern Humans and Neanderthals."

[10] P. Villa and W. Roebroeks, "Neandertal Demise: An Archaeological Analysis of the Modern Human Superiority Complex."

[11] D. Gokhman et al., "Reconstructing the DNA Methylation Maps of the Neanderthal and the Denisovan."

[12] P. Dominguez-Salas et al., "Maternal Nutrition at Conception Modulates DNA Methylation of Human Metastable Epialleles"; R. A. Waterland et al., "Season of Conception in Rural Gambia Affects DNA Methylation at Putative Human Metastable Epialleles"; D. Gokhman, A. Malul, and L. Carmel, "Inferring Past Environments from Ancient Epigenomes."

[13] "遗传性缺失"问题反映了这样一个事实：对于人们观察到的多种性状的遗传现象，从"在家族中流传"的疾病到人类身高之类高度可遗传的性状，全基因组关联研究至今都未能识别出联合作用导致此类遗传的基因（T. A. Manolio et al., "Finding the Missing Heritability of Complex Diseases"）。换句话说，虽然亲属之间这些性状的表现型通常很相似，但表现型相似的亲属拥有的等位基因往往并不相同，因此，人们还不清楚这些性状的遗传基础。遗传性缺失有可能是基因之间复杂的相互作用（异位显性）所致，因为这类相互作用很难纳入全基因组关联研究。如果性状的某些可遗传变异为非基因形式，也有可能产生遗传性缺失，特别是在这些可遗传变异由环境诱导的情况下（R. E. Furrow, F. B. Christiansen, and M. W. Feldman, "Environment-Sensitive Epigenetics and the Heritability of Complex Diseases"）。

[14] 第 3 章将进一步探讨这个著名的比喻，并分析其中的逻辑。

[15] 生物世系和种群一般由相似而并不完全相同的生物组成。个体的这种变异正是彼得·戈弗里-史密斯所说的"达尔文种群"（一个生物群体，其中个体能将自身的变异传递给后代）的关键所在（P. Godfrey-Smith, Darwinian Populations and Natural Selection）。达尔文（与 A.R. 华莱士一起）率先认识到这样的种群能响应自然选择，发生演化改变。相反，有些非生物物体（如水晶）貌似能够繁殖，但无法形成达尔文种群，因为它们不具备至关重要的变异和遗传性。

[16] 所有细胞都来自先前存在的细胞，该事实首先于 19 世纪中叶由罗伯特·雷马克指出，尽管人们往往把它与更著名的同时代学者鲁道夫·菲尔绍联系在一起。

[17] 参见 D. L. Nanney, "Cortical Patterns in Cellular Morphogenesis"。

[18] 人们对非基因因素在遗传中的作用再次产生兴趣始于伊娃·雅布隆卡和马里安·兰姆于 1995 年出版的著作《表观遗传与演化》（Eva Jablonka and Marion Lamb, *Epigenetic Inheritance and Evolution*）。

[19] 相关例证参见 R. Bonduriansk and T. Day, "Nongenetic Inheritance and Its Evolutionary Implications"; E. Danchin et al., "Beyond DNA: Integrating Inclusive Inheritance into an Extended Theory of Evolution"; K. N. Laland et al., "The Extended Evolutionary Synthesis: Its Structure, Assumptions, and Predictions"。

[20] 例如，携带生长激素受体突变（如拉隆氏侏儒症）的个体，分泌胰岛素样生长因子 1 的能力大幅降低（参见 R. K. Junnila et al., "The GH/IGF-1 Axis in Ageing and Longevity"; Z. Laron, "Laron Syndrome [Primary Growth Hormone Resistance or Insensitivity]: The Personal Experience 1958–2003"）。

[21] 对远古 DNA 进行测序，可确定其类型或来源于何种生物，并与现生物种的基因进行比较。通过分析远古 DNA 碎片在环境中的分布情况，甚至可以得知远古生物的生态信息。

[22] 例如，如果某个亲本的眼睛颜色基因变异（"等位基因"）表达黑色素，则该亲本的子代往往有着黑色的眼睛，因为子代会原样遗传该基因，碱基对序列保持不变。

[23] M. Lynch, "Mutation and Human Exceptionalism: Our Future Genetic Load."

[24] 这类高度保守的 DNA 序列显示，可能有相当一部分生物会从亲代那里原封不动地遗传这些基因，使这些极为重要的碱基对序列得以维持许多世代。当然，自然选择必定也在持续清除突变体。保守程度最高的基因应当对关键生理功能有着重要作用，基本上任何突变都非常有害或致命。例如，血红蛋白的结构从 5 亿多年前哺乳动物与硬骨鱼类的共同祖先开始就几乎没有改变过，这意味着血红蛋白结构发生变化的突变体往往未能留下后代就已死亡，同时有足够多的个体从亲代那里原封不动地遗传血红蛋白基因，从而维持种群。

[25] Y. Erlich and D. Zielinski, "DNA Fountain Enables a Robust and Efficient Storage Architecture."

[26] 参见 K. Sterelny, K. C. Smith, and M. Dickinson, "The Extended Replicator"。不过正如彼得·戈弗里 - 史密斯所说，这种稳定储藏生物信息的仓库不一定非要是 DNA 不可，原则上某些其他类型的分子（如蛋白质）也可以起到类似的作用。保罗·格里菲思和罗素·格雷也认为，基因在发育过程中的地位并不比非基因因素高，两者对形成生物体和维持生物学特征来说同等重要（P. E. Griffiths and R. D. Gray, "Developmental Systems

and Evolutionary Explanation")。

[27] 人们甚至设立了一个特别节日"DNA 日"，以纪念 DNA 结构的发现。

[28] 近期有一项广为流传的全基因组关联研究，针对大样本识别出了几十个与人类智力有关的基因。然而这些基因加起来也只能解释不足 5% 的智力差异（参见 Suzanne Sniekers et al., "Genome-Wide Association Meta-Analysis of 78308 Individuals Identifies New Loci and Genes Influencing Human Intelligence"）。

[29] E. Jablonka and G. Raz, "Transgenerational Epigenetic Inheritance: Prevalence, Mechanisms, and Implications for the Study of Heredity and Evolution"。有些作者用"跨代"这个修饰语来特指表观遗传因子在生殖细胞系中的传递。

[30] J. Beisson, "Preformed Cell Structure and Cell Heredity"; M. Bornens, "Organelle Positionining and Cell Polarity"; J. Shorter and S. Lindquist, "Prions as Adaptive Conduits of Memory and Inheritance."

[31] A. J. Crean, M. I. Adler, and R. Bonduriansky, "Seminal Fluid and Mate Choice: New Predictions."

[32] 例如，文化传播只能在拥有大脑的动物中发生，由乳汁成分介导的效应只能在哺乳动物中发生，亲本效应只能在有性生殖的物种中发生。同样，比起脊椎动物和节肢动物等，表观遗传在植物中更为常见，因为植物从体细胞组织中产生配子，并拥有一种 RNA 指导的 DNA 从头甲基化机制（参见 M. Robertson and C. Richards, "Nongenetic Inheritance in Evolutionary Theory—the Importance of Plant Studies"），而动物的生殖细胞系在胚胎发育期就"隔离"出来了（参见第 9 章关于遗传本质的差异的讨论）。

[33] 连医学研究人员都开始认识到截然不同的遗传机制（例如行为/文化遗传与表观遗传）能产生相同的跨代效应（参见 M. Pembrey et al., "Human Transgenerational Responses to Early-Life Experience: Potential Impact on Development, Health, and Biomedical Research"）。

[34] 伊娃·雅布隆卡和马里安·兰姆将遗传划分为 4 类（基因遗传、表观遗传、行为遗传和符号遗传，E. Jablonka and M. J. Lamb, Evolution in Four Dimensions），但还可以设想许多其他划分方案。

[35] 这类效应使旨在衡量遗传效应的数量遗传研究更加复杂。不管是基因遗传还是非基因遗传，都可能导致亲属之间相应性状存在正相关。事实上，如果我们只知道亲代和子代的身体大小，将很难推测相关遗传是基因形式还是非基因形式。

[36] T. Uller, "Developmental Plasticity and the Evolution of Parental Effects."

[37] 生物学正在探寻环境对演化的多种作用，非基因遗传只是其中的一个方面。不少作者认为，环境对基因表达和发育的影响能产生供自然选择发挥作用的全新表现型，从而在演化中扮演核心角色（参见 M. J. West-Eberhard, Developmental Plasticity and Evolution; S. E. Sultan, Organism and Environment）；独立的生物体和种群反过来也能改造所处环境，从而改变自然选择对它们自身及后代发挥作用的模式（参见 F. J. Odling-Smee, Niche Construction; A. P. Hendry, Eco-Evolutionary Dynamics）。

[38] Pembrey et al., "Human Transgenerational Responses to Early-Life Experience: Potential Impact on Development, Health, and Biomedical Research."

[39] V. S. Knopik et al., "The Epigenetics of Maternal Cigarette Smoking during Pregnancy and Effects on Child Development."

[40] 例如，亲本生殖细胞中 LMNA 基因的一个显性突变会导致遗传该突变的子代表现出儿童早衰，该疾病的特点为极其迅速地衰老（参见 L. B. Gordon et al., "Progeria: A Paradigm for Translational Medicine"）。

[41] 以下文献对此类效应进行了引人入胜的概述：E. Avital and E. Jablonka, Animal Traditions: Behavioural Inheritance in Evolution。

[42] 不过，真正长期的稳定性似乎只能在垂直传播得到水平传播（即在年龄相当的个体之间传播，包括没有亲缘关系的个体）的可靠强化的情形下产生，而且只能在较大的群体中产生。这是因为孤立的小型人类群体会迅速丢失文化元素，孤立的鸟类群体会丢失鸣唱句法元素（M. A. Kline and R. Boyd, "Population Size Predicts Technological Complexity in Oceania"; R. F. Lachlan et al., "The Progressive Loss of Syntactical Structure in Bird Song along an Island Colonization Chain"）。

[43] 关于在细胞水平上发挥作用的自我持续回路的详细讨论，参见 Jablonka and Lamb, Evolution in Four Dimensions; Jablonka and Raz, "Transgenerational Epigenetic Inheritance: Prevalence, Mechanisms, and Implications for the Study of Heredity and Evolution"。

[44] 副突变涉及的分子机制非常复杂、多种多样，DNA 甲基化、RNA 干扰和染色质结构都在不同的体系中发挥作用（参见 V. Chandler and M. Alleman, "Paramutation: Epigenetic Instructions Passed across Generations"; M. Haring et al., "The Role of DNA Methylation, Nucleosome Occupancy, and Histone Modifications in Paramutation"; Jablonka and Raz, "Transgenerational Epigenetic Inheritance: Prevalence, Mechanisms, and

Implications for the Study of Heredity and Evolution"）。

[45] 在整本书中，我们用 "heredity" 指代所有的变异传递，用 "inheritance" 指代通过某种特定遗传机制进行的传递。传统的遗传概念只包含一种遗传机制（即基因遗传），扩展遗传的概念则包含基因遗传和多种非基因遗传机制。

[46] P. J. Richerson and R. Boyd, "A Dual Inheritance Model of the Human Evolutionary Process I: Basic Postulates and a Simple Model."

[47] 扩展遗传还与发育系统理论有某些共同点，例如都认为遗传包含基因与非基因两方面因素所塑造的发育过程保持稳定的现象（参见 Griffiths and Gray, "Developmental Systems and Evolutionary Explanation"）。

[48] Danchin et al., "Beyond DNA: Integrating Inclusive Inheritance into an Extended Theory of Evolution"; E. Jablonka, "Information: Its Interpretation, Its Inheritance, and Its Sharing"; E. Danchin, "Avatars of Information: Towards an Inclusive Evolutionary Synthesis."

[49] J. Maynard Smith and E. Szathmáry, *The Major Transitions in Evolution*; E. Szathmáry, "The Evolution of Replicators."

[50] 基因变异进一步划分为"加性"的（体现不同等位基因效应的变异，只要个体处于合适的环境中，基因组里存在相应的等位基因，就能观察到相关效应）和"非加性"的（体现基因组内部等位基因相互作用的显性和上位变异）。显性和上位变异通常不可遗传，除非相关基因组合能共同传递给子代。

[51] Danchin et al., "Beyond DNA: Integrating Inclusive Inheritance into an Extended Theory of Evolution"; Jablonka and Lamb, *Epigenetic Inheritance and Evolution; Evolution in Four Dimensions*; E. Danchin and R. H. Wagner,

"Inclusive Heritability: Combining Genetic and Non-genetic Information to Study Animal Behavior and Culture"; N. G. Prasad et al., "Rethinking Inheritance, yet Again: Inheritomes, Contextomes and Dynamic Phenotypes"; E. Danchin et al., "Public Information: From Noisy Neighbors to Cultural Evolution."

[52] K. N. Laland et al., "Cause and Effect in Biology Revisited: Is Mayr's Proximate-Ultimate Distinction Still Useful?"; T. Uller and H. Helanterä, "Nongenetic Inheritance in Evolutionary Theory: A Primer"; S. H. Rice, "The Place of Development in Mathematical Evolutionary Theory"; A. V. Badyaev and T. Uller, "Parental Effects in Ecology and Evolution: Mechanisms, Processes, and Implications."

[53] C. R. Darwin, *On the Origin of Species*.

[54] W. Johannsen, "The Genotype Conception of Heredity."

[55] Mayr, *The Growth of Biological Thought: Diversity, Evolution, and Inheritance*.

[56] 关于遗传概念的历史，更全面的综述参见 P. J. Bowler, *The Mendelian Revolution: The Emergence of Hereditarian Concepts in Modern Science and Society*; S. Müller-Wille and H-J. Rheinberger, *Heredity Produced: At the Crossroads of Biology, Politics, and Culture, 1500–1870*; *A Cultural History of Heredity*; J. Sapp, *Beyond the Gene: Cytoplasmic Inheritance and the Struggle for Authority in Genetics; Genesis: The Evolution of Biology*。

[57] 尤其是这些作品：Jablonka and Lamb, *Epigenetic Inheritance and Evolution; Evolution in Four Dimensions; Sapp, Beyond the Gene: Cytoplasmic Inheritance and the Struggle for Authority in Genetics; Genesis: The*

Evolution of Biology。

[58] A. Koestler, *The Sleepwalkers*.

[59] C. López-Beltrán, "The Medical Origins of Heredity."

[60] "软遗传"和"硬遗传"的术语由恩斯特·迈尔创造（E. Mayr, "Prologue: Some Thoughts on the History of the Evolutionary Synthesis"）。

[61] C. Zirkle, "The Early History of the Idea of the Inheritance of Acquired Characters and of Pangenesis."

[62] J-B. Lamarck, *Philosophie Zoologique*.

[63] C. R. Darwin, *The Descent of Man*。达尔文对该假说的最完整的讨论见于他的著作《动物和植物在家养下的变异》（*The Variation of Animals and Plants under Domestication*）。

[64] Bowler, *The Mendelian Revolution: The Emergence of Hereditarian Concepts in Modern Science and Society*.

[65] Darwin, *The Variation of Animals and Plants under Domestication, vol. 1*.

[66] Darwin, *The Variation of Animals and Plants under Domestication,* 1: 392.

[67] A. Weismann, *The Germ-Plasm: A Theory of Heredity*.

[68] F. Galton, "Hereditary Improvement."

[69] F. Galton, "Hereditary Character and Talent."

[70] 在孟德尔遗传学发展的早期，人们就认识到了遗传性与可塑性的这种兼容。例如，遗传学家 E.G. 福特于 1931 年发表的著作《孟德尔主义与演化》（E. G. Ford, *Mendelism and Evolution*）对此进行了非常清晰的阐述。

[71] NCD Risk Factor Collaboration, "A Century of Trends in Adult Human

Height."

[72] Weismann, *The Germ-Plasm: A Theory of Heredity*.

[73] C. E. Juliano, S. Z. Swartz, and G. M. Wessel, "A Conserved Germline Multipotency Program."

[74] 例如 T.H. 摩尔根对魏斯曼的影响的讨论（T. H. Morgan, *The Theory of the Gene*, 31 ）。

[75] Johannsen, "The Genotype Conception of Heredity."

[76] F. Galton, "Experiments in Pangenesis, by Breeding from Rabbits of a Pure Variety, into Whose Circulation Blood Taken from Other Varieties Had Previously Been Largely Transfused."

[77] A. Weismann, *Essays upon Heredity and Kindred Biological Problems*.

[78] 译自 J. A. Peters, *Classic Papers in Genetics*。

[79] N. Roll-Hansen, "Sources of Wilhelm Johannsen's Genotype Theory."

[80] G. M. Cook, "Neo-Lamarckian Experimentalism in America: Origins and Consequences."

[81] M. D. Laubichler and E. H. Davidson, "Boveri's Long Experiment: Sea Urchin Merogones and the Establishment of the Role of Nuclear Chromosomes in Development"。勃法瑞最终得出结论说，遗传因子仅存在于细胞核中（Th. Boveri, "An Organism Produced Sexually without Characteristics of the Mother" ）。

[82] 相关例证参见 L. Li, P. Zheng, and J. Dean, "Maternal Control of Early Mouse Development"; F. L. Marlow, "Maternal Control of Development in Vertebrates"。

[83] Sapp, *Beyond the Gene: Cytoplasmic Inheritance and the Struggle for*

Authority in Genetics.

[84] A. O. Vargas, "Did Paul Kammerer Discover Epigenetic Inheritance? A Modern Look at the Controversial Midwife Toad Experiments"; G. Weismann, "The Midwife Toad and Alma Mahler: Epigenetics or a Matter of Deception?"

[85] Sapp, *Beyond the Gene*: *Cytoplasmic Inheritance and the Struggle for Authority in Genetics*.

[86] Morgan, *The Theory of the Gene*, 31.

[87] Morgan, *The Physical Basis of Heredity*.

[88] F. B. Hanson, "Modifications in the Albino Rat Following Treatment with Alcohol Fumes and X-Rays, and the Problem of Their Inheritance."

[89] J. Lederberg, "Problems in Microbial Genetics," 153.

[90] 关于对这些困难的讨论，参见 P. J. Pauly, "How Did the Effects of Alcohol on Reproduction Become Scientifically Uninteresting?"。

[91] R. Bonduriansky, "Rethinking Heredity, Again."

[92] Mayr, *The Growth of Biological Thought: Diversity, Evolution, and Inheritance*。此后发现了许多让人联想到遗传编码的现象。20 世纪 80 年代早期，在多伦多大学工作的澳大利亚学者 E. J. 斯蒂尔得出结论说，小鼠的获得性免疫融合到了生殖细胞系的 DNA 序列中。他认为，这之所以能够实现或许是因为体细胞释放的 RNA 移动到生殖腺中，逆转录为生殖细胞系的 DNA（参见 E. J. Steele, Somatic Selection and Adaptive Evolution: On the Inheritance of Acquired Characters; E. J. Steele, R. A. Lindley, and R. V. Blanden, Lamarck's Signature: How Retrogenes Are Changing Darwin's Natural Selection Paradigm）。斯蒂尔的理论仍存在争

议，但随着细胞外囊泡的发现（见第 4 章），这样一种机制显得越发可信起来。此外，我们现在知道环境因素能导致重复 DNA 序列（例如核糖体基因和端粒）的数量发生变化（见第 5 章）；还发现细菌拥有一套获得性免疫系统（CRISPR-Cas9），病毒和质粒 DNA 碎片可凭借该系统融入细菌基因组（见第 10 章）。

[93] 源自 Bonduriansky, "Rethinking Heredity, Again."，有改动。表中引言出自以下文献：F.H.C. Crick, "The Croonian Lecture: The Genetic Code"; T. Dobzhansky, *Genetics and the Origin of Species; Genetics of the Evolutionary Process*; J.B.S. Haldane and J. Huxley, *Animal Biology; Johannsen*, "The Genotype Conception of Heredity"; Mayr, *The Growth of Biological Thought: Diversity, Evolution, and Inheritance*; Morgan, *The Theory of the Gene*; Weismann, *The Germ-Plasm: A Theory of Heredity*; W. Bateson, *William Bateson, F.R.S., Naturalist: His Essays and Addresses Together with a Short Account of His Life by Beatrice Bateson*。

[94] 该比喻最初由奥古斯特·魏斯曼在其著作《演化理论》中提出 [August Weismann, *The Evolution Theory*（2: 63）]。

[95] Galton, "Hereditary Improvement."

[96] 关于优生学的历史，参见 K. L. Garver and B. Garver, "Eugenics: Past, Present, and the Future"。

[97] Sapp，*Genesis*: *The Evolutim of Biowgy*。

[98] Bowler, *The Mendelian Revolution: The Emergence of Hereditarian Concepts in Modern Science and Society*; Sapp, *Beyond the Gene: Cytoplasmic Inheritance and the Struggle for Authority in Genetics; Genesis: The Evolution of Biology.*

[99] "现代综合"这个术语由朱利安·赫胥黎于1942年在他的著作《演化：现代综合》（Julian Huxley, *Evolution: The Modern Synthesis*）中提出。现代综合论有时也称为新达尔文主义（neo-Darwinism）。

[100] L. C. Dunn and T. Dobzhansky, *Heredity, Race, and Society*。关于对遗传观念历史的这种看法，最详尽的阐述参见 Mayr, *The Growth of Biological Thought: Diversity, Evolution, and Inheritance*。

[101] 历史学家扬·萨普指出，科学家往往将其学科领域的历史简化成一段从无知到有知的英雄故事，其间每一步的发展都以事实和逻辑为基础，远见卓识者被忽视的工作得到重新发现和验证。实际情况往往要混乱得多（参见 J. Sapp, *Where the Truth Lies: Franz Moewus and the Origins of Molecular Biology*）。（当然，我们自己对遗传观念历史的阐释完全准确、毫无偏见。）

[102] 有关术语变迁的讨论，参见 C. L. Richards, O. Bossdorf, and M. Pigliucci, "What Role Does Heritable Epigenetic Variation Play in Phenotypic Evolution?"。

[103] 一些著作谈及的表观遗传学属于狭义的表观遗传学概念，例如 Nessa Carey, *The Epigenetics Revolution: How Modern Biology Is Rewriting Our Understanding of Genetics, Disease, and Inheritance*;Richard Frances, *Epigenetics: How Environment Shapes Our Genes*。不过这些著作对表观遗传因子在代内和代际发挥作用的事例都有提及。

[104] E. J. Richards, "Inherited Epigenetic Variation—Revisiting Soft Inheritance."

[105] N. A. Youngson and E. Whitelaw, "Transgenerational Epigenetic Effects."

[106] 近来的一些综述性论文谈到了其他有趣的例证，例如 Y. Wang, H. Liu, and Z. Sun, "Lamarck Rises from His Grave: Parental Environment-Induced Epigenetic Inheritance in Model Organisms and Humans"。

[107] C. Linnaeus, *Systema Naturae*, I.

[108] P. Cubas, C. Vincent, and E. Coen, "An Epigenetic Mutation Responsible for Natural Variation in Floral Symmetry."

[109] 戴维·海格指出，这种表观突变的稳定性比典型的基因突变低得多，因此林奈当初研究的柳穿鱼表观突变体原始种群不太可能存留至今（参见 D. Haig, "Weismann Rules! OK? Epigenetics and the Lamarckian Temptation"）。

[110] 逆转座子和其他转座子（转座因子）似乎在哺乳动物和其他类群的表观遗传演化中扮演着重要角色，因为 DNA 甲基化是一种用于关闭转座子活性的机制。转座子在基因组中的新位点插入，会导致基因组该区域甲基化，沉默效应可能泄露到邻近的基因中。因此，转座子甲基化变异（例如由饮食中甲基供体可获得性差异导致的变异）可以产生环境介导的、对基因表达的表观遗传控制（在 *Agouti* 基因的事例中就是如此）。转座子在许多生物的基因组中都占据很大的分量，因而被认为对新基因的演化起着重要作用。

[111] G. L. Wolff, "Influence of Maternal Phenotype on Metabolic Differentiation of *Agouti* Locus in the Mouse"; H. D. Morgan et al., "Epigenetic Inheritance at the *Agouti* Locus in the Mouse."

[112] J. E. Cropley et al., "The Penetrance of an Epigenetic Trait in Mice Is Progressively Yet Reversibly Increased by Selection and Environment."

[113] J. E. Cropley et al., "Germ-Line Epigenetic Modification of the Murine

Avy Allele by Nutritional Supplementation."

[114] M. E. Blewitt et al., "Dynamic Reprogramming of DNA Methylation at an Epigenetically Sensitive Allele in Mice."

[115] M. D. Anway et al., "Epigenetic Transgenerational Actions of Endocrine Disruptors and Male Fertility."

[116] A. Schuster, M. K. Skinner, and W. Yan, "Ancestral Vinclozolin Exposure Alters the Epigenetic Transgenerational Inheritance of Sperm Small Noncoding RNAs."

[117] 参见 M. Manikkam et al., "Plastics Derived Endocrine Disruptors (BPA, DEHP, and DBP) Induce Epigenetic Transgenerational Inheritance of Obesity, Reproductive Disease, and Sperm Epimutations"; E. E. Nilsson and M. K. Skinner, "Environmentally Induced Epigenetic Transgenerational Inheritance of Disease Susceptibility"。

[118] K. C. Calhoun et al., "Bisphenol A Exposure Alters Developmental Gene Expression in the Fetal Rhesus Macaque Uterus"; J. D. Elsworth et al., "Low Circulating Levels of Bisphenol-A Induce Cognitive Deficits and Loss of Asymmetric Spine Synapses in Dorsolateral Prefrontal Cortex and Hippocampus of Adult Male Monkeys"; A. P. Tharpa et al., "Bisphenol A Alters the Development of the Rhesus Monkey Mammary Gland"; A. Nakagami et al., "Alterations in Male Infant Behaviors towards Its Mother by Prenatal Exposure to Bisphenol-A in Cynomolgus Monkeys (Macaca fascicularis) during Early Suckling Period."

[119] P. Alonso-Magdalena, F. J. Rivera, and C. Guerrero-Bosagna, "Bisphenol-A and Metabolic Diseases: Epigenetic, Developmental, and

Transgenerational Basis."

[120] R. K. Bhandari, F. S. vom Saal, and D. E. Tillitt, "Transgenerational Effects from Early Developmental Exposures to Bisphenol A or 17a-Ethinylestradiol in Medaka, Oryzias latipes"; A. Ziv-Gal et al., "The Effects of In Utero Bisphenol A Exposure on Reproductive Capacity in Several Generations of Mice."

[121] B. G. Dias and K. J. Ressler, "Parental Olfactory Experience Influences Behaviour and Neural Structure in Subsequent Generations."

[122] J. A. Hackett, J. J. Zylicz, and A. Surani, "Parallel Mechanisms of Epigenetic Reprogramming in the Germline."

[123] H. D. Morgan et al., "Epigenetic Reprogramming in Mammals."

[124] L. Jiang et al., "Sperm, but Not Oocyte, DNA Methylome Is Inherited by Zebra- fish Early Embryos"; M. E. Potok et al., "Reprogramming the Maternal Zebrafish Genome after Fertilization to Match the Paternal Methylation Pattern."

[125] D. K. Seymour and C. Becker, "The Causes and Consequences of DNA Methylome Variation in Plants."

[126] Q. Chen, W. Yan, and E. Duan, "Epigenetic Inheritance of Acquired Traits through Sperm RNAs and Sperm RNA Modifications."

[127] L. Houri-Zeevi and O. Rechavi, "A Matter of Time: Small RNAs Regulate the Duration of Epigenetic Inheritance."

[128] M. Yan et al., "A High-Throughput Quantitative Approach Reveals More Small RNA Modifications in Mouse Liver and Their Correlation with Diabetes"; K. R. Chi, "The RNA Code Comes into Focus."

[129] Chen, Yan, and Duan, "Epigenetic Inheritance of Acquired Traits through Sperm RNAs and Sperm RNA Modifications."

[130] L. Vojtech et al., "Exosomes in Human Semen Carry a Distinctive Repertoire of Small Non-coding RNAs with Potential Regulatory Functions."

[131] I. Melentijevic et al., "C. *elegans* Neurons Jettison Protein Aggregates and Mi- tochondria under Neurotoxic Stress"; S. Devanapally, S. Ravikumar, and A. M. Jose, "Double-Stranded RNA Made in C. *elegans* Neurons Can Enter the Germline and Cause Transgenerational Gene Silencing."

[132] S. A. Eaton et al., "Roll over Weismann: Extracellular Vesicles in the Transgenerational Transmission of Environmental Effects."

[133] M. Rassoulzadegan et al., "RNA-Mediated Non-Mendelian Inheritance of an Epigenetic Change in the Mouse."

[134] K. D. Wagner et al., "RNA Induction and Inheritance of Epigenetic Cardiac Hypertrophy in the Mouse."

[135] K. Gapp et al., "Implication of Sperm RNAs in Transgenerational Inheritance of the Effects of Early Trauma in Mice"; A. B. Rodgers et al., "Transgenerational Epigenetic Programming via Sperm microRNA Recapitulates Effects of Paternal Stress."

[136] Q. Chen et al., "Sperm tsRNAs Contribute to Intergenerational Inheritance of an Acquired Metabolic Disorder"; V. Grandjean et al., "RNA-Mediated Paternal Heredity of Diet-Induced Obesity and Metabolic Disorders."

[137] Vojtech et al., "Exosomes in Human Semen Carry a Distinctive Repertoire of Small Non-coding RNAs with Potential Regulatory Functions."

[138] L. Morgado et al., "Small RNAs Reflect Grandparental Environments in Apomictic Dandelion."

[139] 小分子 RNA 似乎在组蛋白甲基化过程中发挥作用，并有可能参与组成使染色质结构能响应环境的机器（参见 Houri-Zeevi and Rechavi, "A Matter of Time: Small RNAs Regulate the Duration of Epigenetic Inheritance"）。

[140] L. Daxinger and E. Whitelaw, "Understanding Transgenerational Epigenetic Inheritance via the Gametes in Mammals"; R. Fraser and C-J. Lin, "Epigenetic Reprogramming of the Zygote in Mice and Men: On Your Marks, Get Set, Go!"

[141] V. Sollars et al., "Evidence for an Epigenetic Mechanism by Which Hsp90 Acts as a Capacitor for Morphological Evolution."

[142] A. Ost et al., "Paternal Diet Defines Offspring Chromatin State and Intergenerational Obesity."

[143] N. L. Vastenhouw et al., "Gene Expression: Long-Term Gene Silencing by RNAi."

[144] E. L. Greer et al., "Members of the H3K4 Trimethylation Complex Regulate Lifespan in a Germline-Dependent Manner in C. elegans"; E. L. Greer et al., "Transgenerational Epigenetic Inheritance of Longevity in Caenorhabditis elegans."

[145] A. Klosin et al., "Transgenerational Transmission of Environmental Information in C. elegans."

[146] 不过也有例外，比如 Badyaev and Uller, "Parental Effects in Ecology and Evolution: Mechanisms, Processes, and Implications"; M. Kirkpatrick

and R. Lande, "The Evolution of Maternal Characters"。

[147] 近来有许多图书和论文谈到了其他大量例证。对母本效应的综述参见 D. Maestripieri and J. M. Mateo, Maternal Effects in Mammals; T. A. Mousseau and C. W. Fox, Maternal Effects as Adaptations; Badyaev and Uller, "Parental Effects in Ecology and Evolution: Mechanisms, Processes, and Implications"。对父本效应的综述参见 A. J. Crean and R. Bonduriansky, "What Is a Paternal Effect?"; J. P. Curley, R. Mashoodh, and F. A. Champagne, "Epigenetics and the Origins of Paternal Effects"; A. Soubry et al., "A Paternal Environmental Legacy: Evidence for Epigenetic Inheritance through the Male Germ Line"。

[148] J. B. Wolf and M. J. Wade, "What Are Maternal Effects（and What Are They Not）?"; Badyaev and Uller, "Parental Effects in Ecology and Evolution: Mechanisms, Processes, and Implications."

[149] Badyaev and Uller, "Parental Effects in Ecology and Evolution: Mechanisms, Processes, and Implications"; D. J. Marshall and T. Uller, "When Is a Maternal Effect Adaptive?"

[150] 在演化生物学领域，人们对母本效应的兴趣部分源于蒂姆·穆索、查尔斯·福克斯和其他人在 20 世纪 90 年代关于豆象的研究（参见 T. A. Mousseau and H. Dingle, "Maternal Effects in Insect Life Histories"; T. A. Mousseau and C. W. Fox, "The Adaptive Significance of Maternal Effects"; Maternal Effects as Adaptations）。

[151] 人们假定父本效应较为罕见，这可能是"父系半同胞"设计在数量遗传领域流行起来的原因之一。以全同胞和母系半同胞为基础进行的研究可能受到相同环境效应和母本效应的干扰。一般假定对父系半同胞

的分析能更准确地估量遗传（协）方差和遗传性。

[152] Crean and Bonduriansky, "What Is a Paternal Effect?"

[153] 关于间接遗传效应的介绍，参见 J. B. Wolf et al., "Evolutionary Consequences of Indirect Genetic Effects"。

[154] V. R. Nelson, S. H. Spiezio, and J. H. Nadeau, "Transgenerational Genetic Effects of the Paternal Y Chromosome on Daughters' Phenotypes."

[155] Marshall and Uller, "When Is a Maternal Effect Adaptive?"

[156] A. A. Agrawal, C. Laforsch, and R. Tollrian, "Transgenerational Induction of Defences in Animals and Plants"; L. M. Holeski, G. Jander, and A. A. Agrawal, "Transgenerational Defense Induction and Epigenetic Inheritance in Plants"; R. Tolrian, "Predator-Induced Morphological Defences: Costs, Life History Shifts, and Maternal Effects in Daphnia pulex."

[157] D. E. Dussourd et al., "Biparental Defensive Endowment of Eggs with Acquired Plant Alkaloid in the Moth *Utetheisa ornatrix*"; S. R. Smedley and T. Eisener, "Sodium: A Male Moth's Gift to Its Offspring."

[158] U. R. Ernst et al., "Epigenetics and Locust Life Phase Transitions"; G. A. Miller et al., "Swarm Formation in the Desert Locust *Schistocerca gregaria:* Isolation and NMR Analysis of the Primary Maternal Gregarizing Agent"; S. R. Ott and S. M. Rogers, "Gre- garious Desert Locusts Have Substantially Larger Brains with Altered Proportions Compared with the Solitarious Phase"; S. J. Simpson and G. A. Miller, "Maternal Effects on Phase Characteristics in the Desert Locust, *Schistocerca gregaria*: A Review of Current Understanding"; S. Tanaka and K. Maeno, "A Review of Maternal and Embryonic Control of Phase-Dependent Progeny Characteristics in the Desert

Locust."

[159] 事实上, 关于预期亲本效应通常会增强适应性的证据并不可靠（参见 T. Uller, S. Nakagawa, and S. English, "Weak Evidence for Anticipatory Parental Effects in Plants and Animals"）。

[160] 参见 O. Leimar and J. M. McNamara. "The Evolution of Transgenerational Integration of Information in Heterogeneous Environments"。

[161] K. E. McGhee and A. M. Bell, "Paternal Care in a Fish: Epigenetics and Fitness Enhancing Effects on Offspring Anxiety"; K. E. McGhee et al., "Maternal Exposure to Predation Risk Decreases Offspring Antipredator Behaviour and Survival in Three-spined Stickleback."

[162] E. M. Hollams et al., "Persistent Effects of Maternal Smoking during Pregnancy on Lung Function and Asthma in Adolescents"; Knopik et al., "The Epigenetics of Maternal Cigarette Smoking during Pregnancy and Effects on Child Development"; F. M. Leslie, "Multigenerational Epigenetic Effects of Nicotine on Lung Function"; S. Moylan et al., "The Impact of Maternal Smoking during Pregnancy on Depressive and Anxiety Behaviors in Children: The Norwegian Mother and Child Cohort Study."

[163] 相关例证参见 B. A. Carnes, R. Riesch, and I. Schlupp, "The Delayed Impact of Parental Age on Offspring Mortality in Mice"; K. E. Gribble et al., "Maternal Caloric Restriction Partially Rescues the Deleterious Effects of Advanced Maternal Age on Offspring"; M. J. Hercus and A. A. Hoffmann, "Maternal and Grandmaternal Age Influence Offspring Fitness in *Drosophila*"; S. Kern et al., "Decline in Offspring Viability as a Manifestation of Aging in *Drosophila melanogaster*"; R. Torres, H. Drummond, and A.

Velando, "Parental Age and Lifespan Influence Offspring Recruitment: A Long-Term Study in a Seabird."

[164] D. J. Marshall and T. Uller, "When Is a Maternal Effect Adaptive?"; T. Uller and I. Pen, "A Theoretical Model of the Evolution of Maternal Effects under Parent-Offspring Conflict"; B. Kuijper and R. A. Johnstone, "Maternal Effects and Parent-Offspring Conflict."

[165] 更准确地说，自然选择青睐那些能使"整体适应性"最大化的策略。整体适应性指焦点个体的适应性加上其亲属的适应性，每位亲属对焦点个体适应性的贡献以亲缘度（即该亲属与焦点个体共享等位基因的概率）为权重。正是出于这个原因，才华横溢而性格怪僻的生物学家 J.B.S. 霍尔丹曾经开玩笑说，他愿意为两位兄弟（平均每人与他共享 50% 的等位基因）或八位堂 / 表兄弟姐妹（平均每人与他共享 12.5% 的等位基因）牺牲自己的生命。

[166] 有关以最优方案权衡子代质量与数量的经典分析，参见 C. C. Smith and S. D. Fretwell, "The Optimal Balance between Size and Number of Offspring"。

[167] 海格认为雄性为子代摄取更多母本资源的机制是基因铭印（参见 D. Haig, "The Kinship Theory of Genomic Imprinting"）。基因铭印指卵细胞与精子的等位基因的甲基化方式差异带来的表观遗传印记，后者存留在胚胎中，使源自母本和父本的等位基因的表达方式不同。例如，哺乳动物胎盘里 *Igf2* 基因的表达调节胚胎的生长速度，该基因的铭印方式是只有源自父本的等位基因得到表达，源自母本的等位基因处于沉默状态。海格提出，*Igf2* 基因的铭印最初是作为一种父本策略演化出来的，目的是让子代能攫取更多的母本资源，生长得更快；随后雌性演化

出母本反制策略来关闭这个基因的表达，双方最终陷入僵持状态。但雄性还可以演化出别的机制来帮助子代攫取更多的母本资源，例如由精浆因子介导的父本效应（R. Bonduriansky, "The Ecology of Sexual Conflict: Background Mortality Can Modulate the Effects of Male Manipulation on Female Fitness"）。

[168] R. Bonduriansky and M. Head, "Maternal and Paternal Condition Effects on Offspring Phenotype in *Telostylinus angusticollis*（Diptera：Neriidae）"; A. J. Crean, A. M. Kopps, and R. Bonduriansky, "Revisiting Telegony: Offspring Inherit an Acquired Characteristic of Their Mother's Previous Mate."

[169] 也有报告称在果蝇中发现了父本幼虫阶段饮食对子代表现型的影响，参见 T. M. Valtonen et al., "Transgenerational Effects of Parental Larval Diet on Offspring Development Time, Adult Body Size, and Pathogen Resistance in *Drosophila melanogaster*"; R. K. Vijendravarma, S. Narasimha, and T. J. Kawecki, "Effects of Parental Larval Diet on Egg Size and Offspring Traits in Drosophila"。

[170] Crean, Kopps, and Bonduriansky, "Revisiting Telegony: Offspring Inherit an Acquired Characteristic of Their Mother's Previous Mate."

[171] 已有报告称在果蝇中发现了类似于先父遗传的效应（F. Garcia-Gonzalez and D. K. Dowling, "Transgenerational Effects of Sexual Interactions and Sexual Conflict: Non-Sires Boost the Fecundity of Females in the Following Generation"）。

[172] 例证参见 J. J. Cowley and R. D. Griesel, "The Effect on Growth and Behaviour of Rehabilitating First and Second Generation Low Protein Rats";

S. Zamenhof, E. van Marthens, and L. Grauel, "DNA (Cell Number) in Neonatal Brain: Second Generation (F2) Alternation by Maternal (F0) Dietary Protein Restriction"; S. Zamenhof, E. van Marthens, and F. L. Margolis, "DNA (Cell Number) and Protein in Neonatal Brain: Alternation by Maternal Dietary Protein Restriction"。

[173] Kamimae-Lanning et al., "Maternal High-Fat Diet and Obesity Compromise Fetal Hematopoiesis"; V. Amarger et al., "Protein Content and Methyl Donors in Maternal Diet Interact to Influence the Proliferation Rate and Cell Fate of Neural Stem Cells in Rat Hippocampus."

[174] S-F. Ng et al., "Chronic High-Fat Diet in Fathers Programs B -Cell Dysfunction in Female Rat Offspring."

[175] C. Schmauss, Z. Lee-McDermott, and L. R. Medina, "Trans-Generational Effects of Early Life Stress: The Role of Maternal Behaviour."

[176] F. Pittet et al., "Effects of Maternal Experience on Fearfulness and Maternal Behaviour in a Precocial Bird."

[177] M. F. Neuwald et al., "Transgenerational Effects of Maternal Care Interact with Fetal Growth and Influence Attention Skills at 18 Months of Age."

[178] R. Mashoodh et al., "Paternal Social Enrichment Effects on Maternal Behavior and Offspring Growth."

[179] C.R.M. Frazier et al., "Paternal Behavior Influences Development of Aggression and Vasopressin Expression in Male California Mouse Offspring."

[180] McGhee and Bell, "Paternal Care in a Fish: Epigenetics and Fitness Enhancing Effects on Offspring Anxiety."

[181] Mesoudi, *Cultural Evolution: How Darwinian Theory Can Explain Human Culture and Synthesize the Social Sciences*.

[182] K. Sterelny, *The Evolved Apprentice*.

[183] L. V. Luncz, R. Mundry, and C. Boesch, "Evidence for Cultural Differences between Neighboring Chimpanzee Communities"; A. Whiten et al., "Charting Cultural Variation in Chimpanzees."

[184] See F. de Waal, *Are We Smart Enough to Know How Smart Animals Are?*

[185] E.J.C. Van Leeuwen, K. A. Cronin, and D.B.M. Haun, "A Group-Specific Arbitrary Tradition in Chimpanzees（Pan troglodytes）."

[186] M. Kawai, "Newly-Acquired Pre-Cultural Behaviour of the Natural Troop of Japanese Monkeys on Koshima Islet"; T. Matsuzawa and W. C. McGraw, "Kinji Imanishi and 60 Years of Japanese Primatology."

[187] M. Krutzen et al., "Cultural Transmission of Tool Use in Bottlenose Dolphins."

[188] D.W.A. Noble, R. W. Byrne, and M. J. Whiting, "Age-Dependent Social Learning in a Lizard."

[189] H. Slabbekoorn and T. B. Smith, "Bird Song, Ecology, and Speciation."

[190] G. M. Kozak, M. L. Head, and J. W. Boughman, "Sexual Imprinting on Ecologically Divergent Traits Leads to Sexual Isolation in Sticklebacks."

[191] R. F. Lachlan and M. R. Servedio, "Song Learning Accelerates Allopatric Speciation."

[192] L. M. Aplin et al., "Experimentally Induced Innovations Lead to Persistent Culture via Conformity in Wild Birds."

[193] L. Boto, "Horizontal Gene Transfer in Evolution: Facts and Challenges"; S. M. Soucy, J. Huang, and J. P. Gogarten, "Horizontal Gene Transfer: Building the Web of Life."

[194] S. F. Gilbert, J. Sapp, and A. I. Tauber, "A Symbiotic View of Life: We Have Never Been Individuals"; N. A. Moran and D. B. Sloan, "The Hologenome Concept: Helpful or Hollow?"

[195] G. Sharon et al., "Commensal Bacteria Play a Role in Mating Preference of *Drosophila melanogaster*"; A. Vilcinskas et al., "Invasive Harlequin Ladybird Carries Biological Weapons against Native Competitors"; J. H. Werren, L. Baldo, and M. E. Clark, "*Wolbachia*: Master Manipulators of Invertebrate Biology."

[196] N. G. Rossen et al., "Fecal Microbiota Transplantation as Novel Therapy in Gastroenterology: A Systematic Review."

[197] M. F. Camus, D. J. Clancy, and D. K. Dowling, "Mitochondria, Maternal Inheritance, and Male Aging"; M. F. Camus et al., "Single Nucleotides in the mtDNA Sequence Modify Mitochondrial Molecular Function and Are Associated with Sex-Specific Effects on Fertility and Aging"; G. Arnqvist et al., "Genetic Architecture of Metabolic Rate: Environment Specific Epistasis between Mitochondrial and Nuclear Genes in an Insect"; H. Lovelie et al., "The Influence of Mitonuclear Genetic Variation on Personality in Seed Beetles."

[198] H. Makino et al., "Mother-to-Infant Transmission of Intestinal Bifidobacterial Strains Has an Impact on the Early Development of Vaginally Delivered Infant's Microbiota"; M. Nieuwdorp et al., "Role of the

Microbiome in Energy Regulation and Metabolism."

[199] M. S. LaTuga, A. Stuebe, and P. C. Seed, "A Review of the Source and Function of Microbiota in Breast Milk."

[200] A. B. Javurek et al., "Discovery of a Novel Seminal Fluid Microbiome and Influence of Estrogen Receptor Alpha Genetic Status"; Corrigendum; J. White et al., "Sexually Transmitted Bacteria Affect Female Cloacal Assemblages in a Wild Bird."

[201] 以下文献对这项研究进行了出色的介绍: Nanney, "Cortical Patterns in Cellular Morphogenesis"。

[202] H. S. Jennings, "Formation, Inheritance, and Variation of the Teeth in *Difflugia corona*: A Study of the Morphogenic Activities of Rhizopod Protoplasm."

[203] J. Beisson and T. M. Sonneborn, "Cytoplasmic Inheritance of the Organization of the Cell Cortex in *Paramecium aurelia*."

[204] Beisson, "Preformed Cell Structure and Cell Heredity."

[205] Y. Shirokawa and M. Shimada, "Cytoplasmic Inheritance of Parent-Offspring Cell Structure in the Clonal Diatom *Cyclotella meneghiniana*."

[206] F. F. Moreira-Leite et al., "A Trypanosome Structure Involved in Transmitting Cytoplasmic Information during Cell Division."

[207] G. W. Grimes, "Pattern Determination in Hypotrich Ciliates."

[208] 例证参见 S. Vaughan and H. R. Dawe, "Common Themes in Centriole and Centrosome Movements"。

[209] Beisson, "Preformed Cell Structure and Cell Heredity"; Nanney, "Cortical Patterns in Cellular Morphogenesis"; T. M. Sonneborn, "Does

Preformed Cell Structure Play an Essential Role in Cell Heredity?"

[210] Sapp, *Genesis: The Evolution of Biology*, 209。这本书清晰地描绘了围绕先存结构对发育的作用而产生的争论。

[211] C. Sardet et al., "Structure and Function of the Egg Cortex from Oogenesis through Fertilization."

[212] See Li, Zheng, and Dean, "Maternal Control of Early Mouse Development"; Marlow, "Maternal Control of Development in Vertebrates."

[213] K. Piotrowska and M. Zernicka-Goetz, "Role for Sperm in Spatial Patterning of the Early Mouse Embryo."

[214] Bornens, "Organelle Positionining and Cell Polarity."

[215] 例如，对有鞭毛的单细胞寄生虫布氏锥虫进行的研究显示，皮层构造与细胞骨架结构之间可能存在密切的关系（参见 S. Lacomble et al., "Basal Body Movements Orchestrate Membrane Organelle Division and Cell Morphogenesis in *Trypanosoma brucei*"; S. Y. Sun et al., "An Intracellular Membrane Junction Consisting of Flagellum Adhesion Glycoproteins Links Flagellum Biogenesis to Cell Morphogenesis in *Trypanosoma brucei*"; Moreira-Leite et al., "A Trypanosome Structure Involved in Transmitting Cytoplasmic Information during Cell Division" ）。

[216] T. Cavalier-Smith, "The Membranome and Membrane Heredity in Development and Evolution."

[217] R. Halfmann and S. Lindquist, "Epigenetics in the Extreme: Prions and the Inheritance of Environmentally Acquired Traits"; Shorter and Lindquist, "Prions as Adaptive Conduits of Memory and Inheritance."

[218] J. Bremer et al., "Axonal Prion Protein Is Required for Peripheral

Myelin Maintenance"; L. Fioriti et al., "The Persistence of Hippocampal-Based Memory Requires Protein Synthesis Mediated by the Prion-Like Protein CPEB3."

[219] R. Halfmann, S. Alberti, and S. Lindquist, "Prions, Protein Homeostasis, and Phenotypic Diversity."

[220] 例如，酵母线粒体结构的变化能通过一种未知的非基因机制传递（参见 D. Lockshon, "A Heritable Structural Alteration of the Yeast Mitochondrion"）。另有许多其他例证显示，朊病毒或其他一些不为人知的细胞质成分可能参与真菌结构的非孟德尔遗传（例证参见 L. Benkemoun and S. J. Saupe, "Prion Proteins as Genetic Material in Fungi"; F. Malagnac and P. Silar, "Non-Mendelian Determinants of Morphology in Fungi"）。

[221] 以下文献介绍了一些基本的实验设计方案：R. Bonduriansky, A. J. Crean, and T. Day, "The Implications of Nongenetic Inheritance for Evolution in Changing Environments"。

[222] 参见 M. K. Skinner, "Environmental Epigenetics and a Unified Theory of the Molecular Aspects of Evolution: A Neo-Lamarckian Concept That Facilitates Neo-Darwinian Evolution"。

[223] 关于这一手段的细节以及它带来的一些启发，参见 S. J. Simpson and D. Raubenheimer, *The Nature of Nutrition: A Unifying Framework from Animal Adaptation to Human Obesity*。

[224] R. Bonduriansky, A. Runagall-McNaull, and A. J. Crean, "The Nutritional Geometry of Parental Effects: Maternal and Paternal Macronutrient Consumption and Offspring Phenotype in a Neriid Fly."

[225] 对于该问题复杂性的讨论，参见 M. Szyf, "Lamarck Revisited:

Epigenetic Inheritance of Ancestral Odor Fear Conditioning"。

[226] A. Sharma, "Transgenerational Epigenetic Inheritance: Focus on Soma to Germline Information Transfer"; Robertson and Richards, "Non-genetic Inheritance in Evolutionary Theory—the Importance of Plant Studies."

[227] 还有一个麻烦是，非基因因子从亲代传递到子代的方式有可能一代代发生变化。例如，一项对小鼠的研究显示，压力效应可能通过精子携带的非编码 RNA 从受影响的雄性传递给子代。然而，尽管雄性子代会把相关症状继续传递给自己的子代，但该传递并非由精子携带的 RNA 实现，其中必定牵涉其他的非基因因子（Gapp et al., "Implication of Sperm RNAs in Transgenerational Inheritance of the Effects of Early Trauma in Mice"）。

[228] 相关例证参见 S. Liu et al., "Natural Epigenetic Variation in Bats and Its Role in Evolution"; E. V. Avramidou et al., "Beyond Population Genetics: Natural Epigenetic Variation in Wild Cherry（*Prunus avium*）"; S. Hirsch, R. Baumberger, and U. Grossniklaus, "Epigenetic Variation, Inheritance, and Selection in Plant Populations"; C. M. Herrera and P. Bazaga, "Untangling Individual Variation in Natural Populations: Ecological, Genetic, and Epigenetic Correlates of Long-Term Inequality in Herbivory"; C. L. Richards, O. Bossdorf, and K.J.F. Verhoeven, "Understanding Natural Epigenetic Variation"; C. L. Richards et al., "Ecological Plant Epigenetics: Evidence from Model and Non-model Species, and the Way Forward"。

[229] M. J. Dubin et al., "DNA Methylation in Arabidopsis Has a Genetic Basis and Shows Evidence of Local Adaptation."

[230] Richards et al., "Ecological Plant Epigenetics: Evidence from Model

and Non-model Species, and the Way Forward"; Richards, Bossdorf, and Pigliucci, "What Role Does Heritable Epigenetic Variation Play in Phenotypic Evolution?"

[231] 例证参见 Dominguez-Salas et al., "Maternal Nutrition at Conception Modulates DNA Methylation of Human Metastable Epialleles"; Waterland et al., "Season of Conception in Rural Gambia Affects DNA Methylation at Putative Human Metastable Epialleles"。

[232] 相关分子机制尚不清楚，但作者们提出假说认为蛋白质消费会加快核糖体基因转录，产生重复的核糖体 DNA 环，后者容易从染色体上脱离（J. C. Aldrich and K. A. Maggert, "Transgenerational Inheritance of Diet-Induced Genome Rearrangements in Drosophila"）。

[233] D.T.A. Eisenberg, "Inconsistent Inheritance of Telomere Length（TL）: Is Offspring TL More Strongly Correlated with Maternal or Paternal TL?"; E. S. Epel et al., "Accelerated Telomere Shortening in Response to Life Stress."

[234] G. R. Price, "The Nature of Selection." 这篇论文于 1971 年左右完成，在作者身故后发表。

[235] 克劳德·香农是美国数学家兼工程师、信息论领域的开创者。有趣的是，尽管香农最知名的成就在工程学方面，他的博士论文的主题其实是为孟德尔遗传学理论建立数学框架。

[236] G. R. Price, "Science and the Supernatural"; "Where Is the Definitive Experiment?"

[237] O. Harman, *The Price of Altruism*.

[238] G. R. Price, "Selection and Covariance."

[239] G. R. Price, "The Nature of Selection."

[240] 两个随机变量 X 和 Y 的协方差定义为 X 乘以 Y 之后取平均值，再减去 Y 的平均值乘以 X 的平均值。也就是说，字母上的横线代表平均值，则 $\mathrm{cov}(X, Y) = \overline{XY} - \bar{X}\bar{Y}$。普莱斯方程中的随机变量为 w 和 z，且 w 的平均值为 1，因此，有 $\overline{zw} - \bar{z}\bar{w} = \mathrm{cov}(z, w)$。

[241] H. Helanterä and T. Uller, "The Price Equation and Extended Inheritance."

[242] 以下文献就普莱斯对演化生物学的贡献进行了精彩论述：S. A. Frank, "George Price's Contributions to Evolutionary Genetics"; A. Gardner, "The Price Equation."

[243] S. Wright, "The Roles of Mutation, Inbreeding, Crossbreeding, and Selection in Evolution."

[244] T. Day and R. Bonduriansky, "A Unified Approach to the Evolutionary Conse-quences of Genetic and Nongenetic Inheritance"; F. D. Klironomos, J. Berg, and S. Collins, "How Epigenetic Mutations Can Affect Genetic Evolution: Model and Mechanism"; M. Lachmann and E. Jablonka, "The Inheritance of Phenotypes: An Adaptation to Fluctuating Environments"; C. Pál and I. Miklós, "Epigenetic Inheritance, Genetic Assimilation and Speciation"; A. P. Feinberg and R. A. Irizarry, "Stochastic Epigenetic Variation as a Driving Force of Development, Evolutionary Adaptation, and Disease."

[245] 概括说来，对其他每个相关的基因或非基因遗传因素，我们都可以再引入一个普莱斯方程（参见 Bonduriansky and Day, "Nongenetic Inheritance and Its Evolutionary Implications"; Day and Bonduriansky, "A Unified Approach to the Evolutionary Consequences of Genetic and

Nongenetic Inheritance"）。

[246] Richards, "Inherited Epigenetic Variation—Revisiting Soft Inheritance."

[247] C. A. Hutchison III et al., "Design and Synthesis of a Minimal Bacterial Genome"; C. Lartigue et al., "Genome Transplantation in Bacteria: Changing One Species to Another"; D. G. Gibson et al., "Creation of a Bacterial Cell Controlled by a Chemically Synthesized Genome."

[248] C. Lartigue et al., "Genome Transplantation in Bacteria: Changing One Species to Another."

[249] 这些例证（以及第 9 章讨论的其他例证）支持一种观点：基因在演化中可以充当"追随者，而不是领导者"。换句话说，演化至少在最初可以由非基因性状的选择和响应来驱动。玛丽·简·韦斯特 - 埃伯哈德在她的著作《发育可塑性与演化》（Mary Jane West-Eberhard, *Developmental Plasticity and Evolution*）中支持上述观点，该书探讨了经典发育可塑性的作用。韦斯特 - 埃伯哈德认为，许多适应一开始都是针对环境条件变化产生新的表现型变异，然后优势表现型发生遗传同化，即使原始的诱导环境不复存在，这些表现型仍能表达。雅布隆卡和兰姆也指出，在非基因遗传参与的演化中，基因可以扮演追随者的角色。

[250] Y. Itan et al., "A Worldwide Correlation of Lactase Persistence Phenotype and Genotypes"; D. M. Swallow, "Genetics of Lactase Persistence and Lactose Intolerance."

[251] R. E. Green et al., "A Draft Sequence of the Neandertal Genome."

[252] N. Swaminathan, "Not Milk? Neolithic Europeans Couldn't Stomach the Stuff."

[253] 相关评论参见 Jablonka and Lamb, Epigenetic *Inheritance and Evolution,*

Journal of Evolutionary Biology, vol. 11, issue 2（1998）。近期评论参见 B. Dickins and Q. Rahman, "The Extended Evolutionary Synthesis and the Role of Soft Inheritance in Evolution"; T. E. Dickins and B.J.A. Dickins, "Mother Nature's Tolerant Ways: Why Non-genetic Inheritance Has Nothing to Do with Evolution"; D. J. Futuyma, "Can Modern Evolutionary Theory Explain Macroevolution?"; Haig, "Weismann Rules! OK? Epigenetics and the Lamarckian Temptation"。

[254] R. E. Furrow, "Epigenetic Inheritance, Epimutation, and the Response to Selection"; J. L. Geoghegan and H. G. Spencer, "Exploring Epiallele Stability in a Population- Epigenetic Model."

[255] 参见 C. L. Caprette et al., "The Origin of Snakes（Serpentes）as Seen through Eye Anatomy"; B. F. Simões et al., "Visual System Evolution and the Nature of the Ancestral Snake"。

[256] Klironomos, Berg, and Collins, "How Epigenetic Mutations Can Affect Genetic Evolution: Model and Mechanism."

[257] Day and Bonduriansky, "A Unified Approach to the Evolutionary Consequences of Genetic and Nongenetic Inheritance."

[258] Haig, "Weismann Rules! OK? Epigenetics and the Lamarckian Temptation"; Dickins and Rahman, "The Extended Evolutionary Synthesis and the Role of Soft Inheritance in Evolution"; Dickins and Dickins, "Mother Nature's Tolerant Ways: Why Non-genetic Inheritance Has Nothing to Do with Evolution"; Futuyma, "Can Modern Evolutionary Theory Explain Macroevolution?"

[259] Maynard Smith and Szathmáry, *The Major Transitions in Evolution*.

[260] Jablonka and Lamb, *Evolution in Four Dimensions.*

[261] P. Godfrey-Smith, "Is It a Revolution?"

[262] P. Godfrey-Smith, "Is It a Revolution?"

[263] 有人认为 DNA 组合的复杂度高于非基因机制，因为非基因因子不具备多个潜在状态值。但这个问题实际上比人们想到的更让人纠结，比方说一个真正的模拟非基因因子可能的状态值比任何规模的基因组都要多得多。用正式语言表达就是，单个模拟因子可能的状态值集合是不可数的，所以这个集合的大小（专业称谓是集合的势）与实数集合的势相等。另外，任何基因组可能的状态集合都是可数的，它的势小于或等于整数集合的势。精确地说，前者比后者要大，差值为无穷大。当然，在单个模拟非基因因子的不同状态中，有许多状态对选择来说可能是等同的，因此对选择有意义的状态数量也许比可能状态的总数要小得多。但与此同时，这一点或许对基因组的状态也适用。

[264] 现代综合论认识到，电离辐射、化学诱变剂等环境因子能诱导生殖细胞系发生基因突变，从而影响后代的表现型。如第 2 章所述，这类突变与通过非基因遗传进行传递的获得性状的关键差异在于一致性。基因突变被认为是不可预测、不可重复的，而非基因因子能针对特定环境因素做出一致的改变。假设有 100 个暴露于电离辐射的个体，其生殖细胞系的突变可能各不相同；相反，同一批个体接受高糖饮食，有可能把相同的生理效应传递给子代。

[265] 转引自 Sapp, "Cytoplasmic Heretics"。

[266] 数量遗传分析往往会考虑到母本效应，但很少考虑父本效应。一般说来，尽管近期人们做出了一些努力，把非基因因子纳入数量遗传实验设计和统计模型（如 F. Johannes and M. Colome-Tatche, "Quantitative

Epigenetics through Epigenomic Perturbation of Isogenic Lines"; O. Tal, E. Kisdi, and E. Jablonka, "Epigenetic Contribution to Covariance between Relatives"; Z. Wang et al., "A Quantitative Genetic and Epigenetic Model of Complex Traits"; A. W. Santure and H. G. Spencer, "Influence of Mom and Dad: Quantitative Genetic Models for Maternal Effects and Genomic Imprinting"; Danchin et al., "Beyond DNA: Integrating Inclusive Inheritance into an Extended Theory of Evolution"; Danchin et al., "Public Informatikon: From Noisy Neighbors to Cultural Evolution"; Danchin and Wagner, "Inclusive Heritability: Combining Genetic and Non-genetic Information to Study Animal Behavior and Culture"），但没有一项研究能区分所有可能的非基因效应类型。这样一来，数量遗传分析就有可能把源自非基因因子的可遗传变异计入遗传方差。这类非基因效应可能对某些性状非常重要，为了确认它们的作用，需要对近因机制进行实验和调查（参见第 5 章）。

[267] 观察显示同卵双胞胎的表观遗传相似度会随年龄增长而下降，为这一观点提供了佐证（M. F. Fraga et al., "Epigenetic Differences Arise during the Lifetime of Monozygotic Twins"）。

[268] Furrow, Christiansen, and Feldman, "Environment-Sensitive Epigenetics and the Heritability of Complex Diseases"; Manolio et al., "Finding the Missing Heritability of Complex Diseases."

[269] M. J. West-Eberhard, "Dancing with DNA and Flirting with the Ghost of Lamarck."

[270] Laland et al., "The Extended Evolutionary Synthesis: Its Structure, Assumptions, and Predictions."

[271] Jablonka and Lamb, Evolution in Four Dimensions.

[272] Futuyma, "Can Modern Evolutionary Theory Explain Macroevolution?"; Haig, "Weismann Rules! OK? Epigenetics and the Lamarckian Temptation."

[273] 有些作者思考了一个更深刻的问题：是否有可能把自然选择与变异生成清楚地区分开来。当代大多数演化分析都假定有可能进行区分，但真实的生物系统无需做到这一点。如果假设自然选择和变异生成是紧密纠缠、无法分离的，并以此为基础建立一种演化理论，那么"选择是否有可能作用于定向变异"这个问题就失去了意义。（A. V. Badyaev, "Origin of the Fittest: Link between Emergent Variation and Evolutionary Change as a Critical Question in Evolutionary Biology"; T. Uller and H. Helanterä, "Niche Construction and Conceptual Change in Evolutionary Biology"）。

[274] Bonduriansky and A. J. Crean, "What Are Parental Condition-Transfer Effects and How Can They Be Detected?"; Marshall and Uller, "When Is a Maternal Effect Adaptive?"; S. R. Proulx and H. Teotónio, "What Kind of Maternal Effects Can Be Selected for in Fluctuating Environments?"

[275] 在单配体配子的形成过程（减数分裂）中，适应性亲本效应也与孟德尔等位基因的随机分离形成鲜明对比。如果你的基因组里某个基因座上的两个等位基因有着不同的适应效果，那么遗传其中一个等位基因的子女会比遗传另一个的适应性更强，其间的差异与等位基因进入配子的概率无关。你产生的配子大约有一半携带"好"的那个等位基因，另一半携带"坏"的那个等位基因。每个基因组都是亲本等位基因随机组合的结果，个体能从亲代那里遗传多少个"好"的等位基因，纯属靠运气。适应性亲本效应的运作模式与上述孟德尔式抽奖大不相同：如果个

体拥有一个"好"的等位基因，它就能以某种方式确保该基因座上插入配子的等位基因总是"好"的那个，而不是"坏"的那个；亲本甚至能根据子代可能面临的环境来选择哪个等位基因最合适。

[276] Y. N. Harari, *Homo Deus: A Brief History of Tomorrow.*

[277] 事实上，文化演化理论显示，如果非适应行为发生传递的可能性高到足以抵消其选择劣势，这类行为就完全有可能在群体见 Cavalli-Sforza and Feldman, Cultural Transmission and Evolution: A Quantitative Approach; Richerson and Boyd, Not by Genes Alone: How Culture Transforms Human Evolution）。在人类历史中不难找到支持该预测的例证。生态位构建（生物通过自身行为改造环境，进而改变自然选择对它们的作用方式）也是如此。支持生态位构建理论的人认为构建过程通常会产生适应性的结果（例证参见 F. J. Odling-Smee, K. N. Laland, and M. W. Feldman, Niche Construction: The Neglected Process in Evolution; Uller and Helanterä, "Niche Construction and Conceptual Change in Evolutionary Biology"）。然而，适应性例证固然存在，但有许多改造环境的事例是非适应性的：群体往往通过自身行为过度利用资源，导致生存环境恶化，或对后代造成损害，结果不是构建生态位而是破坏生态位。

[278] 短期内明显具有适应性效果的行为，其长期效果可能相当复杂、难以预测，以下文献就此提供了一个有趣的例证：R. M. Sapolsky and L. J. Share, "A Pacific Culture among Wild Baboons: Its Emergence and Transmission"。

[279] Skinner, "Environmental Epigenetics and a Unified Theory of the Molecular Aspects of Evolution: A Neo-Lamarckian Concept That Facilitates Neo-Darwinian Evolution."

[280] R. Watson and E. Szathmáry, "How Can Evolution Learn?"

[281] F. Johannes et al., "Assessing the Impact of Transgenerational Epigenetic Variation on Complex Traits"; Richards et al., "Ecological Plant Epigenetics: Evidence from Model and Non-model Species, and the Way Forward."

[282] Cropley et al., "The Penetrance of an Epigenetic Trait in Mice Is Progressively yetReversibly Increased by Selection and Environment"; Sollars et al., "Evidence for an Epigenetic Mechanism by Which Hsp90 Acts as a Capacitor for Morphological Evolution"; Vastenhouw et al., "Gene Expression: Long-Term Gene Silencing by RNAi."

[283] J. Liao et al., "Targeted Disruption of *DNMT1*, *DNMT3A*, and *DNMT3B* in Human Embryonic Stem Cells."

[284] A. Vojta et al., "Repurposing the CRISPR-Cas9 System for Targeted DNA Methylation"; J. I. McDonald et al., "Reprogrammable CRISPR/Cas9-Based System for Inducing Site-Specific DNA Methylation."

[285] O. O. Abuddayeh et al., "C2c2 Is a Single-Component Programmable RNA- Guided RNA-Targeting Crispr Effector."

[286] 例证参见 Cropley et al., "The Penetrance of an Epigenetic Trait in Mice Is Progressively yet Reversibly Increased by Selection and Environment"; Sollars et al., "Evidence for an Epigenetic Mechanism by Which Hsp90 Acts as a Capacitor for Morphological Evolution"; Vastenhouw et al., "Gene Expression: Long-Term Gene Silencing by RNAi"。

[287] 例证参见 Avramidou et al., "Beyond Population Genetics: Natural Epigenetic Variation in Wild Cherry（Prunus avium）"; S. Baldanzi et al.,

"Epigenetic Variation among Natural Populations of the South African Sandhopper Talorchestia capensis"; Herrera and Bazaga, "Untangling Individual Variation in Natural Populations: Ecological, Genetic, and Epigenetic Correlates of Long-Term Inequality in Herbivory"; Liu et al., "Natural Epigenetic Variation in Bats and Its Role in Evolution"; R. J. Schmitz et al., "Patterns of Population Epigenomic Diversity"。

[288] 例证参见 Badyaev and Uller, "Parental Effects in Ecology and Evolution: Mechanisms, Processes, and Implications"; Klironomos, Berg, and Collins, "How Epigenetic Mutations Can Affect Genetic Evolution: Model and Mechanism"; J. L. Geoghegan and H. G. Spencer, "Population-Epigenetic Models of Selection"; J. L. Geoghegan and H. G. Spencer, "The Evolutionary Potential of Paramutation: A Population-Epigenetic Model"。

[289] "红王后"的说法于 1973 年由利·凡·瓦伦在其论文中首次引入进化论相关文献（L. Van Valen, "A New Evolutionary Law"）。

[290] 基因对基因机制由美国北达科他州立大学的植物病理学家哈罗德·弗洛尔（1900—1991）首先提出。

[291] J. N. Thompson and J. J. Burdon, "Gene-for-Gene Coevolution between Plants and Parasites."

[292] 这次大饥荒有时俗称爱尔兰土豆饥荒，由北美传入的植物病原体土豆晚疫病的病菌引发。

[293] T. Kasuga and M. Gijzen, "Epigenetics and the Evolution of Virulence."

[294] 设等位基因 D 的频率为 p，如果所有基因型都是随机产生的，则 DD 型个体源自两次独立抽中等位基因 D，频率为 p^2；EE 型个体源自两次独立抽中等位基因 E（频率为 $1-p$），频率为 $(1-p)^2$；ED 型个体

源自抽中 E 之后再抽中 D [概率为（1–p）p]，以及抽中 D 之后再抽中 E [概率为 p（1–p）]，总概率为 2p（1–p）。这些频率称为哈代 - 温伯格平衡频率。设 p = 0.5，就得到文中的频率。

[295] 要运用第 6 章的理论，首先要定义性状 z，在此设其为等位基因 D 在个体内部的频率。因此，对于 DD 型个体，z=1；对于 ED 型个体，z=1/2；对于 EE 型个体，z=0。群体中所有个体的 z 的平均值就是等位基因 D 在群体中的频率，即 $E[z]=p$，其中 p 为等位基因 D 的群体频率。假如交配是随机的，则每一世代开始时各基因型的频率处于哈代 - 温伯格平衡状态，即 DD ： DN ： EE 频率为 p^2 ： 2p（1–p）：（1–p）^{2}。取其中的适应值，则群体的平均适应值为 $E[w] = p^2 w + 2p(1-p)\frac{w}{2} = pw$。普莱斯方程（第 6 章）中的协方差项为 $\mathrm{cov}(z,w) = E[zw] - E[z]E[w] = (p^2 \times 1 \times \frac{w}{E[w]} + 2p(1-p) \times \frac{1}{2} \times \frac{w}{E[w]}) - (p \times 1)$, 或 cov[z,w]=（1–p）/2。要知道普莱斯方程中的项 E[wd] 代表等位基因传递的保真度，且我们假定所有等位基因都不加改变地传递，有 E[wd]=0。总体而言，普莱斯方程就成为 Δp =（1–p）/2，它给出了经历一代之后等位基因频率的变化，不过也可以由这个递归解得方程，以世代 t 的函数来表示等位基因 D 的频率。如果初始频率很小，则有 $pt = 1 - (\frac{1}{2})^t$。

[296] M. Gijzen, C. Ishmael, and S. D. Shrestha, "Epigenetic Control of Effectors in Plant Pathogens"; D. Qutob, B. P. Chapman, and M. Gijzen, "Transgenerational Gene Silencing Causes Gain of Virulence in a Plant Pathogen."

[297] 图 9.1 中的表观等位基因遗传模式与实际情况稍有不同。杂交实验显示，F1 世代中所有活跃的等位基因都已经沉默。我们使用图 9.1 的模式是为了简化对扩散的分析。如果采用 F1 世代中已经沉默的模型来分

析表观等位基因的扩散，则只会让结果更加极端。

[298] 与前例一样，定义为等位基因 D 在个体内部的频率。假定交配是随机的，则每一世代开始时各类型的频率处于哈代 - 温伯格平衡状态，即 DD、DN 和 EE 的频率分别为 p^2、$2p(1-p)^2$ 和 $(1-p)^2$。取框 9.2 中的适应值，则群体的平均适应值为 pw，如框 9.1 所示。因此，协方差项与框 9.1 中的相同，即 $cov(z,w)=(1-p)/2$。普莱斯方程中的项 $E[wd]$ 代表表观等位基因传递的保真度差异。与框 9.1 不同，在本例中，该差异不为零，因为杂合个体中活跃的表观等位基因有 k 的概率转变为沉默的表观等位基因，因此，$E[wd]=k(1-p)/2$。总体而言，普莱斯方程为 $\Delta p=(1-p)(1+k)/2$。与框 9.1 一样，也可以由这个递归解得方程，以世代 t 的函数来表示等位基因 D 的频率。如果初始频率很小，则有 $pt = 1-\left(\dfrac{1-k}{2}\right)^t$。

[299] Agrawal, Laforsch, and Tollrian, "Transgenerational Induction of Defences in Animals and Plants"; R. Poulin and F. Thomas, "Epigenetic Effects of Infection on the Phenotype of Host Offspring: Parasites Reaching across Host Generations."

[300] 以下文献探讨了在存在非基因遗传的情况下红王后动态过程的单倍体事例：R. Mostowy, J. Engelstadter, and M. Salathe, "Non-genetic Inheritanceand the Patterns of Antagonistic Coevolution"。

[301] Darwin, *The Descent of Man*.

[302] 关于求偶行为和配偶选择的全面介绍，参见 M. Andersson, *Sexual Selection*. 关于孔雀蜘蛛精彩的拟态和求偶行为，参见 M. B. Girard, M. M. Kasumovic, and D. O. Elias, "Multi-modal Courtship in the Peacock Spider, Maratus volans（O.P.-Cambridge, 1874）"。事实上孔雀有好几个物种，

孔雀蜘蛛有许多物种，每个物种的求偶炫耀都是独一无二的。

[303] 达尔文认为生物交配是一种合作过程（参见 Darwin, *The Descent of Man*），但生物学家们如今认识到冲突在雄性和雌性的交互行为中普遍存在（参见 G. Arnqvist and L. Rowe, *Sexual Conflict*）。例如，某些鸟类物种的雄性会把大部分精力用于偶外交配，父本抚育行为相对较少；拥有顶级"精良武装"的雄性昆虫可能对雌性造成很大的伤害。

[304] 传统观点还认为，如果低质量雄性带有能够传递给雌性的寄生虫，或精子质量低下，则高质量表现型变异可以选择雌性偏好。如果此类因素很重要，则无须诉诸子代利益就能解释雌性偏好的演化。在这样的体系里，拒绝低质量雄性显然对雌性有利。近来还有一种观点认为，两性冲突也可能带来明显的雌性偏好。如果某些雄性能成功地迫使雌性与其交配，那么尽管强迫程度最高的雄性会降低雌性的适应力，则雌性依然可能与其交配。

[305] R. Bonduriansky and T. Day, "Nongenetic Inheritance and the Evolution of Costly Female Preference."

[306] 但不足以高到消除雄性魅力与其子代质量之间的相关性。

[307] 许多脊椎动物物种的雌性通过社会方式获得择偶偏好，通常是铭印其父本表现型。与等位基因不同，这种对高质量雄性的习得偏好无法从母本传递给子代。在一个物种中，只有在父本拥有特定高质量信号的情况下，雌性子代才会获得对该信号的偏好，相应偏好在群体中的频率与该雄性信号的频率完全一致。在这样的体系里，鉴于雌性偏好可以通过非基因形式遗传，两性的共同演化会与我们模拟的情形大不相同。

[308] Crean, Adler, and Bonduriansky, "Seminal Fluid and Mate Choice: New Predictions."

[309] 这一经典预测最近在新西兰的一个天然蜗牛群体中得到验证，该群体兼有有性繁殖和无性繁殖两种类型，无性繁殖型蜗牛的数量增长速度大约是有性类型的两倍（A. K. Gibson, L. F. Delph, and C. M. Lively. "The Two-Fold Cost of Sex: Experimental Evidence from a Natural System"）。

[310] L. Hadany and T. Beker, "On the Evolutionary Advantage of Fitness-Associated Recombination"; L. Hadany and S. P. Otto, "The Evolution of Condition-Dependent Sex in the Face of High Costs."

[311] 参 见 L. M. Cosmides and J. Tooby, "Cytoplasmic Inheritance and Intragenomic Conflict"; A. L. Radzvilavicius, "Evolutionary Dynamics of Cytoplasmic Segregation and Fusion: Mitochondrial Mixing Facilitated the Evolution of Sex at the Origin of Eukaryotes"; J. C. Havird, M. D. Hall, and D. K. Dowling, "The Evolution of Sex: A New Hypothesis Based on Mitochondrial Mutational Erosion"。

[312] G. A. Parker, R. R. Baker, and V. G. Smith, "The Origin and Evolution of Gamete Dimorphism and the Male-Female Phenomenon."

[313] 关于这类观点的介绍，参见 K. A. Hughes and R. M. Reynolds, "Evolutionary and Mechanistic Theories of Aging"。

[314] 这个思想实验源于 T. B. Kirkwood and M. R. Rose, "Evolution of Senescence: Late Survival Sucrificed for Reproduction"。

[315] T. M. Stubbs et al., "Multi-tissue DNA Methylation Age Predictor in Mouse"; S. Maegawa et al., "Caloric Restriction Delays Age-Related Methylation Drift."

[316] L. P. Breitling et al., "Frailty Is Associated with the Epigenetic Clock

but Not with Telomere Length in a German Cohort"; S. Horvath, "DNA Methylation Age of Human Tissues and Cell Types."

[317] S. Horvath et al., "Obesity Accelerates Epigenetic Aging of Human Liver"; R. L. Simons et al., "Economic Hardship and Biological Weathering: The Epigenetics of Aging in a U.S. Sample of Black Women"; A. S. Zannas et al., "Lifetime Stress Accelerates Epigenetic Aging in an Urban, African American Cohort: Relevance of Glucocorticoid Signaling."

[318] T. M. Stubbs et al., "Multi-tissue DNA Methylation Age Predictor in Mouse"; S. Maegawa et al., "Caloric Restriction Delays Age-Related Methylation Drift"; T. Wang et al., "Epigenetic Aging Signatures in Mice Livers Are Slowed by Dwarfism, Calorie Restriction, and Rapamycin Treatment"; J. J. Cole et al., "Diverse Interventions That Extend Mouse Lifespan Suppress Shared Age-Associated Epigenetic Changes at Critical Gene Regulatory Regions."

[319] Fraga et al., "Epigenetic Differences Arise during the Lifetime of Monozygotic Twins."

[320] E. Gilson and F. Magdinier, "Chromosomal Position Effect and Aging"; S. E. Johnstone and S. B. Baylin, "Stress and the Epigenetic Landscape: A Link to the Pathobiology of Human Disease?"; R. R. Kanherkar, N. Bhatia-Dey, and A. B. Csoka, "Epigenetics across the Human Lifespan"; P. Oberdoerffer and D. A. Sinclair, "The Role of Nuclear Architecture in Genomic Instability and Ageing"; R. M. Sapolsky, "Social Status and Health in Humans and Other Animals"; M. J. Sheriff, C. J. Krebs, and R. Boonstra, "The Sensitive Hare: Sublethal Effects of Predator Stress on Reproduction

in Snowshoe Hares"; D. A. Sinclair and P. Oberdoerffer, "The Ageing Epigenome: Damaged Beyond Repair?"; L-Q. Cheng et al., "Epigenetic Regulation in Cell Senescence."

[321] Carnes, Riesch, and Schlupp, "The Delayed Impact of Parental Age on Offspring Mortality in Mice"; Kern et al., "Decline in Offspring Viability as a Manifestation of Aging in *Drosophila melanogaster*"; Torres, Drummond, and Velando, "Parental Age and Lifespan Influence Offspring Recruitment: A Long-Term Study in a Seabird."

[322] Gribble et al., "Maternal Caloric Restriction Partially Rescues the Deleterious Effects of Advanced Maternal Age on Offspring."

[323] 参 见 Hercus and Hoffmann, "Maternal and Grandmaternal Age Influence Offspring Fitness in Drosophila"。指角蝇的相关证据尚未发表。

[324] Sheriff, Krebs, and Boonstra, "The Sensitive Hare: Sublethal Effects of Predator Stress on Reproduction in Snowshoe Hares."

[325] C. Zimmer, "What Is a Species?"

[326] Pál and Miklós, "Epigenetic Inheritance, Genetic Assimilation, and Speciation." 关于非基因遗传在物种形成过程中可能起到的作用，近期讨论包括 C. Lafon-Placette and C. Köhler, "Epigenetic Mechanisms of Postzygotic Reproductive Isolation in Plants"; D. W. Pfennig and M. R. Servedio, "The Role of Trans- generational Epigenetic Inheritance in Diversification and Speciation"; G. Smith and M. G. Ritchie, "How Might Epigenetics Contribute to Ecological Speciation?"。

[327] Klironomos, Berg, and Collins, "How Epigenetic Mutations Can Affect Genetic Evolution: Model and Mechanism."

[328] T. A. Smith et al., "Epigenetic Divergence as a Potential First Step in Darter Speciation."

[329] M. K. Skinner et al., "Epigenetics and the Evolution of Darwin's Finches."

[330] Maynard Smith and Szathmáry, *The Major Transitions in Evolution*.

[331] C. E. Juliano, S. Z. Swartz, and G. M. Wessel, "A Conserved Germline Multipotency Program."

[332] A. Scheinfeld, "You and Heredity."

[333] K. L. Jones et al., "Pattern of Malformation in Offspring of Chronic Alcoholic Mothers." 在此之前几年，法国研究者也提出了母亲酗酒与儿童发育异常的关系（P. Lemoine et al., "Les enfants de parents alcooliques: Anomalies observées, a propos de 127 cas"）。

[334] A. Streissguth et al., "Primary and Secondary Disabilities in Fetal Alcohol Syndrome."

[335] Pauly, "How Did the Effects of Alcohol on Reproduction Become Scientifically Uninteresting?"; R. H. Warner and H. L. Rosett, "The Effects of Drinking on Offspring: A Historical Survey of the American and British Literature."

[336] Warner and Rosett, "The Effects of Drinking on Offspring: A Historical Survey of the American and British Literature."

[337] T. Wilson, *Distilled Spiritous Liquors the Bane of the Nation: Being Some Consid- erations Humbly Offer'd to the Lagislature, Part II*.

[338] Warner and Rosett, "The Effects of Drinking on Offspring: A Historical Survey of the American and British Literature."

[339] 乔治·巴潘尼科罗是希腊移民，他最著名的成就是发明了巴潘尼科罗实验，俗称巴氏涂片。

[340] C. R Stockard and G. N. Papanicolaou, "Further Studies on the Modification of the Germ-Cells in Mammals: The Effect of Alcohol on Treated Guinea-Pigs and Their Descendants."

[341] 某些优生学家大力吹捧母亲饮酒对胚育发育的危害，称其为"强有力的人工选择手段"（参见 E. M. Armstrong, *Conceiving Risk, Bearing Responsibility: Fetal Alcohol Syndrome and the Diagnosis of Moral Disorder*; J. Golden, *Message in a Bottle: The Making of Fetal Alcohol Syndrome*; Pauly, "How Did the Effects of Alcohol on Reproduction Become Scientifically Uninteresting?"; Warner and Rosett, "The Effects of Drinking on Offspring: A Historical Survey of the American and British Literature" ）。

[342] Armstrong, *Conceiving Risk, Bearing Responsibility: Fetal Alcohol Syndrome and the Diagnosis of Moral Disorder*; Pauly, "How Did the Effects of Alcohol on Reproduction Become Scientifically Uninteresting?"

[343] Stockard and Papanicolaou, "Further Studies on the Modification of the Germ-Cells in Mammals: The Effect of Alcohol on Treated Guinea-Pigs and Their Descendants."

[344] Pauly, "How Did the Effects of Alcohol on Reproduction Become Scientifically Uninteresting?"

[345] Hanson, "Modifications in the Albino Rat Following Treatment with Alcohol Fumes and X-Rays, and the Problem of Their Inheritance."

[346] Armstrong, *Conceiving Risk, Bearing Responsibility: Fetal Alcohol Syndrome and the Diagnosis of Moral Disorder*; Pauly, "How Did the Effects

of Alcohol on Reproduction Become Scientifically Uninteresting?"; Warner and Rosett, "The Effects of Drinking on Offspring: A Historical Survey of the American and British Literature."

[347] "Effect of Alcoholism at Time of Conception."

[348] H. W. Haggard, and E. M. Jellinek. *Alcohol Explored*, Garden City: Doubleday, 1942, 转引自 Warner and Rosett, "The Effects of Drinking on Offspring: A Historical Survey of the American and British Li terature"。

[349] Pauly, "How Did the Effects of Alcohol on Reproduction Become Scientifically Uninteresting?"; Warner and Rosett, "The Effects of Drinking on Offspring: A Historical Survey of the American and British Literature."

[350] Scheinfeld, "You and Heredity."

[351] E. L. Abel, *Fetal Alcohol Syndrome and Fetal Alcohol Effects*.

[352] H. W. Haggard and E. M. Jellinek, *Alcohol Explored*, Garden City: Doubleday, 1942, 转引自 Warner and Rosett, "The Effects of Drinking on Offspring: A Historical Survey of the American and British Literature"。

[353] Montagu, 1964, *Life before Birth*（114）, 转引自 Abel, *Fetal Alcohol Syndrome and Fetal Alcohol Effects*。

[354] E. P. Riley, M. A. Infante, and K. R. Warren, "Fetal Alcohol Spectrum Disorders: An Overview"; P. D. Sampson et al., "Incidence of Fetal Alcohol Syndrome and Prevalence of Alcohol-Related Neurodevelopmental Disorder."

[355] 例证参见 A. Finegersh and G. E. Homanics, "Paternal Alcohol Exposure Reduces Alcohol Drinking and Increases Behavioral Sensitivity to Alcohol Selectively in Male Offspring" 及其参考文献。

[356] E. A. Mead and D. K. Sarkar, "Fetal Alcohol Spectrum Disorders and

Their Transmission through Genetic and Epigenetic Mechanisms."

[357] E. Jeyaratnam and S. Petrova, "Timeline: Key Events in the History of Thalidomide."

[358] H. Sjöström and R. Nilsson, *Thalidomide and the Power of the Drug Companies.*

[359] P. Knightley et al., *Suffer the Children: The Story of Thalidomide.*

[360] J. Warkany, "Why I Doubted That Thalidomide Was the Cause of the Epidemic of Limb Defects of 1959 to 1961."

[361] J. H. Kim and A. R. Scialli, "Thalidomide: The Tragedy of Birth Defects and the Effective Treatment of Disease."

[362] P. H. Huang and W. G. McBride, "Interaction of [Glutarimide-2-14C] Thalidomide with Rat Embryonic DNA In Vivo"; W. G. McBride and P. A. Read, "Thalidomide May Be a Mutagen."

[363] D. Smithells, "Does Thalidomide Cause Second Generation Birth Defects?"

[364] J. Laurance, "Experts Doubt Claims That Thalidomide Can Be Inherited."

[365] D. J. Barker, "Fetal Origins of Coronary Heart Disease"; D.J.P. Barker, "The Fetal and Infant Origins of Adult Disease"; D.J.P. Barker, C. Osmond, and C. M. Law, "The Intrauterine and Early Postnatal Origins of Cardiovascular Disease and Chronic Bronchitis."

[366] L. C. Schulz, "The Dutch Hunger Winter and the Developmental Origins of Health and Disease."

[367] 例证参见 J. G. Eriksson, "The Fetal Origins Hypothesis—10 Years

On"; K. S. Joseph and M. S. Kramer, "Review of the Evidence on Fetal and Early Childhood Antecendents of Adult Chronic Disease."

[368] C. N. Hales and D.J.P. Barker, "Type 2 (Non-Insulin-Dependent) Diabetes Mellitus: The Thrifty Phenotype Hypothesis."

[369] E. Archer, "The Childhood Obesity Epidemic as a Result of Nongenetic Evolu tion: The Maternal Resources."

[370] Schulz, "The Dutch Hunger Winter and the Developmental Origins of Health and Disease."

[371] M. T. Miller and K. Stromland, "Thalidomide: A Review, with a Focus on Ocular Findings and New Potential Uses."

[372] T. J. Roseboom et al., "Effects of Prenatal Exposure to the Dutch Famine on Adult Disease in Later Life: An Overview."

[373] W. H. Rooij, Sr. et al., "Prenatal Undernutrition and Cognitive Function in Late Adulthood"; Roseboom et al., "Effects of Prenatal Exposure to the Dutch Famine on Adult Disease in Later Life: An Overview."

[374] S. A. Stanner and J. S. Yudkin, "Fetal Programming and the Leningrad Siege Study."

[375] R. Painter et al., "Transgenerational Effects of Prenatal Exposure to the Dutch Famine on Neonatal Adiposity and Health in Later Life."

[376] M. Veenendaal et al., "Transgenerational Effects of Prenatal Exposure to the 1944-45 Dutch Famine."

[377] Dominguez-Salas et al., "Maternal Nutrition at Conception Modulates DNA Methylation of Human Metastable Epialleles"; Waterland et al., "Season of Conception in Rural Gambia Affects DNA Methylation at Putative Human

Metastable Epialleles."

[378] P. D. Gluckman et al., "Epigenetic Mechanisms That Underpin Metabolic and Cardiovascular Diseases"; H. Y. Zoghbi and A. L. Beaudet, "Epigenetics and Human Disease."

[379] Pembrey et al., "Human Transgenerational Responses to Early-Life Experience: Potential Impact on Development, Health, and Biomedical Research."

[380] Anway et al., "Epigenetic Transgenerational Actions of Endocrine Disruptors and Male Fertility"; Chen, Yan, and Duan, "Epigenetic Inheritance of Acquired Traits through Sperm RNAs and Sperm RNA Modifidations"; M. E. Pembrey et al., "Sex-Specific, Male-Line Transgenerational Responses in Humans."

[381] J. C. Perry, L. K. Sirot, and S. Wigby, "The Seminal Symphony: How to Compose an Ejaculate."

[382] 用啮齿类动物进行的实验发现了一些有趣的证据：雄性的副性腺被摘除后，其精浆因子仍能影响胚胎发育（副性腺是精浆中多种蛋白质及其他成分的合成场所）。这些雄性能使卵细胞受精，但子代表现出一系列发育异常（参见 J. J. Bromfield, "Seminal Fluid and Reproduction: Much More Than Previously Thought"; Crean, Adler, and Bonduriansky, "Seminal Fluid and Mate Choice: New Predictions"）。

[383] M. Stoeckius, D. Grun, and N. Rajewsky, "Paternal RNA Contributions in the *Caenorhabditis elegans* Zygote."

[384] Vojtech et al., "Exosomes in Human Semen Carry a Distinctive Repertoire of Small Non-coding RNAs with Potential Regulatory Functions."

[385] Chen, Yan, and Duan, "Epigenetic Inheritance of Acquired Traits through Sperm RNAs and Sperm RNA Modifidations"; Eaton et al., "Roll over Weismann: Extracellular Vesicles in the Transgenerational Transmission of Environmental Effects."

[386] 医学研究显示，精浆能提高 IVF 等人工生殖技术的效率。增加母体的精浆暴露，可以降低先兆子痫等孕期并发症的发生率（参见 Crean, Adler, and Bonduriansky, "Seminal Fluid and Mate Choice: New Predictions"）。

[387] Pembrey et al., "Sex-Specific, Male-Line Transgenerational Responses in Humans."

[388] I. Donkin et al., "Obesity and Bariatric Surgery Drive Epigenetic Variation of Spermatozoa in Humans."

[389] T. H. Chen, Y. H. Chiu, and B. J. Boucher, "Transgenerational Effects of Betel-Quid Chewing on the Development of the Metabolic Syndrome in the Keelung Community-Based Integrated Screening Program."

[390] Reviewed in Pembrey et al., "Human Transgenerational Responses to Early-Life Experience: Potential Impact on Development, Health, and Biomedical Research."

[391] Pembrey et al., "Human Transgenerational Responses to Early-Life Experience."

[392] R. Yehuda et al., "Parental PTSD as a Vulnerability Factor for Low Cortisol Trait in Offspring of Holocaust Survivors."

[393] R. Yehuda et al., "Holocaust Exposure Induced Intergenerational Effects on FKBP5 Methylation."

[394] Yehuda et al., "Parental PTSD as a Vulnerability Factor for Low

Cortisol Trait in Offspring of Holocaust Survivors."

[395] For example, some descendants of people who lived through the Chinese Cultural Revolution could be experiencing similar effects as the children of Holocaust survivors（see H. Gao, "A Scar on the Chinese Soul"）.

[396] D. Crews et al., "Epigenetic Transgenerational Inheritance of Altered Stress Responses."

[397] J. Zalasiewicz et al., "Are We Now Living in the Anthropocene?"

[398] M. Latif and N. S. Keenlyside, "El Niño/Southern Oscillation Response to Global Warming."

[399] J.E.M. Watson et al., "Catastrophic Declines in Wilderness Areas Undermine Global Environment Targets."

[400] 参见 Bonduriansky, Crean, and Day, "The Implications of Nongenetic Inheritance for Evolution in Changing Environments"。亦可参见 R. E. O'Dea et al., "The Role of Non-genetic Inheritance in Evolutionary Rescue: Epigenetic Buffering, Heritable Bet Hedging, and Epigenetic Traps"。

[401] S. Dey, S. R. Proulx, and H. Teotónio, "Adaptation to Temporally Fluctuating Environments by the Evolution of Maternal Effects."

[402] 参见 G. Gibson, *It Takes a Genome: How a Clash between Our Genes and Modern Life Is Making Us Sick*。

[403] 例证参见 Gibson, *It Takes a Genome; D. E. Lieberman, The Story of the Human Body: Evolution, Health, and Disease*。

[404] G. Cochran and H. Harpending, *The 10000 Year Explosion: How Civilization Accelerated Human Evolution; Sterelny, The Evolved Apprentice.*

[405] 我们往往觉得现代医学非常发达，其实连古人都似乎懂得一些抗

生素疗效方面的知识。比如纳尔逊及其同事（M. L. Nelson et al., "Mass Spectroscopic Characterization of Tetracycline in the Skeletal Remains of an Ancient Population from Sudanese Nubia 350–550 CE"）发现，非洲出土的一批有 1500 年历史的人类骨骼明显有着大剂量摄入四环素的迹象。他们猜测，这个古代人群有意在啤酒或其他发酵饮料中掺入特定物质，其中含有能制造四环素的细菌，用这样的饮料治疗各种疾病。连尼安德特人都可能会给自己治病。分析发现，一位患有牙脓肿的尼安德特人的牙结石中存在微量的杨树成分，后者包含水杨酸，即止痛药阿司匹林的有效成分（L. S. Weyrich et al., "Neanderthal Behaviour, Diet, and Disease Inferred from Ancient DNA in Dental Calculus"）。

[406] J. W. Bigger, "Treatment of Staphylococcal Infections with Penicillin by Intermittent Sterilisation."

[407] 包括青霉素在内的许多抗生素都是靠抑制细胞分裂过程中的细胞壁合成来发挥作用的。因此，如果细菌进入休眠状态（停止繁殖），就不受此类药物影响。撤除药物之后，休眠的细胞会被重新激活，开始分裂（参见 N. Q. Balaban et al., "Bacterial Persistence as a Phenotypic Switch"; D. Shah et al., "Persisters: A Distinct Physiological State of E. coli"）。

[408] E. Rotem et al., "Regulation of Phenotypic Variability by a Threshold-Based Mechanism Underlies Bacterial Persistence."

[409] T. Bergmiller et al., "Biased Partitioning of the Multidrug Efflux Pump AcrAB- TolC Underlies Long-Lived Phenotypic Heterogeneity."

[410] H. Easwaran, H. C. Tsai, and S. B. Baylin, "Cancer Epigenetics: Tumor Heterogeneity, Plasticity of Stem-Like States, and Drug Resistance."

[411] Y. Ishino et al., "Nucleotide Sequence of the iap Gene, Responsible

for Alkaline Phosphatase Isozyme Conversion in Escherichia coli, and Identification of the Gene Product."

[412] 继中田的发现之后，人们在其他细菌物种中取得了类似的发现，并注意到这些 DNA 重复序列由特殊的 DNA "间隔" 片断分隔。此外，在几乎所有的情况下，DNA 重复短序列都由固定长度的独特间隔序列有规律地分隔开来，并且这种重复模式总是成簇出现。当时人们对 CRISPR 的生物学功能几乎一无所知，但到了 2005 年，计算生物学领域取得了长足进展，使研究者能对不同物种的 CRISPR 基因序列与几乎所有已知的基因序列进行详细对比。有意思的是，对比发现 CRISPR 里的间隔序列与感染细菌的病毒序列几乎相同。细菌像人类一样会被病毒感染，为此演化出了多种防御机制，所以这些发现让人猜测 CRISPR-Cas 是细菌免疫系统的组成部分。2005 年发表的三篇论文为 CRISPR 的运作方式奠定了基础，其中一篇（C. Pourcel, G. Salvignol, and G. Vergnaud, "CRISPR Elements in Yersinia pestis Acquire New Repeats by Preferential Uptake of Bacteriophage DNA, and Provide Additional Tools for Evolutionary Studies"）报告说某些细菌会逐渐向 CRISPR 系统中添加间隔序列，另外两篇（F. J. Mojica et al., "Intervening Sequences of Regularly Spaced Prokaryotic Repeats Derive from Foreign Genetic Elements," and A. Bolotin et al., "Clustered Regularly Interspaced Short Palindrome Repeats（CRISPRs）Have Spacers of Extrachromosomal Origin"）报告说间隔序列与源于病毒的基因材料非常相似，其存在可能影响病毒感染细菌的能力。

[413] R. Barrangou et al., "CRISPR Provides Acquired Resistance against Viruses in Prokaryotes."

[414] 有意思的是，就像第 3 章所说的，CRISPR 系统是环境诱导的性状

能由基因材料介导进行传递的一个清晰例证。细菌的感染经历会改变其CRISPR系统中间隔序列的基因组成，这种环境介导的基因序变化会传递给后代。

[415] G. Gasiunas et al., "Cas9-crRNA Ribonucleoprotein Complex Mediates Specific DNA Cleavage for Adaptive Immunity in Bacteria"; M. Jinek et al., "Programmable Dual-RNA-Guided DNA Endonuclease in Adaptive Bacterial Immunity"。CRISPR系统在基因工程领域有着巨大的应用潜力，在本书写作之际，有两个研究小组正陷于激烈的专利纠纷中，争夺这项生物分子技术的优先权。其中一个小组设于加利福尼亚大学伯克利分校，另一个小组设于麻省理工学院和哈佛大学。

[416] 该技术潜力巨大的一个原因是，与以往的基因编辑技术相比，它极为简便易用。另一个原因是其成本相对低廉，几乎人人都可轻易获取，参见 H. Ledford, "CRISPR, the Disruptor"。

[417] S. Reardon, "Welcome to the CRISPR Zoo."

[418] D. Maddalo et al., "In Vivo Engineering of Oncogenic Chromosomal Rearrangements with the CRISPR/Cas9 System."

[419] "公共物品悲剧"指如下情形：某种资源可供一组个体利用，每一个体都从自身利益出发采取行动，导致资源最终枯竭到令所有个体都受害的程度。该理念在生物学文献中引起广泛关注，始于加勒特·哈丁的论文《公共物品悲剧》。

[420] 伍迪·格斯里写了几百首歌，不过最出名的大概是《这是你的土地》（"This Land Is Your Land"）。

[421] NIH 2015 statement on funding of research using gene-editing technologies in human embryos.

[422] N. Wade, "Scientists Seek Moratorium on Edits to Human Genome That Could Be Inherited."

[423] J. Gallagher, "Scientists Get 'Gene Editing' Go-Ahead."

[424] 也有科学家担心，即使不去特意进行基因改造，医疗技术也终将无可避免地改变人类基因池，因为现代人类群体经受的自然选择放松了，有害突变能够积累起来，有可能引发灾难性的长期后果（参见 "Mutation and Human Exceptionalism: Our Future Genetic Load"）。

[425] See M. K. Skinner, "Environmental Stress and Epigenetic Transgenerational Inheritance"; "Endocrine Disruptor Induction of Epigenetic Transgenerational Inheritance of Disease."

[426] J. Corrales et al., "Global Assessment of Bisphenol-A in the Environment."

[427] J. C. Anderson, B. J. Park, and V. P. Palace, "Microplastics in Aquatic Environments: Implications for Canadian Ecosystems"; C. G. Avio, S. Gorbi, and F. Regoli, "Plastics and Microplastics in the Oceans: From Emerging Pollutants to Emerged Threat."

参考文献

Abel, E. L. *Fetal Alcohol Syndrome and Fetal Alcohol Effects*. New York: Plenum Press, 1993.

Abuddayeh, O. O., J. S. Gootenberg, S. Konermann, J. Joung, I. M. Slaymaker, D.B.T. Cox, S. Shmakov, et al. "C2c2 Is a Single-Component Programmable RNA-Guided RNA-T argeting CRISPR Effector." *Science* 353 (2016): aaf5573.

Agrawal, A. A., C. Laforsch, and R. Tollrian. "Transgenerational Induction of Defences in Animals and Plants." Nature 401 (1999): 60–63.

Aldrich, J. C., and K. A. Maggert. "Transgenerational Inheritance of Diet-Induced Genome Rearrangements in *Drosophila*." *PLoS Genetics* 11 (2015): e1005148.

Alonso-Magdalena, P., F. J. Rivera, and C. Guerrero-Bosagna. "Bisphenol-A and Metabolic Diseases: Epigenetic, Developmental, and Transgenerational Basis." *Environmental Epigenetics* 2 (2016): doi: 10.1093/eep/dvw022.

Amarger, V., A. Lecouillard, L. Ancellet, I. Grit, B. Castellano, P. Hulin, and P. Parnet. "Protein Content and Methyl Donors in Maternal Diet Interact to Influence the Proliferation Rate and Cell Fate of Neural Stem Cells in Rat Hippocampus." *Nutrients* 6 (2014): 4200–4217.

Anderson, J. C, B. J. Park, and V. P. Palace. "Microplastics in Aquatic Environments: Implications for Canadian Ecosystems." *Environmental Pollution* 218 (2016): 269–80.

Andersson, M. *Sexual Selection*. Princeton, NJ: Princeton University Press, 1994.

Anway, M. D., A. S. Cupp, M. Uzumcu, and M. K. Skinner. "Epigenetic

Transgenerational Actions of Endocrine Disruptors and Male Fertility." *Science* 308 (2005): 1466–69.

Aplin, L. M., D. R. Farine, J. Morand-Ferron, A. Cockburn, A. Thornton, and B. C. Sheldon. "Experimentally Induced Innovations Lead to Persistent Culture via Conformity in Wild Birds." *Nature* 518 (2015): 538–41.

Archer, E. "The Childhood Obesity Epidemic as a Result of Nongenetic Evolution: The Maternal Resources." *Mayo Clinic Proceedings* 90 (2015): 77–92.

Armstrong, E. M. *Conceiving Risk, Bearing Responsibility: Fetal Alcohol Syndrome and the Diagnosis of Moral Disorder.* Baltimore: Johns Hopkins University Press, 2003.

Arnqvist, G., D. K. Dowling, P. Eady, L. Gay, T. Tregenza, M. Tuda, and D. J. Hosken. "Genetic Architecture of Metabolic Rate: Environment Specific Epistasis between Mitochondrial and Nuclear Genes in an Insect." *Evolution* 64 (2010): 3354–63.

Arnqvist, G., and L. Rowe. *Sexual Conflict.* Princeton, NJ: Princeton University Press, 2005.

Avio, C. G., S. Gorbi, and F. Regoli. "Plastics and Microplastics in the Oceans: From Emerging Pollutants to Emerged Threat." *Marine Environmental Research* 128 (2017): 2–11.

Avital, E., and E. Jablonka. *Animal Traditions: Behavioural Inheritance in Evolution.* Cambridge: Cambridge University Press, 2000.

Avramidou, E. V., I. V. Ganopoulos, A. G. Doulis, A. S. Tsaftaris, and F. A. Aravanopoulos. "Beyond Population Genetics: Natural Epigenetic Variation in Wild Cherry (*Prunus avium*)." *Tree Genetics and Genomes* 11 (2015): 95.

Badyaev, A. V. "Origin of the Fittest: Link between Emergent Variation and Evolutionary Change as a Critical Question in Evolutionary Biology." *Proceedings of the Royal Society B: Biological Sciences* 278 (2011): 1921–29.

Badyaev, A. V., and T. Uller. "Parental Effects in Ecology and Evolution: Mechanisms, Processes, and Implications." *Philosophical Transactions of the Royal Society B: Biological Sciences* 364 (2009): 1169–77.

Balaban, N. Q., J. Merrin, R. Chait, L. Kowalik, and S. Leibler. "Bacterial Persistence as a Phenotypic Switch." *Science* 305 (2004): 1622–25.

Baldanzi, S., R. Watson, C. D. McQuaid, G. Gouws, and F. Porri. "Epigenetic Variation among Natural Populations of the South African Sandhopper *Talorchestia capensis*." *Evolutionary Ecology* 31 (2016): 77–91.

Barker, D. J. "Fetal Origins of Coronary Heart Disease." *British Medical Journal* 311 (1995): 171–74.

Barker, D.J.P. "The Fetal and Infant Origins of Adult Disease." *British Medical Journal* 301 (1990): 1111.

Barker, D.J.P., C. Osmond, and C. M. Law. "The Intrauterine and Early Postnatal Origins of Cardiovascular Disease and Chronic Bronchitis." *Journal of Epidemiology and Community Health* 43 (1989): 237–40.

Barrangou, R., C. Fremaux, H. Deveau, M. Richards, P. Boyaval, S. Moineau, D. A. Romero, and P. Horvath. "CRISPR Provides Acquired Resistance against Viruses in Prokaryotes." *Science* 315 (2007): 1709–12.

Bateson, W. William Bateson, *F.R.S., Naturalist: His Essays and Addresses Together with a Short Account of His Life by Beatrice Bateson*. Cambridge: Cambridge University Press, 1928.

Beisson, J. "Preformed Cell Structure and Cell Heredity." *Prion* 2 (2008): 1–8.

Beisson, J., and T. M. Sonneborn. "Cytoplasmic Inheritance of the Organization of the Cell Cortex in *Paramecium aurelia*." *Proceedings of the National Academy of Sciences USA* 53 (1965): 275–82.

Benkemoun, L., and S. J. Saupe. "Prion Proteins as Genetic Material in Fungi." *Fungal Genetics and Biology* 43 (2006): 789–803.

Bergmiller, T., A.M.C. Andersson, K. Tomasek, E. Balleza, D. J. Kiviet, R. Hauschild, G. Tkačik, and C. C. Guet. "Biased Partitioning of the Multidrug Efflux Pump AcrABTolC Underlies Long-Lived Phenotypic Heterogeneity." *Science* 356 (2017): 311–15.

Bhandari, R. K., F. S. vom Saal, and D. E. Tillitt. "Transgenerational Effects from Early Developmental Exposures to Bisphenol A or 17a-Ethinylestradiol in Medaka,

Oryzias latipes." *Scientific Reports* 5 (2015): 9303.

Bigger, J. W. "Treatment of Staphylococcal Infections with Penicillin by Intermittent Sterilisation." *The Lancet* 244 (1944): 497–500.

Blewitt, M. E., N. K. Vickaryous, A. Paldi, H. Koseki, and E. Whitelaw. "Dynamic Reprogramming of DNA Methylation at an Epigenetically Sensitive Allele in Mice." *PLoS Genetics* 2 (2006): e49.

Bolotin, A., B. Quinquis, A. Sorokin, and S. D. Ehrlich. "Clustered Regularly Interspaced Short Palindrome Repeats (CRISPRs) Have Spacers of Extrachromosomal Origin." *Microbiology* 151 (2005): 2551–61.

Bonduriansky, R. "The Ecology of Sexual Conflict: Background Mortality Can Modulate the Effects of Male Manipulation on Female Fitness." *Evolution* 68 (2014): 595–604.

———. "Rethinking Heredity, Again." *Trends in Ecology and Evolution* 27 (2012): 330–36.

Bonduriansky, R., and A. J. Crean. "What Are Parental Condition-Transfer Effects and How Can They Be Detected?" *Methods in Ecology and Evolution* (2017): DOI 10.1111/ 2041-210X.12848.

Bonduriansky, R., A. J. Crean, and T. Day. "The Implications of Nongenetic Inheritance for Evolution in Changing Environments." *Evolutionary Applications* 5 (2012): 192–201.

Bonduriansky, R., and T. Day. "Nongenetic Inheritance and Its Evolutionary Implications." *Annual Review of Ecology, Evolution, and Systematics* 40 (2009): 103–25.

———. "Nongenetic Inheritance and the Evolution of Costly Female Preference." *Journal of Evolutionary Biology* 26 (2013): 76–87.

Bonduriansky, R., and M. Head. "Maternal and Paternal Condition Effects on Offspring Phenotype in *Telostylinus angusticollis* (Diptera : Neriidae)." *Journal of Evolutionary Biology* 20 (2007): 2379–88.

Bonduriansky, R., A. Runagall-McNaull, and A. J. Crean. "The Nutritional Geometry of Parental Effects: Maternal and Paternal Macronutrient Consumption and

Offspring Phenotype in a Neriid Fly." *Functional Ecology* 30 (2016): 1675–86.

Bornens, M. "Organelle Positioning and Cell Polarity." *Nature Reviews Molecular and Cell Biology* 9 (2008): 874–86.

Boto, L. "Horizontal Gene Transfer in Evolution: Facts and Challenges." *Proceedings of the Royal Society B: Biological Sciences* 277 (2010): 819–27.

Boveri, Th. "An Organism Produced Sexually without Characteristics of the Mother." *American Naturalist* 27 (1893): 222–32.

Bowler, P. J. *The Mendelian Revolution: The Emergence of Hereditarian Concepts in Modern Science and Society.* London: Athlone Press, 1989.

Breitling, L. P., K-U. Saum, L. Perna, B. Schöttker, B. Holleczek, and H. Brenner. "Frailty Is Associated with the Epigenetic Clock but Not with Telomere Length in a German Cohort." *Clinical Epigenetics* 8 (2016): 21.

Bremer, J., F. Baumann, C. Tiberi, C. Weissig, H. Fischer, P. Schwarz, A. D. Steele, etal. "Axonal Prion Protein Is Required for Peripheral Myelin Maintenance." *Nature Neuroscience* 13 (2010): 310–18.

Bromfield, J. J. "Seminal Fluid and Reproduction: Much More Than Previously Thought." *Journal of Assisted Reproduction and Genetics* 31 (2014): 627–36.

Calhoun, K. C., E. Padilla-Banks, W. N. Jefferson, L. Liu, K. E. Gerrish, S. L. Young, C. E. Wood, et al. "Bisphenol A Exposure Alters Developmental Gene Expression in the Fetal Rhesus Macaque Uterus." *PLoS One* 9 (2014): e85894.

Camus, M. F., D. J. Clancy, and D. K. Dowling. "Mitochondria, Maternal Inheritance, and Male Aging." *Current Biology* 22 (2012): 1717–21.

Camus, M. F., J.B.W. Wolf, E. H. Morrow, and D. K. Dowling. "Single Nucleotides in the mtDNA Sequence Modify Mitochondrial Molecular Function and Are Associated with Sex-Specific Effects on Fertility and Aging." *Current Biology* 25 (2015): 2717–22.

Caprette, C. L., M.S.Y. Lee, R. Shine, A. Mokany, and J. F. Downhower. "The Origin of Snakes (Serpentes) as Seen through Eye Anatomy." *Biological Journal of the Linnean Society* 81 (2004): 469–82.

Carey, N. *The Epigenetics Revolution: How Modern Biology Is Rewriting Our*

Understanding of Genetics, Disease, and Inheritance. New York: Columbia University Press, 2012.

Carnes, B. A., R. Riesch, and I. Schlupp. "The Delayed Impact of Parental Age on Offspring Mortality in Mice." *Journals of Gerontology: Series A, Biological Sciences and Medical Sciences* 67A (2012): 351–57.

Cavalier-Smith, T. "The Membranome and Membrane Heredity in Development and Evolution." In *Organelles, Genomes, and Eukaryote Phylogeny: An Evolutionary Synthesis in the Age of Genomics*, edited by R. P. Hirt and D. S. Horner, 335–52. Boca Raton, FL: CRC Press, 2004.

Cavalli-Sforza, L. L., and M. W. Feldman. *Cultural Transmission and Evolution: A Quantitative Approach*. Princeton, NJ: Princeton University Press, 1981.

Chandler, V., and M. Alleman. "Paramutation: Epigenetic Instructions Passed across Generations." *Genetics* 178 (2008): 1839–44.

Chen, Q., Y. Menghong, C. Zhonghong, X. Li, Y. Zhang, J. Shi, G-h. Feng, et al. "Sperm tsRNAs Contribute to Intergenerational Inheritance of an Acquired Metabolic Disorder." *Science* 351 (2016): 397–400.

Chen, Q., W. Yan, and E. Duan. "Epigenetic Inheritance of Acquired Traits through Sperm RNAs and Sperm RNA Modifications." *Nature Reviews Genetics* 17 (2016): 733–43.

Chen, T. H., Y. H. Chiu, and B. J. Boucher. "Transgenerational Effects of BetelQuid Chewing on the Development of the Metabolic Syndrome in the Keelung Community-Based Integrated Screening Program." *American Journal of Clinical Nutrition* 83 (2006): 688–92.

Cheng, L-Q., Z-Q. Zhang, H-Z. Chen, and D-P. Liu. "Epigenetic Regulation in Cell Senescence." *Journal of Molecular Medicine* (2017): DOI 10.1007/s00109-017-1581-x.

Chetverin, A. B. "Can a Cell Be Assembled from Its Constituents?" *Paleontological Journal* 44 (2010): 715–27.

Chi, K. R. "The RNA Code Comes into Focus." *Nature* 542 (2017): 503–6.

Cochran, G., and H. Harpending. *The 10,000 Year Explosion: How Civilization*

Accelerated Human Evolution. New York: Basic Books, 2010.

Cole, J. J., N. A. Robertson, M. I. Rather, J. P. Thomson, T. McBryan, D. Sproul, T. Wang, C. Brock, W. Clark, T. Ideker, R. R. Meehan, R. A. Miller, H. M. Brown-Borg, and P. D. Adams. "Diverse Interventions That Extend Mouse Lifespan Suppress Shared Age-Associated Epigenetic Changes at Critical Gene Regulatory Regions." *Genome Biology* 18 (2017): 58.

Cook, G. M. "Neo-Lamarckian Experimentalism in America: Origins and Conse quences." *Quarterly Review of Biology* 74 (1999): 417–37.

Corrales, J., L. A. Kristofco, W. B. Steele, B. S. Yates, C. S. Breed, W. Spencer, and B. W. Brooks. "Global Assessment of Bisphenol A in the Environment." *DoseResponse* 13 (2015): 1559325815598308.

Cosmides, L. M., and J. Tooby. "Cytoplasmic Inheritance and Intragenomic Conflict." *Journal of Theoretical Biology* 89 (1981): 83–129.

Cowley, J. J., and R. D. Griesel. "The Effect on Growth and Behaviour of Rehabilitating First and Second Generation Low Protein Rats." *Animal Behaviour* 14 (1966): 506–17.

Crean, A. J., M. I. Adler, and R. Bonduriansky. "Seminal Fluid and Mate Choice: New Predictions." *Trends in Ecology and Evolution* 31 (2016): 253–55.

Crean, A. J., and R. Bonduriansky. "What Is a Paternal Effect?" *Trends in Ecology and Evolution* 29 (2014): 554–59.

Crean, A. J., A. M. Kopps, and R. Bonduriansky. "Revisiting Telegony: Offspring Inherit an Acquired Characteristic of Their Mother's Previous Mate." *Ecology Letters* 17 (2014): 1545–52.

Crews, D., R. Gillette, S. V. Scarpino, M. Manikkam, M. I. Savenkova, and M. K. Skinner. "Epigenetic Transgenerational Inheritance of Altered Stress Responses." *Proceedings of the National Academy of Sciences USA* 109 (2012): 9143–48.

Crick, F. H. C. "The Croonian Lecture: The Genetic Code." *Proceedings of the Royal Society of London B: Biological Sciences* 167 (1966): 331–47.

Cropley, J. E., T.H.Y. Dant, D.I.K. Martin, and C. M. Suter. "The Penetrance of an Epigenetic Trait in Mice Is Progressively Yet Reversibly Increased by Selection and Environment." *Proceedings of the Royal Society of London B: Biological Sciences* 279 (2012): 2347–53.

Cropley, J. E., C. M. Suter, E. B. Beckman, and D. I. Martin. "Germ-Line Epigenetic Modification of the Murine Avy Allele by Nutritional Supplementation." *Proceedings of the National Academy of Sciences USA* 103 (2006): 17308–12.

Cubas, P., C. Vincent, and E. Coen. "An Epigenetic Mutation Responsible for Natural Variation in Floral Symmetry." *Nature* 401 (1999): 157–61.

Curley, J. P., R. Mashoodh, and F. A. Champagne. "Epigenetics and the Origins of Paternal Effects." *Hormones and Behavior* 59 (2011): 306–14.

Danchin, E. "Avatars of Information: Towards an Inclusive Evolutionary Synthesis." *Trends in Ecology and Evolution* 28 (2013): 351–58.

Danchin, E., A. Charmantier, F. A. Champagne, A. Mesoudi, B. Pujol, and S. Blanchet. "Beyond DNA: Integrating Inclusive Inheritance into an Extended Theory of Evolution." *Nature Reviews Genetics* 12 (2011): 475–86.

Danchin, E., L-A. Giraldeau, T. J. Valone, and R. H. Wagner. "Public Information: From Noisy Neighbors to Cultural Evolution." *Science* 305 (2004): 487–91.

Danchin, E., and R. H. Wagner. "Inclusive Heritability: Combining Genetic and Nongenetic Information to Study Animal Behavior and Culture." *Oikos* 119 (2010): 210–18.

Darwin, C. R. *The Descent of Man*. London: John Murray, 1871.

———. *On the Origin of Species*. 2nd ed. London: John Murray, 1859.

———. *The Variation of Animals and Plants under Domestication*. 2nd ed. Vol. 1. London: John Murray, 1875.

Daxinger, L., and E. Whitelaw. "Understanding Transgenerational Epigenetic Inheritance via the Gametes in Mammals." *Nature Reviews Genetics* 13 (2012): 152–62.

Day, T., and R. Bonduriansky. "A Unified Approach to the Evolutionary Consequences of Genetic and Nongenetic Inheritance." *American Naturalist* 178 (2011): E18–E136.

DeJong-Lambert, W. *The Cold War Politics of Genetic Research: An Introduction to the Lysenko Affair.* New Studies in the History and Philosophy of Science and Technology. Dordrecht: Springer, 2012.

Devanapally, S., S. Ravikumar, and A. M. Jose. "Double-Stranded RNA Made in *C. elegans* Neurons Can Enter the Germline and Cause Transgenerational Gene Silencing." *Proceedings of the National Academy of Sciences USA* 112 (2015): 2133–38.

Dey, S., S. R. Proulx, and H. Teotónio. "Adaptation to Temporally Fluctuating Environments by the Evolution of Maternal Effects." *PloS Biology* 14 (2016): e1002388.

Dias, B. G., and K. J. Ressler. "Parental Olfactory Experience Influences Behaviour and Neural Structure in Subsequent Generations." *Nature Neuroscience* 17 (2014): 89–96.

Dickins, B., and Q. Rahman. "The Extended Evolutionary Synthesis and the Role of Soft Inheritance in Evolution." *Proceedings of the Royal Society B: Biological Sciences* 279 (2012): 2913–21.

Dickins, T. E., and B.J.A. Dickins. "Mother Nature's Tolerant Ways: Why Non-genetic Inheritance Has Nothing to Do with Evolution." *New Ideas in Psychology* 26 (2008): 41–54.

Dobzhansky, T. *Genetics and the Origin of Species.* New York: Columbia University Press, 1951.

———. *Genetics of the Evolutionary Process.* New York: Columbia University Press, 1970.

Dominguez-Salas, P., S. E. Moore, M. S. Baker, A. W. Bergen, S. E. Cox, R. A. Dyer, A. J. Fulford, et al. "Maternal Nutrition at Conception Modulates DNA Methylation of Human Metastable Epialleles." *Nature Communications* 5 (2014): 3746.

Donkin, I., S. Versteyhe, L. R. Ingerslev, K. Qian, M. Mechta, L. Nordkap, B. Mortensen, et al. "Obesity and Bariatric Surgery Drive Epigenetic Variation of Spermatozoa in Humans." *Cell Metabolism* 23 (2016): 369–78.

Dubin, M. J., P. Zhang, D. Meng, M.-S. Remigereau, E. J. Osborne, F. P. Casale, P. Drewe, et al. "DNA Methylation in *Arabidopsis* Has a Genetic Basis and Shows Evidence of Local Adaptation." *eLife* 4 (2015): e05255.

Dussourd, D. E., K. Ubik, C. Harvis, J. Resch, J. Meinwald, and T. Eisner. "Biparental Defensive Endowment of Eggs with Acquired Plant Alkaloid in the Moth *Utetheisa ornatrix.*" *Proceedings of the National Academy of Sciences USA* 85 (1988): 5992–96.

Easwaran, H., H. C. Tsai, and S. B. Baylin. "Cancer Epigenetics: Tumor Heterogeneity, Plasticity of Stem-Like States, and Drug Resistance." *Molecular Cell* 54 (2014): 716–27.

Eaton, S. A., N. Jayasooriah, M. E. Buckland, D. I. Martin, J. E. Cropley, and C. M. Suter. "Roll over Weismann: Extracellular Vesicles in the Transgenerational Transmission of Environmental Effects." *Epigenomics* 7 (2015): 1165–71.

"Effect of Alcoholism at Time of Conception." *Journal of the American Medical Association* 146 (1946): 419.

Eisenberg, D.T.A. "Inconsistent Inheritance of Telomere Length (TL): Is Offspring TL More Strongly Correlated with Maternal or Paternal TL?" *European Journal of Human Genetics* 22 (2014): 8–9.

Elsworth, J. D., J. D. Jentsch, S. M. Groman, R. H. Roth, E. D. Redmond Jr., and C. Leranth. "Low Circulating Levels of Bisphenol-A Induce Cognitive Deficits and Loss of Asymmetric Spine Synapses in Dorsolateral Prefrontal Cortex and Hippocampus of Adult Male Monkeys." *Journal of Comparative Neurology* 523 (2015): 1248–57.

Epel, E. S., E. H. Blackburn, J. Lin, F. S. Dhabhar, N. E. Adler, J. D. Morrow, and R. M. Cawthorn. "Accelerated Telomere Shortening in Response to Life Stress." *Proceedings of the National Academy of Sciences USA* 101 (2004): 17312–15.

Eriksson, J. G. "The Fetal Origins Hypothesis—10 Years On." *British Medical Journal* 330 (2005): 1096–97.

Erlich, Y., and D. Zielinski. "DNA Fountain Enables a Robust and Efficient Storage Architecture." *Science* 355 (2017): 950–54.

Ernst, U. R., M. B. Van Hiel, G. Depuydt, B. Boerjan, A. De Loof, and L. Shoofs. "Epigenetics and Locust Life Phase Transitions." *Journal of Experimental Biology* 218 (2015): 88–99.

Feinberg, A. P., and R. A. Irizarry. "Stochastic Epigenetic Variation as a Driving Force of Development, Evolutionary Adaptation, and Disease." *Proceedings of the National Academy of Sciences USA* 107 (2010): 1757–64.

Finegersh, A., and G. E. Homanics. "Paternal Alcohol Exposure Reduces Alcohol Drinking and Increases Behavioral Sensitivity to Alcohol Selectively in Male Offspring." *PLoS One* 9 (2014): e99078.

Fioriti, L., C. Myers, Y-Y. Huang, X. Li, J. S. Stephan, P. Trifilieff, L. Colnaghi, et al. "The Persistence of Hippocampal-Based Memory Requires Protein Synthesis Mediated by the Prion-Like Protein CPEB3." *Neuron* 86 (2015): 1433–48.

Firestein, S. *Ignorance*. Oxford: Oxford University Press, 2012.

Ford, E. B. *Mendelism and Evolution*. London: Methuen, 1931.

Fraga, M. F., E. Bellestar, M. F. Paz, S. Ropero, F. Setien, M. L. Bellestar, D. Heine-Suner, et al. "Epigenetic Differences Arise during the Lifetime of Monozygotic Twins." *Proceedings of the National Academy of Sciences USA* 102 (2005): 10604–9.

Francis, R. C. *Epigenetics: How Environment Shapes Our Genes*. New York: W. W. Norton, 2011.

Frank, S. A. "George Price's Contributions to Evolutionary Genetics." *Journal of Theoretical Biology* 175 (1995): 373–88.

Fraser, R., and C-J. Lin. "Epigenetic Reprogramming of the Zygote in Mice and Men: On Your Marks, Get Set, Go!" *Reproduction in Domestic Animals* 152 (2016): R211–R22.

Frazier, C. R. M., B. C. Trainor, C. J. Cravens, T. K. Whitney, and C. A. Marler. "Paternal Behavior Influences Development of Aggression and Vasopressin Expression in Male California Mouse Offspring." *Hormones and Behavior* 50 (2006): 699–707.

Furrow, R.E. "Epigenetic Inheritance, Epimutation, and the Response to Selection." *PLoS One* 9 (2014): e101559.

Furrow, R. E., F. B. Christiansen, and M. W. Feldman. "Environment-Sensitive Epigenetics and the Heritability of Complex Diseases." *Genetics* 189 (2011): 1377–87.

Futuyma, D. J. "Can Modern Evolutionary Theory Explain Macroevolution?" In *Macroevolution: Explanation, Interpretation, and Evidence*, edited by E. Serrelli and N. Gontier, 29–85. Cham, Switzerland: Springer International Publishing, 2015.

Gallagher, J. "Scientists Get 'Gene Editing' Go-Ahead." BBC *Health* (2016).

Galton, F. "Experiments in Pangenesis, by Breeding from Rabbits of a Pure Variety, into Whose Circulation Blood Taken from Other Varieties Had Previously Been Largely Transfused." *Proceedings of the Royal Society of London* 19 (1871): 393–410.

———. "Hereditary Character and Talent." *Macmillan's Magazine* 12 (1865): 157–66.

———. "Hereditary Improvement." *Fraser's Magazine January* (1873): 116–30.

Gao, H. "A Scar on the Chinese Soul." *New York Times*, January 18, 2017.

Gapp, K., A. Jawaid, P. Sarkies, J. Bohacek, P. Pelczar, J. Prados, L. Farinelli, E. Miska, and I. M. Mansuy. "Implication of Sperm RNAs in Transgenerational Inheritance of the Effects of Early Trauma in Mice." *Nature Neuroscience* 17 (2016): 667–69.

Garcia-Gonzalez, F., and D. K. Dowling, "Transgenerational Effects of Sexual Interactions and Sexual Conflict: Non-Sires Boost the Fecundity of Females in the Following Generation." *Biology Letters* 11 (2015): 20150067.

Gardner, A. "The Price Equation." *Current Biology* 18 (2008): R198–R202.

Gasiunas, G., R. Barrangou, P. Horvath, and V. Siksnys. "Cas9-crRNA Ribonucleo-protein Complex Mediates Specific DNA Cleavage for Adaptive Immunity in Bacteria." *Proceedings of the National Academy of Sciences USA* 109 (2012): E2579–E86.

Geoghegan, J. L., and H. G. Spencer. "Exploring Epiallele Stability in a Population Epigenetic Model." *Theoretical Population Biology* 83 (2012): 136–44.

———. "Population-Epigenetic Models of Selection." *Theoretical*

Population Biology 81 (2012): 232–42.

Geoghegan, J. L., and H. G. Spencer. "The Evolutionary Potential of Paramutation: A Population-Epigenetic Model." *Theoretical Population Biology* 88 (2013): 9–19.

Gibson, A. K., L. F. Delph, and C. M. Lively. "The Two-Fold Cost of Sex: Experimental Evidence from a Natural System." *Evolution Letters* 1 (2017): 6–15.

Gibson, D. G., J. I. Glass, C. Lartigue, V. N. Noskov, R-Y. Chuang, M. A. Algire, G. A. Benders, et al. "Creation of a Bacterial Cell Controlled by a Chemically Synthesized Genome." *Science* 329 (2010): 52–56.

Gibson, G. *It Takes a Genome: How a Clash between Our Genes and Modern Life Is Making Us Sick.* Upper Saddle River, NJ: FT Press Science, 2009.

Gijzen, M., C. Ishmael, and S. D. Shrestha. "Epigenetic Control of Effectors in Plant Pathogens." *Frontiers in Plant Science* 5 (2014): 638.

Gilbert, S. F., J. Sapp, and A. I. Tauber. "A Symbiotic View of Life: We Have Never Been Individuals." *Quarterly Review of Biology* 87 (2012): 325–41.

Gilson, E., and F. Magdinier. "Chromosomal Position Effect and Aging." *In Epigenetics of Aging*, edited by T. Tollefsbol, 151–76. New York: Springer, 2010.

Girard, M. B., M. M. Kasumovic, and D. O. Elias. "Multi-modal Courtship in the Peacock Spider, *Maratus volans* (O.P.-Cambridge, 1874)." *PLoS One* 6 (2011): e25390.

Gleick, J. *Genius: The Life and Science of Richard Feynman.* New York: Vintage Books, 1993.

Gluckman, P. D., M. A. Hanson, T. Buklijas, F. M. Low, and A. S. Beedle. "Epigenetic Mechanisms That Underpin Metabolic and Cardiovascular Diseases." *Nature Reviews Endocrinology* 5 (2009): 401–8.

Godfrey-Smith, P. *Darwinian Populations and Natural Selection.* Oxford: Oxford University Press, 2009.

———. "Is It a Revolution?" *Biology and Philosophy* 22 (2007): 429–37.

Gokhman, D., E. Lavi, K. Prufer, M. F. Fraga, J. A. Riancho, J. Kelso, S. Paabo, E. Meshorer, and L. Carmel. "Reconstructing the DNA Methylation Maps of the

Neanderthal and the Denisovan." *Science* 344 (2014): 523–27.

Gokhman, D., A. Malul, and L. Carmel. "Inferring Past Environments from Ancient Epigenomes." *Molecular Biology and Evolution* 34 (2017): 2429–38.

Golden, J. *Message in a Bottle: The Making of Fetal Alcohol Syndrome.* Cambridge, MA: Harvard University Press, 2006.

Gordon, L. B., F. G. Rothman, C. Lopez-Otin, and T. Misteli. "Progeria: A Paradigm for Translational Medicine." *Cell* 156 (2014): 400–407.

Grandjean, V., S. Fourré, D. Fernandes De Abreu, M-A. Derieppe, J-J. Remy, and M. Rassoulzadegan. "RNA-Mediated Paternal Heredity of Diet-Induced Obesity and Metabolic Disorders." *Scientific Reports* 5 (2015): 18193.

Green, R. E., J. Krause, A. W. Briggs, T. Maricic, U. Stenzel, M. Kircher, M. Patterson, et al. "A Draft Sequence of the Neandertal Genome." *Science* 328 (2010): 710–22.

Greer, E. L., T. J. Maures, A. G. Hauswirth, E. M. Green, D. S. Leeman, G. S. Maro, S. Han, et al. "Members of the H3K4 Trimethylation Complex Regulate Lifespan in a Germline-Dependent Manner in *C. elegans*." *Nature* 466 (2010): 383–87.

Greer, E. L., T. J. Maures, D. Ucar, A. G. Hauswirth, E. Mancini, J. P. Lim, B. A. Benayoun, Y. Shi, and A. Brunet. "Transgenerational Epigenetic Inheritance of Longevity in *Caenorhabditis elegans*." *Nature* 479 (2011): 365–71.

Gribble, K. E., G. Jarvis, M. Bock, and D.B.M. Welch. "Maternal Caloric Restriction Partially Rescues the Deleterious Effects of Advanced Maternal Age on Offspring." *Aging Cell* 13 (2014): 623–30.

Griffiths, P. E., and R. D. Gray. "Developmental Systems and Evolutionary Explanation." *Journal of Philosophy* 91 (1994): 277–304.

Grimes, G. W. "Pattern Determination in Hypotrich Ciliates." *American Zoologist* 22 (1982): 35–46.

Hackett, J. A., J. J. Zylicz, and A. Surani. "Parallel Mechanisms of Epigenetic Reprogramming in the Germline." *Trends in Genetics* 28 (2012): 164–74.

Hadany, L., and T. Beker. "On the Evolutionary Advantage of Fitness-Associated

Recombination." *Genetics* 165 (2003): 2167–79.

Haig, D. "The Kinship Theory of Genomic Imprinting." *Annual Review of Ecology and Systematics* 31 (2000): 9–32.

Haig, D. "Weismann Rules! OK? Epigenetics and the Lamarckian Temptation." *Biology and Philosophy* 22 (2007): 415–28.

Haldane, J.B.S. *Adventures of a Biologist.* New York: Harper and Brothers, 1937.

Haldane, J.B.S., and J. Huxley. *Animal Biology.* Oxford: Clarendon Press, 1934.

Hales, C. N., and D.J.P. Barker. "Type 2 (Non-Insulin-Dependent) Diabetes Mellitus: The Thrifty Phenotype Hypothesis." *Diabetologia* 35 (1992): 595–601.

Halfmann, R., S. Alberti, and S. Lindquist. "Prions, Protein Homeostasis, and Phenotypic Diversity." *Trends in Cell Biology* 20 (2010): 125–33.

Halfmann, R., and S. Lindquist. "Epigenetics in the Extreme: Prions and the Inheritance of Environmentally Acquired Traits." *Science* 330 (2010): 629–32.

Hanson, F. B. "Modifications in the Albino Rat Following Treatment with Alcohol Fumes and X-Rays, and the Problem of Their Inheritance." *Proceedings of the American Philosophical Society* 62 (1923): 301–10.

Harari, Y. N. *Homo Deus: A Brief History of Tomorrow.* London: Harvill Secker, 2016.

Hardin, G. "The Tragedy of the Commons." *Science* 162 (1968): 1243–48.

Haring, M., R. Bader, M. Louwers, A. Schwabe, R. van Driel, and M. Stam. "The Role of DNA Methylation, Nucleosome Occupancy and Histone Modifications in Paramutation." *Plant Journal* 63 (2010): 366–78.

Harman, O. *The Price of Altruism.* London: Bodley Head, 2010.

Havird, J. C., M. D. Hall, and D. K. Dowling. "The Evolution of Sex: A New Hypothesis Based on Mitochondrial Mutational Erosion." *Bioessays* 37 (2015): 951–58.

Helanterä, H., and T. Uller. "The Price Equation and Extended Inheritance." *Philosophy and Theory in Biology* 2 (2010): e101.

Hendry, A. P. *Eco-Evolutionary Dynamics.* Princeton, NJ: Princeton University Press, 2017.

Hercus, M. J., and A. A. Hoffmann. "Maternal and Grandmaternal Age Influence

Offspring Fitness in *Drosophila*." *Proceedings of the Royal Society of London B: Biological Sciences* 267 (2000): 2105–10.

Herrera, C. M., and P. Bazaga. "Untangling Individual Variation in Natural Populations: Ecological, Genetic, and Epigenetic Correlates of Long-Term Inequality in Herbivory." *Molecular Ecology* 20 (2011): 1675–88.

Hirsch, S., R. Baumberger, and U. Grossniklaus. "Epigenetic Variation, Inheritance, and Selection in Plant Populations." In *Cold Spring Harbor Symposia on Quantitative Biology*, 97–104. Cold Spring Harbor, NY: Biological Laboratory Press, 2012.

Holeski, L. M., G. Jander, and A. A. Agrawal. "Transgenerational Defense Induction and Epigenetic Inheritance in Plants." *Trends in Ecology and Evolution* 27 (2012): 618–26.

Hollams, E. M., N. H. de Klerk, P. G. Hold, and P. D. Sly. "Persistent Effects of Maternal Smoking during Pregnancy on Lung Function and Asthma in Adolescents." *American Journal of Respiratory and Critical Care Medicine* 189 (2014): 401–7.

Horvath, S. "DNA Methylation Age of Human Tissues and Cell Types." *Genome Biology* 14 (2013): R115.

Horvath, S., W. Erhart, M. Brosch, O. Ammerpohl, W. von Schönfels, M. Ahrens, N. Heits, et al. "Obesity Accelerates Epigenetic Aging of Human Liver." *Proceedings of the National Academy of Sciences USA* 111 (2016): 15538–43.

Houri-Zeevi, L., and O. Rechavi. "A Matter of Time: Small RNAs Regulate the Duration of Epigenetic Inheritance." *Trends in Genetics* 33 (2017): 46–56.

Huang, P. H., and W. G. McBride. "Interaction of [Glutarimide-2-^{14}C] Thalidomide with Rat Embryonic DNA In Vivo." *Teratogenesis, Carcinogenesis, and Mutagenesis* 17 (1997): 1–5.

Hughes, K. A., and R. M. Reynolds. "Evolutionary and Mechanistic Theories of Aging." *Annual Review of Entomology* 50 (2005): 421–45.

Hutchison, C. A., III, R-Y. Chuang, V. N. Noskov, N. Assad-Garcia, T. J. Deerinck, M. H. Ellisman, J. Gill, et al. "Design and Synthesis of a Minimal Bacterial Genome." *Science* 351 (2016): 6253.

Ishino, Y., H. Shinagawa, K. Makino, M. Amemura, and A. Nakata. "Nucleotide Sequence of the iap Gene, Responsible for Alkaline Phosphatase Isozyme Conversion in *Escherichia coli*, and Identification of the Gene Product." *Journal of Bacteriology* 169 (1987): 5429–33.

Itan, Y., B. L. Jones, C.J.E. Ingram, D. M. Swallow, and M. G. Thomas. "A Worldwide Correlation of Lactase Persistence Phenotype and Genotypes." *BMC Evolutionary Biology* 10 (2010): 36.

Jablonka, E. "Information: Its Interpretation, Its Inheritance, and Its Sharing." *Philosophy of Science* 69 (2002): 578–605.

Jablonka, E., and M. J. Lamb. *Epigenetic Inheritance and Evolution*. Oxford: Oxford University Press.

———. *Evolution in Four Dimensions*. Cambridge, MA: MIT Press, 2005.

Jablonka, E., and G. Raz. "Transgenerational Epigenetic Inheritance: Prevalence, Mechanisms, and Implications for the Study of Heredity and Evolution." *Quarterly Review of Biology* 84 (2009): 131–76.

Javurek, A. B., W. G. Spollen, A. M. Mann Ali, S. A. Johnson, D. B. Lubahn, N. J. Bivens, K. H. Bromert, et al. "Discovery of a Novel Seminal Fluid Microbiome and Influence of Estrogen Receptor Alpha Genetic Status." *Scientific Reports* 6 (2016): 23027.

———. "Corrigendum: Discovery of a Novel Seminal Fluid Microbiome and Influence of Estrogen Receptor Alpha Genetic Status." *Scientific Reports* 6 (2016): 25216.

Jennings, H. S. "Formation, Inheritance, and Variation of the Teeth in *Difflugia corona*: A Study of the Morphogenic Activities of Rhizopod Protoplasm." *Journal of Experimental Zoology* 77 (1937): 287–336.

Jeyaratnam, E., and S. Petrova. "Timeline: Key Events in the History of Thalidomide." *The Conversation* (2015).

Jiang, L., J. Zhang, J. J. Wang, L. Wang, L. Zhang, G. Li, X. Yang, et al. "Sperm, but Not Oocyte, DNA Methylome Is Inherited by Zebrafish Early Embryos." *Cell* 153 (2013): 773–84.

Jinek, M., K. Chylinski, I. Fonfara, M. Hauer, J. A. Doudna, and E. Charpentier. "Programmable Dual-RNA-Guided DNA Endonuclease in Adaptive Bacterial Immunity." *Science* 337 (2012): 816–21.

Johannes, F., and M. Colome-Tatche. "Quantitative Epigenetics through Epigenomic Perturbation of Isogenic Lines." *Genetics* 188 (2011): 215–27.

Johannes, F., E. Porcher, F. K. Teixeira, V. Saliba-Colombani, M. Simon, N. Agier, A. Bulski, et al. "Assessing the Impact of Transgenerational Epigenetic Variation on Complex Traits." *PLoS Genetics* 5 (2009): e1000530.

Johannsen, W. "The Genotype Conception of Heredity." *American Naturalist* 45 (1911): 129–59.

Johnstone, S. E., and S. B. Baylin. "Stress and the Epigenetic Landscape: A Link to the Pathobiology of Human Disease?" *Nature Reviews Genetics* 11 (2010): 806–12.

Jones, K. L., D. W. Smith, C. N. Ulleland, and A. P. Streissguth. "Pattern of Malformation in Offspring of Chronic Alcoholic Mothers." *The Lancet* 301 (1973): 1267–71.

Joseph, K. S., and M. S. Kramer. "Review of the Evidence on Fetal and Early Childhood Antecedents of Adult Chronic Disease." *Epidemiological Reviews* 18 (1996): 158–74.

Juliano, C. E., S. Z. Swartz, and G. M. Wessel. "A Conserved Germline Multipotency Program." *Development* 137 (2010): 4113–26.

Junnila, R. K., E. O. List, D. E. Berryman, J. W. Murrey, and J. J. Kopchick. "The GH/IGF-1 Axis in Ageing and Longevity." *Nature Reviews Endocrinology* 9 (2013): 366–76.

Kamimae-Lanning, A. N., S. M. Krasnow, N. A. Goloviznina, X. Zhu, Q. R. Roth-Carter, P. R. Levasseur, S. Jeng, et al. "Maternal High-Fat Diet and Obesity Compromise Fetal Hematopoiesis." *Molecular Metabolism* 4 (2014): 25–38.

Kanherkar, R. R., N. Bhatia-Dey, and A. B. Csoka. "Epigenetics across the Human Life- span." *Frontiers in Cell and Developmental Biology* 2 (2014): 49.

Kasuga, T., and M. Gijzen. "Epigenetics and the Evolution of Virulence." *Trends in Microbiology* 21 (2013): 575–82.

Kawai, M. "Newly-Acquired Pre-Cultural Behaviour of the Natural Troop of

Japanese Monkeys on Koshima Islet." *Primates* 6 (1965): 1–30.

Kern, S., M. Ackermann, S. C. Stearns, and T. J. Kawecki. "Decline in Offspring Viability as a Manifestation of Aging in *Drosophila melanogaster*." *Evolution* 55 (2001): 1822–31.

Kim, J. H., and A. R. Scialli. "Thalidomide: The Tragedy of Birth Defects and the Effective Treatment of Disease." *Toxicological Sciences* 122 (2011): 1–6.

Kirkpatrick, M., and R. Lande. "The Evolution of Maternal Characters." *Evolution* 43 (1989): 485–503.

Kirkwood, T. B., and M. R. Rose. "Evolution of Senescence: Late Survival Sacrificed for Reproduction." *Philosophical Transactions of the Royal Society of London B: Biological Sciences* 332 (1991): 15–24.

Kline, M. A., and R. Boyd. "Population Size Predicts Technological Complexity in Oceania." *Proceedings of the Royal Society B: Biological Sciences* 277 (2010): 2559–64.

Klironomos, F. D., J. Berg, and S. Collins. "How Epigenetic Mutations Can Affect Genetic Evolution: Model and Mechanism." *Bioessays* 35 (2013): 571–78.

Klosin, A., E. Casas, C. Hidalgo-Carcedo, T. Vavouri, and B. Lehner. "Transgenerational Transmission of Environmental Information in *C. elegans*." *Science* 356 (2017): 320–23.

Knightley, P., H. Evans, E. Potter, and M. Wallace. *Suffer the Children: The Story of Thalidomide*. London: Andre Deutsch, 1979.

Knopik, V. S., M. A. Maccani, S. Francazio, and J. E. McGeary. "The Epigenetics of Maternal Cigarette Smoking during Pregnancy and Effects on Child Development." *Developmental Psychopathology* 24 (2012): 1377–90.

Koestler, A. *The Sleepwalkers*. London: Arkana, 1959.

Kozak, G. M., M. L. Head, and J. W. Boughman. "Sexual Imprinting on Ecologically Divergent Traits Leads to Sexual Isolation in Sticklebacks." *Proceedings of the Royal Society B: Biological Sciences* 278 (2011): 2604–10.

Krutzen, M., J. Mann, M. R. Heithaus, R. C. Connor, L. Bejder, and W. B. Sherwin. "Cultural Transmission of Tool Use in Bottlenose Dolphins." *Proceedings of the National Academy of Sciences USA* 102 (2005): 8939–43.

Kuhn, T. S. *The Structure of Scientific Revolutions.* 2nd ed. Chicago: University of Chicago Press, 1970.

Kuijper, B., and R. A. Johnstone. "Maternal Effects and Parent-Offspring Conflict." *Evolution* (2017): DOI: 10.1111/evo.13403.

Lachlan, R. F., and M. R. Servedio. "Song Learning Accelerates Allopatric Speciation." *Evolution* 58 (2004): 2049–63.

Lachlan, R. F., M. N. Verzijden, C. S. Bernard, P-P. Jonker, B. Koese, S. Jaarsma, W. Spoor, P.J.B. Slater, and C. ten Cate. "The Progressive Loss of Syntactical Structure in Bird Song along an Island Colonization Chain." *Current Biology* 23 (2013): 1896–901.

Lachmann, M., and E. Jablonka. "The Inheritance of Phenotypes: An Adaptation to Fluctuating Environments." *Journal of Theoretical Biology* 181 (1996): 1–9.

Lacomble, S., S. Vaughan, C. Gadelha, M. K. Morphew, M. K. Shaw, J. R. McIntosh, and K. Gull. "Basal Body Movements Orchestrate Membrane Organelle Division and Cell Morphogenesis in *Trypanosoma brucei.*" *Journal of Cell Science* 123 (2010): 2884–91.

Lafon-Placette, C., and C. Köhler. "Epigenetic Mechanisms of Postzygotic Reproductive Isolation in Plants." *Current Opinion in Plant Biology* 23 (2015): 39–44.

Lakatos, I. *The Methodology of Scientific Research Programmes.* Philosophical Papers 1. Cambridge: Cambridge University Press, 1978.

Laland, K. N., K. Sterelny, J. Odling-Smee, W. Hoppitt, and T. Uller. "Cause and Effect in Biology Revisited: Is Mayr's Proximate-Ultimate Distinction Still Useful?" *Science* 334 (2011): 1512–16.

Laland, K. N., T. Uller, M. W. Feldman, K. Sterelny, G. B. Müller, A. Moczek, E. Jablonka, and J. Odling-Smee. "The Extended Evolutionary Synthesis: Its Structure, Assumptions, and Predictions." *Proceedings of the Royal Society B: Biological Sciences* 282 (2015): 20151019.

Lamarck, J-B. *Philosophie Zoologique* (Zoological Philosophy). Translated by H. Elliot. London: Macmillan, 1809.

Laron, Z. "Laron Syndrome (Primary Growth Hormone Resistance or Insensitivity): The Personal Experience, 1958–2003." *Journal of Clinical Endocrinology and Metabolism* 89 (2004): 1031–44.

Lartigue, C., J. I. Glass, N. Alperovich, R. Pieper, P. P. Parmar, C. A. Hutchison 3rd., H. O. Smith, and J. C. Venter. "Genome Transplantation in Bacteria: Changing One Species to Another." *Science* 317 (2007): 632–38.

Latif, M., and N. S. Keenlyside. "El Niño/Southern Oscillation Response to Global Warming." *Proceedings of the National Academy of Sciences USA* 106 (2009): 20578–83.

LaTuga, M. S., A. Stuebe, and P. C. Seed. "A Review of the Source and Function of Microbiota in Breast Milk." *Seminars in Reproductive Medicine* 32 (2014): 68–73.

Laubichler, M. D., and E. H. Davidson. "Boveri's Long Experiment: Sea Urchin Merogones and the Establishment of the Role of Nuclear Chromosomes in Development." *Developmental Biology* 314 (2008): 1–11.

Laurance, J. "Experts Doubt Claims That Thalidomide Can Be Inherited." *The Independent, August* 11, 1997.

Lederberg, J. "Problems in Microbial Genetics." *Heredity* 2 (1948): 145–98.

Ledford, H. "CRISPR, the Disruptor." *Nature* 522 (2015): 20–24.

Leimar, O., and J. M. McNamara. "The Evolution of Transgenerational Integration of Information in Heterogeneous Environments." *American Naturalist* 185 (2015): E55–E69.

Lemoine, P., H. Harousseau, J. P. Borteyru, and J. C. Menuet. "Les enfants de parents alcooliques: Anomalies observées, a propos de 127 cas." *Quest-Médical* 21 (1968): 476–82.

Leslie, F. M. "Multigenerational Epigenetic Effects of Nicotine on Lung Function." *BMC Medicine* 11 (2013): 27.

Li, L., P. Zheng, and J. Dean. "Maternal Control of Early Mouse Development." *Development* 137 (2010): 859–70.

Liao, J., R. Karnik, H. Gu, M. J. Ziller, K. Clement, A. M. Tsankov, V. Akopian, et al. "Targeted Disruption of *DNMT1, DNMT3A*, and *DNMT3B* in Human Embryonic

Stem Cells." *Nature Genetics* 47 (2015): 469–78.

Lieberman, D. E. *The Story of the Human Body: Evolution, Health, and Disease.* New York: Vintage, 2014.

Linnaeus, C. *Systema Naturae.* 10th ed. Vol. 1. Stockholm, Sweden: Holmiæ (Salvius), 1758.

Liu, S., K. Sun, T. Jiang, and J. Feng. "Natural Epigenetic Variation in Bats and Its Role in Evolution." *Journal of Experimental Biology* 218 (2015): 100–106.

Lockshon, D. "A Heritable Structural Alteration of the Yeast Mitochondrion." *Genetics* 161 (2002): 1425–35.

López-Beltrán, C. "The Medical Origins of Heredity." In *Heredity Produced: At the Crossroads of Biology, Politics, and Culture*, 1500–1870, edited by S. Müller-Wille and H-J. Rheinberger, 105–32. Cambridge, MA: MIT Press, 2007.

Lovelie, H., E. Immonen, E. Gustavsson, E. Kazancıo u, and G. Arnqvist. "The Influence of Mitonuclear Genetic Variation on Personality in Seed Beetles." *Proceedings of the Royal Society B: Biological Sciences* 281 (2014): 20141039.

Luncz, L.V., R. Mundry, and C. Boesch. "Evidence for Cultural Differences between Neighboring Chimpanzee Communities." *Current Biology* 22 (2012): 922–26.

Lynch, M. "Mutation and Human Exceptionalism: Our Future Genetic Load." *Genetics* 202 (2016): 869–75.

Maddalo, D., E. Manchado, C. P. Concepcion, C. Bonetti, J. A. Vidigal, Y. C. Han, P. Ogrodowski, et al. "In Vivo Engineering of Oncogenic Chromosomal Rearrangements with the CRISPR/Cas9 System." *Nature* 516 (2014): 423–27.

Maegawa, S., Y. Lu, T. Tahara, J. T. Lee, J. Madzo, S. Liang, J. Jelinek, R. J. Coleman, and J-P. J. Issa. "Caloric Restriction Delays Age-Related Methylation Drift." *Nature Communications* 8 (2017): 53.

Maestripieri, D., and J. M. Mateo. *Maternal Effects in Mammals.* Chicago: University of Chicago Press, 2009.

Makino, H., A. Kushiro, E. Ishikawa, H. Kubota, A. Gawad, T. Sakai, K. Oishi, et al. "Mother-to-Infant Transmission of Intestinal Bifidobacterial Strains Has an Impact on the Early Development of Vaginally Delivered Infant's Microbiota." *PLoS One* 8

(2013): e78331.

Malagnac, F., and P. Silar. "Non-Mendelian Determinants of Morphology in Fungi." *Current Opinion in Microbiology* 6 (2003): 641–45.

Manikkam, M., R. Tracey, C. Guerrero-Bosagna, and M. K. Skinner. "Plastics Derived Endocrine Disruptors (BPA, DEHP, and DBP) Induce Epigenetic Transgenerational Inheritance of Obesity, Reproductive Disease and Sperm Epimutations." *PLoS One* 8 (2013): e55387.

Manolio, T. A., F. S. Collins, N. J. Cox, D. B. Goldstein, L. A. Hindorff, D. J. Hunter, M. I. McCarthy, et al. "Finding the Missing Heritability of Complex Diseases." *Nature* 461 (2009): 747–53.

Marlow, F. L. "Maternal Control of Development in Vertebrates." In *Colloquium Series on Developmental Biology*, edited by D. Kessler. San Rafael, CA: Morgan and Claypool Life Sciences, 2010.

Marshall, D. J., and T. Uller. "When Is a Maternal Effect Adaptive?" *Oikos* 116 (2007): 1957–63.

Mashoodh, R., B. Franks, J. P. Curley, and F. A. Champagne. "Paternal Social Enrichment Effects on Maternal Behavior and Offspring Growth." *Proceedings of the National Academy of Sciences USA* 109 (2012): 17232–38.

Matsuzawa, T., and W. C. McGraw. "Kinji Imanishi and 60 Years of Japanese Primatology." *Current Biology* 18 (2008): R587–R91.

Maynard Smith, J., and E. Szathmáry. *The Major Transitions in Evolution.* Oxford: W. H. Freeman, 1995.

Mayr, E. *The Growth of Biological Thought: Diversity, Evolution, and Inheritance.* Cambridge, MA: Belknap Press of Harvard University Press, 1982.

———. "Prologue: Some Thoughts on the History of the Evolutionary Synthesis." In *The Evolutionary Synthesis: Perspectives on the Unification of Biology*, edited by E. Mayr and W. B. Provine, 1–48. Cambridge, MA: Harvard University Press, 1998.

McBride, W. G., and P. A. Read. "Thalidomide May Be a Mutagen." *British Medical Journal* 308 (1998): 1635.

McDonald, J. I., H. Celik, L. E. Rois, G. Fishberger, T. Fowler, R. Rees, A. Kramer, et al. "Reprogrammable CRISPR/Cas9-Based System for Inducing Site-Specific DNA Methylation." *Biology Open* (2016): bio.019067.

McGhee, K. E., and A. M. Bell. "Paternal Care in a Fish: Epigenetics and Fitness Enhancing Effects on Offspring Anxiety." *Proceedings of the Royal Society B: Biological Sciences* 281 (2014): 20141146.

McGhee, K. E., L. M. Pintor, E. L Suhr, and A. M. Bell. "Maternal Exposure to Predation Risk Decreases Offspring Antipredator Behaviour and Survival in Threespined Stickleback." *Functional Ecology* 26 (2012): 932–40.

Mead, E. A., and D. K. Sarkar. "Fetal Alcohol Spectrum Disorders and Their Transmission through Genetic and Epigenetic Mechanisms." *Frontiers in Genetics* 5 (2014): Article 154.

Melentijevic, I., M. L. Toth, M. L. Arnold, R. J. Guasp, G. Harinath, K. C. Nguyen, D. Taub, et al. "*C. elegans* Neurons Jettison Protein Aggregates and Mitochondria under Neurotoxic Stress." *Nature* 542 (2017): 367–71.

Miller, G. A., M. S. Islam, T.D.W. Claridge, T. Dodgson, and S. J. Simpson. "Swarm Formation in the Desert Locust *Schistocerca gregaria*: Isolation and NMR Analysis of the Primary Maternal Gregarizing Agent." *Journal of Experimental Biology* 211 (2008): 370–76.

Miller, M. T., and K. Stromland. "Thalidomide: A Review, with a Focus on Ocular Findings and New Potential Uses." *Teratology* 60 (1999): 306–21.

Mojica, F. J., C. Díez-Villaseñor, J. García-Martínez, and E. Soria. "Intervening Sequences of Regularly Spaced Prokaryotic Repeats Derive from Foreign Genetic Elements." *Journal of Molecular Evolution* 60 (2005): 174–82.

Moran, N. A., and D. B. Sloan. "The Hologenome Concept: Helpful or Hollow?" *PloS Biology* 13 (2015): e1002311.

Moreira-Leite, F. F., T. Sherwin, L. Kohl, and K. Gull. "A Trypanosome *Structure* Involved in Transmitting Cytoplasmic Information during Cell Division." *Science* 294(2001): 610–12.

Morgado, L., V. Preite, C. Oplaat, S. Anava, J. Ferreira de Carvalho, O. Rechavi, F.

Johannes, and K. J. F. Verhoeven. "Small RNAs Reflect Grandparental Environments in Apomictic Dandelion." *Molecular Biology and Evolution* 34 (2017): 2035–40.

Morgan, H. D., F. Santos, K. Green, W. Dean, and W. Reik. "Epigenetic Reprogramming in Mammals." *Human Molecular Genetics* 14 (2005): R47–R58.

Morgan, H. D., H.G.E. Sutherland, D.I.K. Martin, and E. Whitelaw. "Epigenetic Inheritance at the *Agouti* Locus in the Mouse." *Nature Genetics* 23 (1999): 314–18.

Morgan, T. H. *The Physical Basis of Heredity*. Philadelphia: J. B. Lippincott, 1919.

————. *The Theory of the Gene*. New Haven, CT: Yale University Press, 1926.

Mostowy, R., J. Engelstadter, and M. Salathe. "Non-genetic Inheritance and the Patterns of Antagonistic Coevolution." *BMC Evolutionary Biology* 12 (2012): 93.

Mousseau, T. A., and H. Dingle. "Maternal Effects in Insect Life Histories." *Annual Review of Entomology* 36 (1991): 511–34.

Mousseau, T. A., and C. W. Fox. "The Adaptive Significance of Maternal Effects." *Trends in Ecology and Evolution* 13 (1998): 403–7.

————. eds. *Maternal Effects as Adaptations.* New York: Oxford University Press, 1998.

Moylan, S., K. Gustavson, S. Overland, E. B. Karevold, F. N. Jacka, J. A. Pasco, and M. Berk. "The Impact of Maternal Smoking during Pregnancy on Depressive and Anxiety Behaviors in Children: The Norwegian Mother and Child Cohort Study." *BMC Medicine* 13 (2015): 24.

Nakagami, A., T. Negishi, K. Kawasaki, N. Imai, Y. Nishida, T. Ihara, Y. Kuroda, Y. Yoshikawa, and T. Koyama. "Alterations in Male Infant Behaviors towards Its Mother by Prenatal Exposure to Bisphenol-A in Cynomolgus Monkeys (*Macaca fascicularis*) during Early Suckling Period." *Psychoneuroendocrinology* 34 (2009): 1189–97.

Nanney, D. L. "Cortical Patterns in Cellular Morphogenesis." *Science* 160 (1968): 496–502.

NCD Risk Factor Collaboration. "A Century of Trends in Adult Human Height."

eLife 5 (2016): e13410.

Nelson, M. L., A. Dinardo, J. Hochberg, and G. J. Armelagos. "Mass Spectroscopic Characterization of Tetracycline in the Skeletal Remains of an Ancient Population from Sudanese Nubia 350–550 CE." *American Journal of Physical Anthropology* 143 (2010): 151–54.

Nelson, V. R., S. H. Spiezio, and J. H. Nadeau. "Transgenerational Genetic Effects of the Paternal Y Chromosome on Daughters' Phenotypes." *Epigenomics* 2 (2010): 513–21.

Neuwald, M. F., M. Agranonik, A. K. Portella, A. Fleming, A. Wazana, M. Steiner, R. D. Livitan, M. J. Meaney, and P. P. Silveira. "Transgenerational Effects of Maternal Care Interact with Fetal Growth and Influence Attention Skills at 18 Months of Age." *Early Human Development* 90 (2014): 241–46.

Ng, S-F., R.C.Y. Lin, D. R. Laybutt, R. Barres, J. A. Owens, and M. J. Morris. "Chronic High-Fat Diet in Fathers Programs Β-Cell Dysfunction in Female Rat Offspring." *Nature* 467 (2010): 963–67.

Nieuwdorp, M., P. W. Gilijamse, N. Pai, and L. M. Kaplan. "Role of the Microbiome in Energy Regulation and Metabolism." *Gastroenterology* 146 (2014): 1525–33.

Nilsson, E. E., and M. K. Skinner. "Environmentally Induced Epigenetic Transgenerational Inheritance of Disease Susceptibility." *Translational Research* 1 (2015): 12–17.

Oberdoerffer, P., and D. A. Sinclair. "The Role of Nuclear Architecture in Genomic Instability and Ageing." *Nature Reviews Molecular Cell Biology* 8 (2007): 692–702.

O'Dea, R. E., D.W.A. Noble, S. L. Johnson, D. Hasselson, and S. Nakagawa. "The Role of Non-genetic Inheritance in Evolutionary Rescue: Epigenetic Buffering, Heritable Bet Hedging, and Epigenetic Traps." *Environmental Epigenetics* 2 (2016): 1–12.

Odling-Smee, F. J., K. N. Laland, and M. W. Feldman. *Niche Construction: The Neglected Process in Evolution.* Princeton, NJ: Princeton University Press, 2003.

Ost, A., A. Lempradl, E. Casas, M. Weigert, T. Tiko, M. Deniz, L. Pantano, et al. "Paternal Diet Defines Offspring Chromatin State and Intergenerational Obesity." *Cell* 159 (2014): 1352–64.

Ott, S. R., and S. M. Rogers. "Gregarious Desert Locusts Have Substantially Larger Brains with Altered Proportions Compared with the Solitarious Phase." *Proceedings of the Royal Society B: Biological Sciences* 277 (2010): 3087–96.

Painter, R., C. Osmond, P. Gluckman, M. Hanson, D. Phillips, and T. Roseboom. "Transgenerational Effects of Prenatal Exposure to the Dutch Famine on Neonatal Adiposity and Health in Later Life." *BJOG* 115 (2008): 1243–49.

Pál, C., and I. Miklós. "Epigenetic Inheritance, Genetic Assimilation, and Speciation." *Journal of Theoretical Biology* 200 (1999): 19–37.

Parker, G. A., R. R. Baker, and V. G. Smith. "The Origin and Evolution of Gamete Dimorphism and the Male-Female Phenomenon." *Journal of Theoretical Biology* 36 (1972): 529–53.

Pauly, P. J. "How Did the Effects of Alcohol on Reproduction Become Scientifically Uninteresting?" *Journal of the History of Biology* 29 (1996): 1–28.

Pembrey, M., R. Saffery, L. O. Bygren, and Network in Epigenetic Epidemiology. "Human Transgenerational Responses to Early-Life Experience: Potential Impact on Development, Health, and Biomedical Research." *Medical Genetics* 51 (2014): 563–72.

Pembrey, M. E., L. O. Bygren, G. Kaati, S. Edvinsson, K. Northstone, M. Sjostrom, J. Golding, and ALSPAC Study Team. "Sex-Specific, Male-Line Transgenerational Responses in Humans." *European Journal of Human Genetics* 14 (2006): 159–66.

Perry, J. C., L. K. Sirot, and S. Wigby. "The Seminal Symphony: How to Compose an Ejaculate." *Trends in Ecology and Evolution* 28 (2013): 414–22.

Peters, J. A., ed. *Classic Papers in Genetics*. Englewood Cliffs, NJ: Prentice-Hall, 1959.

Pfennig, D. W., and M. R. Servedio. "The Role of Transgenerational Epigenetic Inheritance in Diversification and Speciation." *Non-genetic Inheritance* 2012 (2012):

17–26.

Piotrowska, K., and M. Zernicka-Goetz. "Role for Sperm in Spatial Patterning of the Early Mouse Embryo." *Nature* 409 (2001): 517–21.

Pittet, F., M. Coignard, C. Houdelier, M-A. Richard-Yris, and S. Lumieau. "Effects of Maternal Experience on Fearfulness and Maternal Behaviour in a Precocial Bird." *Animal Behaviour* 85 (2013): 797–805.

Plaistow, S. J., C. Shirley, H. Collin, S. J. Cornell, and E. D. Harney. "Offspring Provisioning Explains Clone-Specific Maternal Age Effects on Life History and Life Span in the Water Flea, *Daphnia pulex.*" *American Naturalist* 186 (2015): 376–89.

Popper, K. R. *Conjectures and Refutations: The Growth of Scientific Knowledge.* New York: Harper Torchbooks, 1968.

Potok, M. E., D. A. Nix, T. J. Parnell, and B. R. Cairns. "Reprogramming the Maternal Zebrafish Genome after Fertilization to Match the Paternal Methylation Pattern." *Cell* 153 (2013): 759–72.

Poulin, R., and F. Thomas. "Epigenetic Effects of Infection on the Phenotype of Host Offspring: Parasites Reaching across Host Generations." *Oikos* 117 (2008): 331–35.

Pourcel, C., G. Salvignol, and G. Vergnaud. "CRISPR Elements in *Yersinia pestis* Acquire New Repeats by Preferential Uptake of Bacteriophage DNA, and Provide Additional Tools for Evolutionary Studies." *Microbiology* 151 (2005): 653–63.

Prasad, N. G., S. Dey, A. Joshi, and T.N.C. Vidya. "Rethinking Inheritance, Yet Again: Inheritomes, Contextomes, and Dynamic Phenotypes." *Journal of Genetics* 94 (2015): 367–76.

Price, G. R. "The Nature of Selection." *Journal of Theoretical Biology* 175 (1995): 389–96.

———. "Science and the Supernatural." *Science* 122 (1955): 359–67.

———. "Selection and Covariance." *Nature* 227 (1970): 520–21.

———. "Where Is the Definitive Experiment?" *Science* 123 (1956): 17–18.

Proulx, S. R., and H. Teotónio. "What Kind of Maternal Effects Can Be Selected for in Fluctuating Environments?" *American Naturalist* 189 (2017): e118–37.

Qutob, D., B. P. Chapman, and M. Gijzen. "Transgenerational Gene Silencing Causes Gain of Virulence in a Plant Pathogen." *Nature Communications* 4 (2013): 1349.

Rassoulzadegan, M., V. Grandjean, P. Gounon, S. Vincent, I. Gillot, and F. Cuzin. "RNAMediated Non-Mendelian Inheritance of an Epigenetic Change in the Mouse." *Nature* 441 (2006): 469–74.

Reardon, S. "Welcome to the CRISPR Zoo." *Nature* 531 (2016): 160–63.

Rice, S. H. "The Place of Development in Mathematical Evolutionary Theory." *Journal of Experimental Zoology B: Molecular and Developmental Evolution* 318 (2012): 480–88.

Richards, C. L., C. Alonso, C. Becker, O. Bossdorf, E. Bucher, M. Colome-Tatche, W. Durka, et al. "Ecological Plant Epigenetics: Evidence from Model and Non-model Species, and the Way Forward." *Ecology Letters* 20 (2017): 1576–90.

Richards, C. L., O. Bossdorf, and M. Pigliucci. "What Role Does Heritable Epigenetic Variation Play in Phenotypic Evolution?" *BioScience* 60 (2010): 232–37.

Richards, C. L., O. Bossdorf, and K.J.F. Verhoeven. "Understanding Natural Epigenetic Variation." *New Phytologist* 187 (2010): 562–64.

Richards, E. J. "Inherited Epigenetic Variation—Revisiting Soft Inheritance." *Nature Reviews Genetics* 7 (2006): 395–401.

Richerson, P. J., and R. Boyd. "A Dual Inheritance Model of the Human Evolutionary Process I: Basic Postulates and a Simple Model." *Journal of Social and Biological Structures* 1 (1978): 127–54.

———. *Not by Genes Alone: How Culture Transforms Human Evolution.* Chicago: University of Chicago Press, 2005.

Riley, E. P., M. A. Infante, and K. R. Warren. "Fetal Alcohol Spectrum Disorders: An Overview." *Neuropsychological Review* 21 (2011): 73–80.

Robertson, M., and C. Richards. "Non-genetic Inheritance in Evolutionary Theory: The Importance of Plant Studies." *Non-genetic Inheritance* 2 (2015): 3–11.

Rodgers, A. B., C. P. Morgan, N. A. Leu, and T. L Bale. "Transgenerational Epigenetic Programming via Sperm microRNA Recapitulates Effects of Paternal

Stress." *Proceedings of the National Academy of Sciences USA* 112 (2015): 13699–704.

Roll-Hansen, N. "Sources of Wilhelm Johannsen's Genotype Theory." *Journal of the History of Biology* 42 (2009): 457–93.

Rooij, S. R. de, H. Wouters, J. E. Yonker, R. C. Painter, and T. J. Roseboom. "Prenatal Undernutrition and Cognitive Function in Late Adulthood." *Proceedings of the National Academy of Sciences USA* 107 (2010): 16881–86.

Roseboom, T. J., J.H.P. van der Meulen, A.C.J. Ravelli, C. Osmond, D.J.P. Barker, and O. P. Bleker. "Effects of Prenatal Exposure to the Dutch Famine on Adult Disease in Later Life: An Overview." *Molecular and Cellular Endocrinology* 185 (2001): 93–98.

Rossen, N. G., J. K. MacDonald, E. M. de Vries, G. R. D'Haens, W. M. de Vos, E. G. Zoetendal, and C. Y. Ponsioen. "Fecal Microbiota Transplantation as Novel Therapy in Gastroenterology: A Systematic Review." *World Journal of Gastroenterology* 21 (2015): 5359–71.

Rotem, E., A. Loinger, I. Ronin, I. Levin-Reisman, C. Gabay, N. Shoresh, O. Biham, and N. Q. Balaban. "Regulation of Phenotypic Variability by a Threshold-Based Mechanism Underlies Bacterial Persistence." *Proceedings of the National Academy of Sciences USA* 107 (2010): 12541–46.

Rozzi, F.V.R., and J. M. Bermudez de Castro. "Surprisingly Rapid Growth in Neanderthals." *Nature* 428 (2004): 936–39.

Sampson, P. D., A. P. Streissguth, F. L. Bookstein, R. E. Little, S. K. Clarren, P. Dahaene, J. W. Hanson, and J. M. Graham Jr. "Incidence of Fetal Alcohol Syndrome and Prevalence of Alcohol-Related Neurodevelopmental Disorder." *Teratology* 56 (1997): 317–26.

Santure, A. W., and H. G. Spencer. "Influence of Mom and Dad: Quantitative Genetic Models for Maternal Effects and Genomic Imprinting." *Genetics* 173 (2006): 2297–316.

Sapolsky, R. M. "Social Status and Health in Humans and Other Animals." *Annual Review of Anthropology* 33 (2004): 393–418.

Sapolsky, R. M., and L. J. Share. "A Pacific Culture among Wild Baboons: Its

Emergence and Transmission." *PloS Biology* 2 (2004): e106.

Sapp, J. *Beyond the Gene: Cytoplasmic Inheritance and the Struggle for Authority in Genetics.* Oxford: Oxford University Press, 1987.

———. "Cytoplasmic Heretics." *Perspectives in Biology and Medicine* 41 (1988): 224–42.

———. *Genesis: The Evolution of Biology.* Oxford: Oxford University Press, 2003.

———. *Where the Truth Lies: Franz Moewus and the Origins of Molecular Biology.* New York: Cambridge University Press, 1990.

Sardet, C., F. Prodon, R. Dumollard, P. Chang, and J. Chenevert. "Structure and Function of the Egg Cortex from Oogenesis through Fertilization." *Developmental Biology* 241 (2002): 1–23.

Scheinfeld, A. "You and Heredity." In *A Treasury of Science*, edited by H. Shapley, S. Rapport, and H. Wright, 521–39. New York: Harper and Brothers, 1943.

Schmauss, C., Z. Lee-McDermott, and L. R. Medina. "Trans-Generational Effects of Early Life Stress: The Role of Maternal Behaviour." *Scientific Reports* 4 (2014): 4873.

Schmitz, R. J., M. D. Schultz, M. A. Urich, J. R. Nery, M. Pelizzola, O. Libiger, A. Alix, et al. "Patterns of Population Epigenomic Diversity." *Nature* 495 (2013): 193–98.

Schulz, L. C. "The Dutch Hunger Winter and the Developmental Origins of Health and Disease." *Proceedings of the National Academy of Sciences USA* 107 (2010): 16757–58.

Schuster, A., M. K. Skinner, and W. Yan. "Ancestral Vinclozolin Exposure Alters the Epigenetic Transgenerational Inheritance of Sperm Small Noncoding RNAs." *Environmental Epigenetics* 2 (2016).

Seymour, D. K., and C. Becker. "The Causes and Consequences of DNA Methylome Variation in Plants." *Current Opinion in Plant Biology* 36 (2017): 56–63.

Shah, D., Z. Zhang, A. B. Khodursky, N. Kaldalu, K. Kurg, and K. Lewis. "Persisters: A Distinct Physiological State of E. coli." *BMC Microbiology* 6 (2006): 53.

Sharma, A. "Transgenerational Epigenetic Inheritance: Focus on Soma to Germline Information Transfer." *Progress in Biophysics and Molecular Biology* 113 (2013): 439–46.

Sharon, G., D. Segal, J. M. Ringo, A. Hafetz, I. Zilber-Rosenberg, and E. Rosenberg. "Commensal Bacteria Play a Role in Mating Preference of *Drosophila melanogaster*." *Proceedings of the National Academy of Sciences USA* 107 (2013): 20051–56.

Sheriff, M. J., C. J. Krebs, and R. Boonstra. "The Sensitive Hare: Sublethal Effects of Predator Stress on Reproduction in Snowshoe Hares." *Journal of Animal Ecology* 78 (2009): 1249–58.

Shirokawa, Y., and M. Shimada. "Cytoplasmic Inheritance of Parent-Offspring Cell Structure in the Clonal Diatom *Cyclotella meneghiniana*." *Proceedings of the Royal Society B: Biological Sciences* 283 (2016): 20161632.

Shorter, J., and S. Lindquist. "Prions as Adaptive Conduits of Memory and Inheritance." *Nature Reviews Genetics* 6 (2005): 435–540.

Simões, B. F., F. L. Sampaio, C. Jared, M. M. Antoniazzi, E. R. Loew, J. K. Bowmaker, A. Rodriguez, et al. "Visual System Evolution and the Nature of the Ancestral Snake." *Journal of Evolutionary Biology* 28 (2015): 1309–20.

Simpson, S. J., and G. A. Miller. "Maternal Effects on Phase Characteristics in the Desert Locust, *Schistocerca gregaria*: A Review of Current Understanding." *Journal of Insect Physiology* 53 (2007): 869–76.

Simpson, S. J., and D. Raubenheimer. *The Nature of Nutrition: A Unifying Framework from Animal Adaptation to Human Obesity*. Princeton, NJ: Princeton University Press, 2012.

Sinclair, D. A., and P. Oberdoerffer. "The Ageing Epigenome: Damaged beyond Repair?" *Ageing Research Reviews* 8 (2009): 189–98.

Sjöström, H., and R. Nilsson. *Thalidomide and the Power of the Drug Companies*. Harmondsworth, UK: Penguin, 1972.

Skinner, M. K., C. Guerrero-Bosagna, M. M. Haque, E. E. Nilsson, J.A.H. Koop, S. A. Knutie, and D. H. Clayton. "Epigenetics and the Evolution of Darwin's

Finches." *Genome Biology and Evolution* 6 (2014): 1972–89.

Skinner, M. K. "Endocrine Disruptor Induction of Epigenetic Transgenerational Inheritance of Disease." *Molecular and Cellular Endocrinology* 398 (2014): 4–12.

————. "Environmental Epigenetics and a Unified Theory of the Molecular Aspects of Evolution: A Neo-Lamarckian Concept That Facilitates Neo-Darwinian Evolution." *Genome Biology and Evolution* 7 (2015): 1296–302.

————. "Environmental Stress and Epigenetic Transgenerational Inheritance." *BMC Medicine* 12 (2014): 153.

Slabbekoorn, H., and T. B. Smith. "Bird Song, Ecology, and Speciation." *Proceedings of the Royal Society of London B: Biological Sciences* 357 (2002): 493–503.

Smedley, S. R., and T. Eisener. "Sodium: A Male Moth's Gift to Its Offspring." *Proceedings of the National Academy of Sciences USA* 93 (1996): 809–13.

Smith, C. C., and S. D. Fretwell. "The Optimal Balance between Size and Number of Offspring." *American Naturalist* 108 (1974): 499–506.

Smith, G., and M. G. Ritchie. "How Might Epigenetics Contribute to Ecological Speciation?" *Current Zoology* 59 (2013): 686–96.

Smith, T. A., M. D. Martin, M. Nguyen, and T. C. Mendelson. "Epigenetic Divergence as a Potential First Step in Darter Speciation." *Molecular Ecology* 25 (2016): 1883–94.

Smith, T. M., P. Tafforeau, D. J. Reid, J. Pouech, V. Lazzari, J.P. Zermeno, D. GuatelliSteinberg, et al. "Dental Evidence for Ontogenetic Differences between Modern Humans and Neanderthals." *Proceedings of the National Academy of Sciences USA* 107 (2010): 20923–28.

Smithells, D. "Does Thalidomide Cause Second Generation Birth Defects?" *Drug Safety* 19 (1998): 339–41.

Sniekers, S., S. Stringer, K. Watanabe, P. R. Jansen, J.R.I. Coleman, E. Krapohl, E. Taskesen, et al. "Genome-Wide Association Meta-Analysis of 78,308 Individuals Identifies New Loci and Genes Influencing Human Intelligence." *Nature Genetics* 49 (2017): 1107–12.

Sollars, V., X. Lu, L. Xiao, X. Wang, M. D. Garfifinkel, and D. M. Ruden. "Evidence for an Epigenetic Mechanism by Which Hsp90 Acts as a Capacitor for Morphological Evolution." *Nature Genetics* 33 (2003): 70–74.

Sonneborn, T. M. "Does Preformed Cell Structure Play an Essential Role in Cell Heredity?" In *The Nature of Biological Diversity*, edited by J. M. Allen. New York: McGrawHill, 1963.

Soubry, A., C. Hoyo, R. L. Jirtle, and S. K. Murphy. "A Paternal Environmental Legacy: Evidence for Epigenetic Inheritance through the Male Germ Line." *Bioessays* 36 (April 2014): 359–71.

Soucy, S. M., J. Huang, and J. P. Gogarten. "Horizontal Gene Transfer: Building the Web of Life." *Nature Reviews Genetics* 16 (2015): 472–82.

Stanner, S. A., and J. S. Yudkin. "Fetal Programming and the Leningrad Siege Study." *Twin Research* 4 (2001): 287–92.

Steele, E. J. *Somatic Selection and Adaptive Evolution: On the Inheritance of Acquired Characters*. Toronto: Williams and Wallace, 1979.

Steele, E. J., R. A. Lindley, and R. V. Blanden. *Lamarck's Signature: How Retrogenes Are Changing Darwin's Natural Selection Paradigm*. Frontiers of Science. Saint Leonards, NSW: Allen and Unwin, 1998.

Sterelny, K. *The Evolved Apprentice*. Cambridge, MA: MIT Press, 2012.

Sterelny, K., K. C. Smith, and M. Dickinson. "The Extended Replicator." *Biology and Philosophy* 11 (1996): 377–403.

Stockard, C. R, and G. N. Papanicolaou. "Further Studies on the Modification of the Germ-Cells in Mammals: The Effect of Alcohol on Treated Guinea-Pigs and Their Descendants." *Experimental Zoology* 26 (1918): 119–226.

Stoeckius, M., D. Grun, and N. Rajewsky. "Paternal RNA Contributions in the *Caenorhabditis elegans Zygote*." *EMBO Journal* 33 (2014): 1740–50.

Streissguth, A., H. Barr, J. Kogan, and F. Bookstein. "Primary and Secondary Disabilities in Fetal Alcohol Syndrome." In *The Challenge of Fetal Alcohol Syndrome*, edited by A. Streissguth and J. Kanter, 25–39. Seattle: University of Washington Press, 1997.

Stubbs, T. M., M. J. Bonder, A-K. Stark, F. Kruger, BI Ageing Clock Team, F. von Meyenn, O. Stegle, and W. Reik. "Multi-tissue DNA Methylation Age Predictor in Mouse." *Genome Biology* 18 (2017): 68.

Sultan, S. E. *Organism and Environment*. Oxford: Oxford University Press, 2015.

Sun, S. Y., C. Wang, Y. A. Yuan, and C. Y. He. "An Intracellular Membrane Junction Consisting of Flagellum Adhesion Glycoproteins Links Flagellum Biogenesis to Cell Morphogenesis in *Trypanosoma brucei*." *Journal of Cell Science* 126 (2012): 520–31.

Swallow, D. M. "Genetics of Lactase Persistence and Lactose Intolerance." *Annual Review of Genetics* 37 (2003): 197–219.

Swaminathan, N. "Not Milk? Neolithic Europeans Couldn't Stomach the Stuff." *Scientific American*, February 27, 2007.

Szathmáry, E. "The Evolution of Replicators." *Philosophical Transactions of the Royal Society of London B: Biological Sciences* 355 (2000): 1669–76.

Szyf, M. "Lamarck Revisited: Epigenetic Inheritance of Ancestral Odor Fear Conditioning." *Nature Neuroscience* 17 (2014): 2–4.

Tal, O., E. Kisdi, and E. Jablonka. "Epigenetic Contribution to Covariance between Relatives." *Genetics* 184 (2010): 1037–50.

Tanaka, S., and K. Maeno. "A Review of Maternal and Embryonic Control of PhaseDependent Progeny Characteristics in the Desert Locust." *Journal of Insect Physiology* 56 (2010): 911–18.

Tharpa, A. P., M. V. Maffinia, P. A. Hunt, C. A. VandeVoort, C. Sonnenschein, and A. M. Soto. "Bisphenol A Alters the Development of the Rhesus Monkey Mammary Gland." *Proceedings of the National Academy of Sciences USA* 109 (2012): 8190–95.

Thompson, J. N., and J. J. Burdon. "Gene-for-Gene Coevolution between Plants and Parasites." *Nature* 360 (1992): 121–25.

Tolrian, R. "Predator-Induced Morphological Defences: Costs, Life History Shifts, and Maternal Effects in *Daphnia pulex*." *Ecology* 76 (1995): 1691–705.

Torres, R., H. Drummond, and A. Velando. "Parental Age and Lifespan Influence

Offspring Recruitment: A Long-Term Study in a Seabird." *PLoS One* 6 (2011): e27245.

Uller, T. "Developmental Plasticity and the Evolution of Parental Effects." *Trends in Ecology and Evolution* 23 (2008): 432–38.

Uller, T., and I. Pen. "A Theoretical Model of the Evolution of Maternal Effects under Parent-Offspring Conflict." *Evolution* 65 (2011): 2075–84.

Uller, T., and H. Helanterä. "Niche Construction and Conceptual Change in Evolutionary Biology." *British Journal for the Philosophy of Science* (2017).

———. "Non-genetic Inheritance in Evolutionary Theory: A Primer." *Non-genetic Inheritance* 1 (2013): 27–32.

Uller, T., S. Nakagawa, and S. English. "Weak Evidence for Anticipatory Parental Effects in Plants and Animals." *Journal of Evolutionary Biology* 26 (2013): 2161–70.

Valtonen, T. M., K. Kangassalo, M. Polkki, and M. Rantala. "Transgenerational Effects of Parental Larval Diet on Offspring Development Time, Adult Body Size, and Pathogen Resistance in *Drosophila melanogaster*." PLoS One 7 (2012): e31611.

Van Leeuwen, E.J.C., K. A. Cronin, and D.B.M. Haun. "A Group-Specific Arbitrary Tradition in Chimpanzees (*Pan troglodytes*)." *Animal Cognition* 17 (2014): 1421–25.

Van Valen, L. "A New Evolutionary Law." *Evolutionary Theory* 1 (1973): 1–30.

Vargas, A. O. "Did Paul Kammerer Discover Epigenetic Inheritance? A Modern Look at the Controversial Midwife Toad Experiments." *Journal of Experimental Zoology B: Molecular and Developmental Evolution* 312 (2009): 667–78.

Vastenhouw, N. L., K. Brunschwig, K. L. Okihara, F. Müller, M. Tijsterman, and R.H.A. Plasterk. "Gene Expression: Long-Term Gene Silencing by RNAi." *Nature* 442 2006: 882.

Vaughan, S., and H. R. Dawe. "Common Themes in Centriole and Centrosome Movements." *Trends in Cell Biology* 21 (2010): 57–66.

Veenendaal, M., R. Painter, S. de Rooij, P. Bossuyt, J. van der Post, P. Gluckman, M. Hanson, and T. Roseboom. "Transgenerational Effects of Prenatal Exposure to the 1944–45 Dutch Famine." *BJOG* 120 (2013): 548–54.

Vijendravarma, R. K., S. Narasimha, and T. J. Kawecki. "Effects of Parental Larval Diet on Egg Size and Offspring Traits in *Drosophila*." *Biology Letters* 6 (2010): 238–41.

Vilcinskas, A., K. Stoecker, H. Schmidtberg, R. Rohrich, and H. Vogel. "Invasive Harlequin Ladybird Carries Biological Weapons against Native Competitors." *Science* 340 (2013): 862–63.

Villa, P., and W. Roebroeks. "Neandertal Demise: An Archaeological Analysis of the Modern Human Superiority Complex." *PLoS One* 9 (2014): e96424.

Vojta, A., P. Dobrinić, V. Tadić, L. Bočkor, P. Korać, B. Julg, M. Klasić, and V. Zoldoš. "Repurposing the CRISPR-Cas9 System for Targeted DNA Methylation." *Nucleic Acids Research* 44 (2016): 5615–28.

Vojtech, L., S. Woo, S. Hughes, C. Levy, L. Ballweber, R. P. Sauteraud, J. Strobl, et al. "Exosomes in Human Semen Carry a Distinctive Repertoire of Small Noncoding RNAs with Potential Regulatory Functions." *Nucleic Acids Research* 42 (2014): 7290–304.

Waal, F. B. M. de. *Are We Smart Enough to Know How Smart Animals Are?* New York: Norton, 2016.

Wade, N. "Scientists Seek Moratorium on Edits to Human Genome That Could Be Inherited." *New York Times*, December 3, 2015.

Wagner, K. D., N. Wagner, H. Ghanbarian, V. Grandjean, P. Gounon, F. Cuzin, and M. Rassoulzadegan. "RNA Induction and Inheritance of Epigenetic Cardiac Hypertrophy in the Mouse." *Developmental Cell* 14 (2008): 962–69.

Wang, T., B. Tsui, J. F. Kreisberg, N. A. Robertson, A. M. Gross, M. Ku Yu, H. Carter, H. M. Brown-Borg, P. D. Adams, and T. Ideker. "Epigenetic Aging Signatures in Mice Livers Are Slowed by Dwarfism, Calorie Restriction, and Rapamycin Treatment." *Genome Biology* 18 (2017): 57.

Wang, Y., H. Liu, and Z. Sun. "Lamarck Rises from His Grave: Parental EnvironmentInduced Epigenetic Inheritance in Model Organisms and Humans." *Biological Reviews of the Cambridge Philosophical Society* 92 (2017): 2084–111.

Wang, Z., Z. Wang, J. Wang, Y. Sui, J. Zhang, D. Liao, and R. Wu. "A

Quantitative Genetic and Epigenetic Model of Complex Traits." *BMC Bioinformatics* 13 (2012): 274.

Warkany, J. "Why I Doubted That Thalidomide Was the Cause of the Epidemic of Limb Defects of 1959 to 1961." *Teratology* 38 (1988): 217–19.

Warner, R. H., and H. L. Rosett. "The Effects of Drinking on Offspring: A Historical Survey of the American and British Literature." *Journal of Studies on Alcohol* 36 (1975): 1395–420.

Waterland, R. A., R. Kellermayer, E. Laritsky, P. Rayco-Solon, R. A. Harris, M. Travisano, W. Zhang, et al. "Season of Conception in Rural Gambia Affects DNA Methylation at Putative Human Metastable Epialleles." *PLoS Genetics* 6 (2010): e1001252.

Watson, J.E.M., D. F. Shanahan, M. Di Marco, J. Allan, W. F. Laurance, E. W. Sanderson, B. Mackey, and O. Venter. "Catastrophic Declines in Wilderness Areas Undermine Global Environment Targets." *Current Biology* 26 (2016): 2929–34.

Watson, R., and E. Szathmáry. "How Can Evolution Learn?" *Trends in Ecology and Evolution* 31 (2016): 147–57.

Weismann, A. *Essays upon Heredity and Kindred Biological Problems*. Translated by E. B. Poulton, S. Schonland, and A. E. Shipley. Oxford: Clarendon Press, 1889.

———. *The Evolution Theory*. Translated by J. A. Thomson and M. R. Thomson. Vol. 2 London: Edward Arnold, 1904.

———. *The Germ-Plasm: A Theory of Heredity*. Translated by W. Newton Parker and H. Ronnfeldt. New York: Charles Scribner's Sons, 1893.

Weismann, G. "The Midwife Toad and Alma Mahler: Epigenetics or a Matter of Deception?" *FASEB* 24 (2010): 2591–95.

Werren, J. H., L. Baldo, and M. E. Clark. "*Wolbachia*: Master Manipulators of Invertebrate Biology." *Nature Reviews Microbiology* 6 (2008): 741–51.

West-Eberhard, M. J. "Dancing with DNA and Flirting with the Ghost of Lamarck." *Biology and Philosophy* 22 (2007): 439–51.

———. *Developmental Plasticity and Evolution*. Oxford: Oxford University

Press, 2003.

Weyrich, L. S., S. Duchene, J. Soubrier, L. Arriola, B. Llamas, J. Breen, A. G. Morris, K. W. Alt, D. Caramelli, V. Dresely, M. Farrell, A. G. Farrer, M. Francken, N. Gully, W. Haak, K. Hardy, K. Harvati, P. Held, E. C. Holmes, J. Kaidonis, C. Lalueza-Fox, M. de la Rasilla, A. Rosas, P. Semal, A. Soltysiak, G. Townsend, D. Usai, J. Wahl, D. H. Huson, K. Dobney, and A. Cooper. "Neanderthal Behaviour, Diet, and Disease Inferred from Ancient DNA in Dental Calculus." *Nature* 544 (2017): 357–61.

White, J., P. Mirleau, E. Danchin, H. Mulard, S. A. Hatch, P. Heeb, and R. H. Wagner. "Sexually Transmitted Bacteria Affect Female Cloacal Assemblages in a Wild Bird." *Ecology Letters* 13 (2010): 1515–24.

Whiten, A., J. Goodall, W. C. McGrew, T. Nishida, V. Reynolds, Y. Sugiyama, C.E.G. Tutin, R. W. Wrangham, and C. Boesch. "Charting Cultural Variation in Chimpanzees." *Behaviour* 138 (2001): 1481–516.

Wilson, T. *Distilled Spirituous Liquors the Bane of the Nation: Being Some Considerations Humbly Offer'd to the Legislature, Part II.* 2nd ed. London: J. Roberts, 1736.

Wolf, J. B., E. D. Brodie III, J. M. Cheverud, A. J. Moore, and M. J. Wade. "Evolutionary Consequences of Indirect Genetic Effects." *Trends in Ecology and Evolution* 13 (1998): 64–69.

Wolf, J. B., and M. J. Wade. "What Are Maternal Effects (and What Are They Not)?" *Philosophical Transactions of the Royal Society of London B: Biological Sciences* 364 (2009): 1107–15.

Wolff, G. L. "Influence of Maternal Phenotype on Metabolic Differentiation of *Agouti* Locus in the Mouse." *Genetics* 88 (1978): 529–39.

Wright, S. "The Roles of Mutation, Inbreeding, Crossbreeding, and Selection in Evolution." In *Proceedings of the Sixth International Congress of Genetics*, edited by D. F. Jones, 356–66. Austin, TX: Genetics Society of America, 1932.

Yan, M., Y. Want, Y. Hu, Y. Feng, C. Dai, J. Wu, D. Wu, Z. Fang, and Q. Zhai. "A High Throughput Quantitative Approach Reveals More Small RNA Modifications in Mouse Liver and Their Correlation with Diabetes." *Analytical Chemistry* 85 (2013):

12173–81.

Yehuda, R., N. P. Daskalakis, L. M. Bierer, H. N. Bader, T. Klengel, F. Holsboer, and E. B. Binder. "Holocaust Exposure Induced Intergenerational Effects on *FKBP5* Methylation." *Biological Psychiatry* 80 (2015): 372–80.

Yehuda, R., M. H. Teicher, J. R. Seckl, R. A. Grossman, A. Morris, and L. M. Bierer. "Parental PTSD as a Vulnerability Factor for Low Cortisol Trait in Offspring of Holocaust Survivors." *Archives of General Psychiatry* 64 (2007): 1040–48.

Youngson, N. A., and E. Whitelaw. "Transgenerational Epigenetic Effects." *Annual Review of Genomics and Human Genetics* 9 (2008): 233–57.

Zalasiewicz, J., M. Williams, A. Smith, T. L. Barry, A. L. Coe, P. R. Brown, P. Brenchley, et al. "Are We Now Living in the Anthropocene?" *GSA Today* 18 (2008).

Zamenhof, S., E. van Marthens, and L. Grauel. "DNA (Cell Number) in Neonatal Brain: Second Generation (F2) Alteration by Maternal (F0) Dietary Protein Restriction." *Science* 172 (1971): 850–51.

Zamenhof, S., E. van Marthens, and F. L. Margolis. "DNA (Cell Number) and Protein in Neonatal Brain: Alteration by Maternal Dietary Protein Restriction." *Science* 160 (1968): 322–23.

Zannas, A. S., J. Arloth, T. Carrillo-Roa, S. Iurato, S. Röh, K. J. Ressler, C. B. Nemeroff, et al. "Lifetime Stress Accelerates Epigenetic Aging in an Urban, African American Cohort: Relevance of Glucocorticoid Signaling." *Genome Biology* 16 (2015): 266.

Zimmer, C. "What Is a Species?" *Scientific American*, June 2008.

Zirkle, C. "The Early History of the Idea of the Inheritance of Acquired Characters and of Pangenesis." *Transactions of the American Philosophical Society* 35 (1946): 91–151.

Ziv-Gal, A., W. Wang, C. Zhou, and J. A. Flaws. "The Effects of In Utero Bisphenol A Exposure on Reproductive Capacity in Several Generations of Mice." *Toxicology and Applied Pharmacology* 284 (2015): 354–62.

Zoghbi, H. Y., and A. L. Beaudet. "Epigenetics and Human Disease." *Cold Spring Harbor Perspectives in Biology* 8 (2016): a019497.